Industrielle Massen-

Nutzmensch-Haltung

(und mögliche Alternativen)

Danke an alle

die weitere innovative

Konzepte und Ideen

Beisteuern und aktiv

an Veränderung

mitarbeiten!

Vorwort der Redaktion(Teil 0)

Die folgenden Texte wurden zur Dokumentation fiktiver historischer Ereignisse einer möglichen Zukunft erstellt. Der Ersteller ist weder ein professioneller Autor, noch war er an der Erschaffung eines sprachlich genialen Werkes voll literarischer Brillanz interessiert – es geht in diesem Buch ausschließlich darum, Ideen und Konzepte zu vermitteln – und zwar konkrete, realisierbare Lösungsszenarien für die grundlegenden Probleme der menschlichen Gesellschaften im beginnenden 21. Jahrhundert.

Die gewählte Form als Buch ergab sich eher zufällig, aufgrund der Limitierungen an Zeit und Ressourcen durch wirtschaftliche Sachzwänge der Existenz als Nutzmensch in einem feudalistischen System.

Das Buch ist als eine private Publikation entstanden, ohne professionelle Unterstützung durch einen Verlag und damit Lektoren und professionelles Marketing. Daher auch die Veröffentlichung als Version V0.9 – als Betaversion, ohne sicherheitskritische Fehler oder gröbere Systemabstürze, mit voller Funktionalität und vollem Inhalt, aber möglicherweise noch mit kleineren Bugs wie übersehenen Tippfehlern und nicht perfekten Formulierungen.

Die neophile Leser-Zielgruppe (Leser mit Vorliebe für neue Ideen und innovative Gedanken) stößt sich mit Sicherheit nicht an den Kompromissen bei der gewählten literarischen Form und den linguistischen Limitierungen des hochgradig unprofessionellen Autors.

Zum Inhalt:
Das Ökosystem Erde hatte anno 2010 ein massives Problem. Dies stand bei allen wirklich vernunftbegabten Wesen des Planeten außer Zweifel.
Für das Hauptproblem – die nicht nachhaltige Nutzung des Ökosystems durch die Menschheit – gab es zwei Lösungsansätze:

- Eine drastische Reduktion der allgemeinen Lebensqualität der Menschen in den Überflussgesellschaften (eine Reduktion des Ressourcen- und Energieverbrauchs pro Individuum)
- Einen Abschied vom antiquierten Wachstumsdogma (quantitatives Wirtschafts- und Bevölkerungswachstum)

Die Konzepte in diesem Buch beschäftigen sich mit der Beschreibung eines Systems, in welchem ohne Zerstörung des Ökosystems diese beiden Lösungsansätze koexistieren könnten, wie es der menschlichen Natur entspricht.

Kapitel:

Teil I: die Erde anno 2010
Eine Situationsbeschreibung der Funktion menschlicher Gesellschaften und ihrer Auswirkung auf den gemeinsamen Lebensraum. Für Leser mit hoher kognitiver Dissonanz (massiver Unterschied zwischen Realität und Realitätswahrnehmung zwecks Selbstschutz vor unerwünschten Fakten) ist dieses Kapitel extrem mühsam und frustrierend zu lesen.

Im Sinne der genauen Identifikation der Problembereiche als Basis für die Lösungsvorschläge ist es aber (leider) notwendig, die tatsächlichen Probleme konkret aufzulisten und beim Namen zu nennen.

Teil II: die Protagonisten der Geschichte
Ein Versuch, den Lesern die Identifikation mit den Konzepten durch „Charaktäre" zu erleichtern. Eine Konzession an die leichtere Lesbarkeit aufgrund der Kritik einiger Testleser.

Teil III: Konzepte und Theorien
Vorstellung der Kernbausteine für eine mögliche Sanierung des dysfunktionalen Systems aus menschlichen Gesellschaften und deren Nutzung des Ökosystems Erde. Der primäre Fokus des Buches ist es nicht, Probleme aufzuzeigen, sondern für diese konkrete

Lösungsansätze zu präsentieren, die auch real mit anno 2010 verfügbaren Technologien sofort umzusetzen wären (und der menschlichen Natur nicht widersprechen).

Teil IV: Referenzen
Eine kurze Sammlung von relevanten Ideen und Zitaten aus Literatur, Wissenschaft und Populär-Kultur ohne Anspruch auf Vollständigkeit.

Teil V: Fiktive, zukünftige Historie
Ein „Projektplan" für die konkrete Umsetzung der Lösungskonzepte durch eine Pionier-Community.

Teil VI: Abschließende Worte des Autors
Sind Menschheit und Planet Erde noch zu retten? Gibt es dafür ein realistisches Szenario oder ist dies völlige Utopie?

Was erwartet sie:

- Eine vielleicht unangenehme Konfrontation mit den fundamentalen Kernproblemen der menschlichen Gesellschaften anno 2010

- Die Vernetzung von bekannten Lösungsvorschlägen ergänzt um einige neue Ideen, um zu zeigen, dass es durchaus realistische Möglichkeiten gäbe, diese Probleme zu lösen

- Ein Projektplan (fiktive Chronologie) zur konkreten Umsetzung der Lösungsszenarien

- Die Herausforderung, auf Basis Ihres eigenen Wissens und Ihres Weltbildes die Problemlösungs-Konzepte zu evaluieren, zu optimieren, zu detaillieren oder neue, noch bessere zu erfinden – und diese mit einer Community Gleichgesinnter umzusetzen

Teil I: Die Erde anno 2010

Blicken wir zurück in der Zeit, ins Jahr 2010: die Erde war in einem erbärmlichen Zustand!

Dieser Zustand war für die Erde nicht neu – globale Katastrophen waren in geologischen Zeiträumen betrachtet ganz normal.

Oft in der Geschichte des Planeten hatte es solche gegeben. Durch Klimaveränderungen mit Eiszeiten oder Hitzeperioden, Zusammenbrüchen des Magnetfeldes wegen Pol-Verschiebungen, Mega-Vulkanausbrüchen oder Einschlägen riesiger Meteoriten – in geologischen Zeiträumen betrachtet waren Katastrophen für die Erde ganz normal.

Seit es auf dem Planeten Erde Leben gibt, waren solche Katastrophen immer begleitet, von einem massiven Artensterben und damit einer drastischen Reduktion der Bio-Diversität (Vielfältigkeit der Pflanzen- und Tierwelt). Typisch für viele dieser Katastrophen war ein ökologischer Zustand, bei dem weite Teile des Planeten für tierisches und pflanzliches Leben ungeeignet waren.

Das Leben an sich hatte schon viele Katastrophen überlebt – einzelne Arten, wie die oft in diesem Zusammenhang erwähnten Dinosaurier, nicht.

Auf der Erde anno 2010 war sowohl das Ökosystem, als auch die Gesellschaft der Homo Sapiens in einem erbärmlichen Zustand und dieser erbärmliche Zustand betraf den ganzen Planeten. Eine Naturkatastrophe war also gerade dabei, zu passieren – ein Befall des Planeten durch die destruktive Spezies Homo QuasiSapiens (die anscheinend-aber-doch-nicht-wirklich vernunftbegabten Menschen).

Funktionierende Systeme erkennt man vor allem daran, dass sie innerhalb der Parameter grundlegender Naturgesetze über lange Zeiträume stabil funktionieren, mit hoher Robustheit gegenüber Störungen. Das Öko-System Erde war aus dem Gleichgewicht, aufgrund permanenter Ausbeutung und der Anhäufung ökologischer Schulden.

Wie bei allen Naturkatastrophen war die Bio-Diversität drastisch sinkend, Arten von Tieren und Pflanzen verschwanden. Der „Lebensqualitäts-Index" des Planeten (jene Maßzahl, die angibt, ob das Ökosystem höheres Leben langfristig ermöglicht) war im Sinken begriffen. Dafür war das Klima knapp vor dem Kippen, für viele Organismen giftige Chemikalien reicherten sich in den Nahrungsketten an und die Ressourcen des Planeten wurden nicht nachhaltig ausgebeutet.

Doch wie schon erwähnt hatte nicht nur der Planet ein Problem, auch die parasitäre Spezies namens Menschheit hatte als Gesellschaft massive Probleme.

Viele der menschlichen Gesellschaften trugen zwar die Bezeichnung „Demokratie" oder „Republik", aber echte demokratische Gesellschaftssysteme, oder solche, die als Republik funktionierten, gab es nicht. Man hätte sie leicht daran erkannt, dass die Bürger den Staat kontrollieren. Bekanntlich erkennt man Diktaturen ja daran, dass der Staat (bestehend aus einer Minderheit von mächtigen Herrschern und deren Handlangern) die Bürger kontrolliert.

Demokratie (gr. Δημοκρατία, von δῆμος [*dēmos*], „Volk", und κρατία [*kratía*], „Herrschaft", vgl. -kratie) bedeutet ursprünglich die Herrschaft des Volkes.

Republik (über <u>frz.</u> *république* von <u>lat.</u> *res publica*, „öffentliche Angelegenheit") bedeutet für einen Staat, dass dieser eine öffentliche Angelegenheit, also Sache der Bürger ist.

Die Staaten anno 2010 waren allerdings keines von beiden. Statt dessen gab es zwei weit verbreitete Formen von Diktaturen – solche, welche offen diktatorisch waren, und jene, die sich als „Demokratien" oder gar als „Republiken" im Namen tarnten, ohne solche zu sein.

Um zu entscheiden, ob man in einer echten Demokratie oder Republik lebt, reichte es, sich zu fragen, ob man als Bürger in seinem Staat dessen Kernsysteme kontrolliert.

- Kontrollieren Bürger, was die Polizei tut und was überwacht wird, oder werden sie kontrolliert und überwacht?
- Gestalten die Bürger die Regeln Ihrer Gesellschaft demokratisch mit, oder haben Sie sich an Gesetze zu halten, die andere machen (angeblich zu Ihrem Schutz)? Die Anderen sind meist eine Elite, mit eigener Sprache namens „Juristisch", die sonst niemand versteht.
- Kontrollieren die Bürger das Generationensystem, das Sozialsystem, das Gesundheitssystem, oder werden diese von Bürokratien, Kammern, und Verwaltungsapparaten kontrolliert?

In keinem Land der Welt anno 2010 kontrollierten die Bürger direkt demokratisch die Kernsysteme ihrer Gesellschaft (nur die Schweiz war etwas demokratischer als der Rest der Staaten).

Die Mehrheit der Homo Sapiens anno 2010 lebte in Diktaturen, auch wenn sich diese scheinheilig offiziell „repräsentative Demokratie" und „Republik" nannten.

Ökonomisch war die menschliche Gesellschaft anno 2010 ebenfalls in einem erbärmlichen Zustand. Eine Elite von 5% der Hominiden kontrollierte 95% aller Ressourcen, meist über Landbesitz oder monopolistische Nutzungsrechte von Territorien. Die Landbesitzer kontrollierten die Ressourcen und beherrschten so auch die Ressource Mensch in ihren Gebieten. Diese Information war zwar allgemein zugänglich, sei es durch TV Dokumentationen wie „Die Erde von Oben" von Yann Arthus-Bertrand oder durch simple Internet-Recherche – allerdings war diese nicht präsent in den Köpfen der meisten Menschen. Ein typischer Fall von kognitiver Dissonanz: die unliebsame Wahrheit wurde ignoriert.

Das Wirtschaftssystem war aufgebaut auf ein Dogma ewigen Wachstums, welches durch Schulden realisiert wurde. Die Schuldenberge wuchsen – jedes Kind in Zentraleuropa wurde bereits mit mehreren zehntausend Euro Schulden geboren und einer Zinslast, welche in den meisten Ländern bedeutete, dass dieses Kind ab seiner Geburt jährlich mehr als 1.000€ an Zinsen für bestehende Schulden zurückzahlen müsste.

Kinder wurden also bereits völlig verschuldet in die Leibeigenschaft und Sklaverei hineingeboren – nicht etwa frei (von Schulden und Verpflichtungen) und gleich an Rechten, so wie es die Mächtigen ihren Sklaven via der Medien und Bildungssysteme einreden wollten.

Der erbärmliche Zustand des Planeten ökologisch, ökonomisch und gesellschaftlich stand also außer Zweifel – zumindest für

Homo VereSapiens, die wahrhaft vernunftbegabten Menschen.

Die Homo Quasi-Sapiens, die anscheinend-aber-doch-nicht-wirklich vernunftbegabten Menschen, - die Mehrheit, - glaubten fest, sie lebten in der besten der möglichen Weltordnungen und alles wäre zwar nicht perfekt, aber es ginge eben nicht besser – schließlich hatten ihnen ihre Autoritäten dies so versichert.

Die Ursache für den erbärmlichen Zustand des gesamten Planeten aufgrund einer gerade passierenden, globalen Naturkatastrophe im Jahr 2010 war also die höchstentwickelte Spezies organischen Lebens auf dem Planeten - die Menschheit, samt ihrer Ökonomie und diktatorischen Gesellschaftsordnungen.

Diese Spezies hatte aufgrund ihres relativ hohen technologischen Entwicklungsstandes recht früh in ihrer Geschichte begonnen, massiv und nicht nachhaltig den Planeten zu bewirtschaften und diesen dabei massiv zu verändern.

Die Menschheit nahm massiven Einfluss auf das Ökosystem des Planeten, unter anderem,

- durch die Vernichtung natürlicher Lebensräume (das Artensterben in den letzten Jahrzehnten vor 2010 hatte größere Ausmaße und eine vergleichbare Geschwindigkeit, wie zur jener Zeit, als neben anderen Spezies auch die Dinosaurier ausstarben)
- durch die Vergiftung des Ökosystems mittels „Industrieabfällen" und den Verbrauch von nicht nachhaltigen Ressourcen
- durch massive Eingriffe in die energetische und chemische Balance des Systems Erde, etwa durch die Freisetzung von Treibhausgasen

- durch intensive industrielle, nicht nachhaltige Nutzung von biologischen Ressourcen (Abholzung der Wälder, Überfischen der Ozeane, Monokulturen in der Landwirtschaft, etc.)

Doch damit nicht genug, dass die Menschheit eine für den Planeten wenig erfreuliche, gerade passierende Naturkatastrophe war und das (Öko-)System und damit die Basis für das eigene Überleben zerstörte, auch abseits geologischer Zeiträume war der Zustand der menschlichen Gesellschaft an sich ein Problem.

Wie bereits erwähnt hatte eine Elite von 5% der Bevölkerung ein effektives, feudalistisches System global etabliert und kontrollierte 95% aller Ressourcen. Zu diesen 95% kontrollierten Ressourcen gehörten auch die restlichen Homo Sapiens.

Diese 5% Herrscher hielten sich also die restlichen 95% der Menschheit als Nutzmenschen, um ihr eigenes, auf ewiges Wachstum aufbauendes Wirtschaftssystem, zu betreiben und auch um ihre gegenseitigen Streitereien um die Verteilung der Ressourcen untereinander auszutragen. Diese Streitereien um Ressourcen nannte man Kriege – oder politisch korrekter: „Konflikte".

95% der Individuen der Spezies Homo wurden von den 5% Herrschern als Nutzmenschen gehalten, kontrolliert, manipuliert und bewirtschaftet – dies betraf sowohl die Minderheit der Homo Vere-Sapiens, als auch die Mehrheit der Homo Quasi-Sapiens, die anscheinend vernunftbegabten Hominiden, die als Nutzmenschen besonders geeignet waren. 95% der Menschen befanden sich in mehr oder weniger bequemer, mehr oder weniger freiwilliger Sklaverei.

Es gab zwei Ausprägungen diktatorischer Systeme der Sklaverei anno 2010, das offen diktatorische und das quasi-demokratische. Man konnte diese gut mit der dazumal sehr populären industriellen Massenhaltung von Hühnern vergleichen: die offensichtlichen Diktaturen funktionierten weitestgehend wie Legebatteriehaltung. Die Nutztiere waren eingepfercht in enge Käfige, ohne jede Freiheit und wurden unter besonders grausamen Bedingungen gehalten. Es wurden ihnen weitestgehend jede Entscheidungsfreiheit genommen und der Zugang zur Außenwelt unterbunden.

Die Pseudo-Demokratien entsprachen eher einer Freilandhaltung, in welcher den Nutztieren ein gewisses Maß an genau kontrollierter Freiheit gegönnt wurde, damit diese gesünder und produktiver der Eier- und damit auch der Hühnerproduktion nachgehen konnten. Die Nutztiere durften teilweise frei entscheiden, wo in ihrem Gehege sie gerade rumlaufen und picken wollten – sofern sie brav im Gehege blieben und Eier legten (oder sich schlachten ließen).

Natürlich waren beide Systeme in der praktischen Umsetzung etwas komplizierter als die Massen-Hühnerhaltung - Nutzmenschen sind deutlich schwieriger zu halten als Hühner. Vor allem, weil ein durchschnittlicher Nutzmensch im Prinzip ja gleich stark und an sich auch gleich intelligent ist, als ihre sie bewirtschaftenden Herrscher.

In der Masse waren die Nutzmenschen sogar stärker als die Herrscher, trotz deren Kontrolle über fast alle Ressourcen. Das machte den Herrschern große Angst und daher gab es recht komplexe Systeme, um Nutzmenschen friedlich und bewirtschaftbar zu halten – kurz gesagt, um die an sich freiheitsliebenden, individualistischen Hominiden zu domestizieren.

Im Gegensatz zu Hühnern, bei welchen eine aktive Auflehnung gegen die Hühnerzüchter unwahrscheinlich war, bestand bei Menschen eine permanente Chance für eine Revolution der Nutzmenschen gegen die Nutzmenschhalter. Oberstes Ziel der Herrscher war es also, einen Ausbruch der eigenen Nutzmenschen aus dem Gehege oder auch eine Revolution in selbigem zu verhindern. Beide diktatorischen Systeme waren dementsprechend ausgeklügelt, um genau dieses Revolutionspotential effektiv zu unterdrücken und die Nutzmenschen optimal zu kontrollieren, damit die unangefochtene Herrschaft der nutzmenschhaltenden Eliten sichergestellt wurde.

Im Sinne einer ausgeklügelten Manipulation des Nutzviehs gab es zum Beispiel einen Mechanismus „Hoffnung", welcher es einem beliebigen Huhn theoretisch erlaubte, selbst zum Bauern aufzusteigen, sofern es brav funktioniert. Diese „brave Funktion" zeigte sich, indem es etwa besonders viele Eier legt oder eine Methode erfand, wie man die anderen Hühner zu noch effizienterer Eierproduktion zwingen könnte. Man merkt an dieser seltsamen Formulierung, dass die Metapher der Hühnerhaltung nun massiv an ihre Grenzen stößt.

Die identische Aussage mit Nutzmenschen in einer Intra-Spezies Bewirtschaftung von Mensch zu Mensch, also der Sklave der zum Herren wird, funktioniert einfach besser in unserer Vorstellungswelt, als ein Huhn als Bauer. Die Krux aller Metaphern – sie sind argumentativ einfach anfällig für eine Reduktio ad Absurdum. Weg also von den Hühnern, fokussieren wir uns auf die Nutzmensch-haltung! Es reicht, zu verstehen, dass es Abstufungen der Nutzmenschhaltung gab, die ähnlich wie Legebatteriehaltung (offene Diktatur) und Freilandhaltung (Pseudo-Demokratien) funktionierten.

Zur Etablierung des Prinzips Hoffnung gab es zwei besonders offensichtliche Ausprägungen – beide mit ungefähr gleichen Erfolgschancen für die Nutzmenschen.

Die fleißigeren Nutzmenschen hatte eine reale, wenn auch extremst geringe Chance, durch „Arbeit" (oder die sprichwörtliche gute Idee) den Aufstieg in die Herrscherklasse zu schaffen – „vom Tellerwäscher zum Millionär" – war der Marketing-Slogan für diesen unwahrscheinlichen Fall. Im Zuge dieser besonders fleißigen oder kreativen Arbeit durch ein motiviertes Huhn, - pardon, ein ungewollter Metapher-Rückfall: natürlich meine ich, durch einen Nutzmenschen - profitierten neben diesem speziell fleißigen Nutzmenschen vor allem die Herrscher, denen der Nutzmensch gehörte. Sie partizipierten an jedem durch Nutzmenschen erwirtschafteten Gewinn oder erarbeiteten Ergebnis, zum Beispiel, indem sie durch Steuern permanent Wert abschöpften, meist ohne wirklich relevante Gegenleistung.

Die Alternative zu fleißiger Arbeit, für die fauleren Nutzmenschen, war das Glücksspiel. Zum Beispiel die staatlichen Lotterien: sie waren ein beliebtes Deppen-Steuer-System, welches primär dazu diente, die Nutzmenschen dazu zu bewegen, freiwillig Geld von sich zu den Herrschern umzuschichten. Ein Solo-Tripple-Jackpot-Gewinn und damit eine Freikarte aus der Sklaverei entsprach dabei in seiner Wahrscheinlichkeit in etwa jener, durch fleißige Arbeit oder eine gute Idee reich zu werden.

Oder anders formuliert: die Anzahl der neuen Lotto-Millionäre war in etwa identisch zu jener, der „vom Tellerwäscher zum Millionär durch Arbeit oder geniale Ideen"-Millionäre. Es gab also durchaus die Chance, als Nutzmensch zum Herrscher aufzusteigen – Prinzip Hoffnung eben, wenn auch mit äußerst geringer Erfolgschance.

Für die Homo Quasi-Sapiens war das aber ausreichend – sie spielten brav Lotto und arbeiteten sich zu Tode oder versuchten gute Ideen zu haben, in der Hoffnung, auf Erfolg und Reichtum und einer Flucht aus der Nutzmenschhaltung.

Zurück zum Vergleich der beiden feudalistischen Systeme – des offen diktatorischen und des pseudo-demokratischen. Die offene Diktatur als System der Massen-Nutzmensch-Haltung war zwar einfacher, aber auch riskanter.

Eine ständige, vollständige Kontrolle und gewaltsame Unterdrückung aller Nutzmenschen war schwierig aufrecht zu erhalten. Alle Käfigtüren mussten ständig geschlossen bleiben und jedes einzelne Huhn musste kontrolliert werden – pardon, es geht natürlich weiterhin um Nutzmenschen, nicht um Hühner.

Wie wird man eine verbrauchte Metapher literarisch wieder los? Selbige haben durchaus klettenhaft-virale Eigenschaften und haften tief im Text um immer wieder aufzutauchen. Aber egal. Weiter geht's:

Die permanente und vor allem offensichtliche Gewalteinwirkung durch Diktatoren konnte in der Nutzmenschenpopulation zu extremer Unzufriedenheit führen, bis hin zur gesteigerter Bereitschaft zur Rebellion. Man musste also als diktatorischer Herrscher vor allem sicherstellen, dass die Mittel zu einer Revolution den Nutzmenschen nicht zur Verfügung standen – was normalerweise kein Problem war, da man ja fast alle Ressourcen selbst kontrollierte.

Eine gewisse Gefahr ging aber von anderen Herrschern aus, welche den diktatorisch kontrollierten Nutzmenschen kurzfristig gewisse Ressourcen für eine Revolution zur Verfügung stellten, um selbst dann die Kontrolle über die Ressourcen der Diktatoren zu übernehmen, welche durch eine Revolution ihrer Nutzmenschen geschwächten waren.

Ein Musterbeispiel für dieses Verhalten im Jahre 2010 und davor war eine Nation namens USA – ein Land, das im Namen des pseudo-demokratischen Feudalismus, getarnt unter dem Schlagworten „Freiheit", „Demokratie" und „war on terror" vehement all jene unterstützte, welche ihre offen diktatorischen, lokalen Herrscher gern durch andere, etwas weniger diktatorische ersetzt hätten.

Das Ziel der Herrscher der USA war es ihrerseits sicherzustellen, dass die neuen lokalen Herrscher wiederum leichter zu kontrollieren waren. Dies ermöglichte ihnen den Zugriff auf die Ressourcen des jeweiligen Gebietes. Da die USA im eigenen Territorium bereits die meisten Ressourcen nicht nachhaltig verbraucht hatte, war dies eine notwendige Strategie um den „american way of life" aufrecht zu erhalten.

In den Jahrhunderten zuvor hatte man dieses Verhalten „Kolonialismus" genannt. Dieser Begriff war aber anno 2010 verpönt und tabu. Es ging ja hochoffiziell um Freiheit, Demokratie und den Krieg gegen den Terror, nicht um Kontrolle über Ressourcen!

Das System der Pseudo-Demokratien, wie sie in den USA und in Europa weit verbreitet waren, mochte zwar im ersten Schritt komplexer erscheinen als die offenen Diktaturen, es war aber in Summe effektiver. Pseudo-Demokratien waren das Ergebnis einer jahrhundertelangen Versuchsreihe zur Optimierung der

Nutzmenschhaltung – Versuche mit unterschiedlichsten Staatsformen auf Basis unterschiedlichster Doktrin.

Die etablierten, repräsentativen Pseudo-Demokratien hatten natürlich im Hinblick auf die offiziell von ihnen postulierten Prinzipien **Demokratie** (das Volk bestimmt die Regeln) und **Republik** (der Staat ist Sache des Volkes) vollständig versagt. Dafür waren sie aber überaus erfolgreich darin, den Nutzmenschen eine scheinbare Freiheit vorzugaukeln – so wie eben Freiland gehaltenen Hühnern. Mehrheitlich wurden diese Pseudo-Demokratien von den dadurch versklavten Nutzmenschen als notwendiges Übel akzeptiert. Warum die Nutzmenschen mehrheitlich so dumm waren – dazu später mehr.

Die repräsentativen Pseudo-Demokratien waren im Jahr 2010 die perfekte Ausprägung des Feudalismus, mit gut funktionierenden Wahl- und Konsum-Nutzmenschen, die ihren eigenen Sklaven-Status mehrheitlich nicht mal mehr bemerkten. Glückliche Hühner in Freilandhaltung, die brav ihre Eier legten oder sogar freiwillig zur Schlachtbank gingen (man nannte diese speziellen Nutzmenschen „Helden" oder auch „Patridioten", manchmal, ganz leise hinter vorgehaltener Herrscher-Hand, auch „Kanonenfutter").

Beide Systeme der Massen-Nutzmensch-Haltung, das offen diktatorische und das pseudo-demokratische, basierten im Prinzip auf sehr ähnlichen Techniken (welche aber durchaus unterschiedlich implementiert wurden).

Teil I.a: Techniken der Massen Nutzmensch Haltung

Im Wesentlichen ging es bei allem menschlichen Streben, egal wie blümerant dieses verschleiert wurde, um Macht. Echte Macht bedeutet vor allem Kontrolle von Ressourcen. Relevant waren hier natürlich nur reale Ressourcen wie Land, Bodenschätze, Wasser, oder eben Nutzmenschen.

Folgende effektiven Mechanismen zur Sicherstellung der Kontrolle aller realen Ressourcen durch die herrschenden Eliten waren 2010 erfolgreich implementiert:

Mechanismus 1: Kontrolle und Manipulation der wirtschaftlichen Transaktionen

Basis menschlicher Gesellschaften sind neben sozialen Interaktionen vor allem auch wirtschaftliche Transaktionen zwischen Individuen und Gruppen von Individuen. Bei diesen Transaktionen werden Produkte oder Dienstleistungen (im weitesten Sinn dieser Begriffe) getauscht.

Um zeitversetzte Transaktionen zu ermöglichen, benötigt es ein Transfermedium – historisch bevorzugt war eine durch ihre relative Seltenheit kostbare Ressource, wie Gold, Silber, Kauri-Muscheln oder Ähnliches.

Diese Transfermedien waren als reale Ressourcen zu 100% wertbesichert (durch sich selbst).

Der genialste Schachzug der Herrscher-Klasse um die vollständige Kontrolle von über 95% aller globalen Ressourcen durch eine winzige Minderheit von 5% der Bevölkerung sicherzustellen war die Einführung von virtuellem Geld.

Als beliebig durch die Herrscher (und ihre Bankster) manipulierbares, an sich wertloses, leicht und kostengünstig herzustellendes, trivial und beliebig manipulierbares Ersatz-

Transfermedium wurde dieses Geld eingeführt, um den Nutzmenschen die Illusion zu geben, mit echten, realen, ökonomischen Werten zu hantieren.

In Wirklichkeit war Geld aber rein virtuell, ohne reale Wertsicherung: hübsch geformte Metallstückchen, bunt bedruckte Papierfetzen und Zahlen in Computersystemen – ohne echte Relation zu realen Ressourcen.

Geld war nur etwas wert, solange die Mehrheit der Nutzmenschen daran glaubte, dass man es gegen reale Ressourcen eintauschen könnte.

Fakt war anno 2010, dass die Menge des Geldes die Menge realer Ressourcen um ein Vielfaches überstieg – womit das meiste Geld also real völlig wertlos war, bezogen auf seine Eintauschbarkeit gegen echte Ressourcen.

Indem die Herrscher das System ökonomischer Transaktionen zwischen Individuen von real wertvollen Ressourcen, Produkten und Dienstleistungen auf ein glaubensbasiertes Ersatz-System mit einem wertlosen Transfermedium umgestellt hatten, konnten sie sicherstellen, dass der direkte Zugriff der Nutzmenschen auf reale Ressourcen minimiert war. Statt dessen konzentrierten sich die dummen Nutzmenschen ganz auf den Erwerb des wertlosen, nicht real wertbesicherten Ersatz-Mediums namens Geld.

Nochmal zur Wiederholung: dieses rein glaubensbasierte System funktionierte ausschließlich deswegen, weil die Mehrheit der tumben Nutzmenschen daran glaubte, dass dieses Geld reale Ressourcen repräsentiert und sie es bei Bedarf jederzeit gegen diese eintauschen könnten.

Damit dies ganz sicher nicht so war, gab es Mechanismen wie „Inflation", „Deflation", „Rohstoffpreise" etc., welche den Herrschern eine beliebige Kontrolle des „Wertes" des Geldes erlaubte und so den Zugriff auf signifikante Mengen realer Ressourcen durch die Nutzmenschen verhinderte.

Wiederholen wir es noch einmal – damit es auch der dümmste Nutzmensch versteht, der potentiell über diesen Text stolpern könnte und bis hierher liest: der Wert des gesamten, global lancierten Geldes überstieg in 2010 bei weitem den realen Wert vorhandener Ressourcen. Geld wurde – was mit realen Ressourcen natürlich unlogisch und unmöglich ist – durch magisch-alchemistisch-glaubensbasiert-metaphysische Mittel beliebig manipuliert, durch Inflation entwertet, durch Zinsen und Notenbankdruckereien magisch vermehrt, kurzum, es war tatsächlich ein reines, effektives Machtinstrument der Eliten, um die Nutzmenschen zu kontrollieren und von realen Ressourcen fern zu halten.

Geld anno 2010 hatte kaum mehr etwas mit einem echten, zu 100% real wertbesicherten Transfermedium für zeitversetzte, wirtschaftliche Transaktionen zu tun. Ein vollständig wertbesichertes Transfermedium war und ist in einer Tauschwirtschaft ja durchaus sinnvoll, um eben zeitversetzt tauschen zu können – zum Beispiel Kartoffeln (dann, wenn sie reif sind) gegen einen neuen Pflug (in der nächsten Saatperiode). Oder ein Service-Entgelt für Kommunikation für die monatliche Bereitstellung der Kommunikations-Infrastruktur durch einen Provider.

Zeitversetzte wirtschaftliche Transaktionen machen also Sinn. Ein Transfermedium, das diese erlaubt, ebenso.

Auch auf die Gefahr hin, durch Wiederholungen zu nerven: ein nicht wertbesichertes, rein virtuelles Geld hat vor allem einen Sinn, nämlich Nutzmenschen von der Kontrolle echter, wertvoller Ressourcen fern zu halten. Es dient den Herrschern als Machtinstrument und wird von Bankstern verwaltet (Bankster: ein Begriff der Populärkultur, entstanden aus Banker + Gangster, der sehr treffend die Funktion dieser Gruppe in der Gesellschaft beschrieb).

Mechanismus 2: Kontinuierliche Umverteilung von Nutzmensch zu Herrscher

Obwohl das virtuelle Geld an sich ja nur ein frei manipulierbares Machtinstrument ohne echten Wert war, reichte dies den Herrschern nicht. Sie wollten nicht nur die realen Ressourcen kontrollieren, sondern auch noch eine permanente Umverteilung des Geldes von den Nutzmenschen zu ihnen sicherstellen – um ganz sicher zu gehen, dass die Nutzmenschen von ihnen abhängig blieben.

Der wesentlichste Aspekt des dazu verwendeten Mechanismus bestand in einem permanenten Eingriff in jede wirtschaftliche Transaktion und einer Wertminderung derselben durch vampirisches Mitkassieren Dritter.

Erinnern wir uns kurz an die Tauschwirtschaft früherer Jahrtausende. Zwei Transaktions-Partner tauschten ein reales Gut oder eine Dienstleistung gegen ein anderes Gut oder eine Dienstleistung von – hoffentlich – annähernd gleichem Wert. Mechanismen um hier einen Zeitversatz zu ermöglichen wurden eingeführt, die sogenannten Transfermedien (Vorläufer von virtuellem Geld). Diese Transfermedien erlaubten zum Beispiel einem Bauern, Getreide nach der Ernte gegen ein Transfermedium zu tauschen, welches ihm später ermöglichte, beim Schmied einen Pflug zu erstehen.

Aus diesen Transfermedien für Tauschwirtschaft im Wert-Verhältnis 1:1 wurde später Geld entwickelt.

In der reinen Tauschwirtschaft fand also normalerweise ein 1:1 Werttransfer, ein Tausch Wert gegen gleichen Wert statt. Sehr früh kamen einige schlaue Individuen auf die Idee, hier mitverdienen zu wollen, indem sie meist durch gewaltsame Nötigung den Transaktionspartnern ein an sich unnötiges Zusatz-Service aufzwangen und so den Wert der Transaktion für die Transaktionspartner reduzierten. Beliebt waren hier solche Services, wie der Betrieb eines Marktes, Transaktions-Versicherungen, Transaktions-Überwachung, die Bereitstellung und Verwaltung des Transfermediums, et cetera.

Die Transaktionspartner tauschten von da an nicht mehr 1:1, sondern Wert gegen Wert, aber minus Steuern, Zöllen, Abgaben, Gebühren und Taxen.

Jeder Transaktionspartner erhielt nun also weniger, als er gab – dafür verdienten Dritte mit. Diese Idee wurde über Jahrtausende perfektioniert und unter unterschiedlichsten Namen implementiert, zum Beispiel, um nur einige zu nennen: Mafiamethode, Erpressung, Raubritterei, Marktwirtschaft oder Staat.

Der Mechanismus ist immer identisch: eine Elite setzte ein mehr oder weniger unnötiges Service gewaltsam durch, welches alle Transaktionspartner zwingt, einen Teil des Transaktionswertes an Dritte abzuführen – ein vampirisches System, welches allen wirtschaftlichen Transaktionen der Nutzmenschen Wert entzog, um diesen Wert bei den Vampiren, den mächtigen Eliten, Gaunern und Herrschern, anzuhäufen. In diese Dreier-Transaktionen gab es also immer zwei Partner, die verloren, und einen, der gewann – die Herrscher.

Alternative Ideen wie „der freie Markt" wurden zwar konzipiert und heftig diskutiert, aber nie real implementiert. Der schleichende Ersatz der 100% wertgesicherten Transfermedien durch frei manipulierbares, real wertloses Geld war der finale Schachzug, um diese wirtschafts-vampirische System endgültig zu etablieren und global zu vermarkten. Die tumben Nutzmenschen konnten nun durch Konzepte wie Zinsen geblendet werden, und bemerkten nicht mehr, dass sie bei jeder Transaktion abgezockt wurden.

Zusätzlich ermöglichte man den Nutzmenschen – zur Abzock-Maximierung – über geborgtes Geld, sogenannte Kredite, Transaktionen mit wertlosem Geld durchzuführen, die ihre wirtschaftlichen Mittel überstiegen. Das Konzept der Schulden war geboren.

Die Kreditnehmer, die abgezockten Nutzmenschen, begaben sich so in die Zwangs-Leibeigenschaft und hatten von da an ihre Kredite zu tilgen und gehörten damit, zumindest wirtschaftlich, den Bankstern.

Die Vermarktung von Krediten war an sich schon ein interessantes Kapitel zum Thema Nutzmenschen. Es wurde diesen eingeredet, sie bekämen einen günstigen Kredit für ein Haus samt Grundstück und müssten nur ein paar Prozent Zinsen zahlen – alles nicht so schlimm! Dass die zurückgezahlte Summe über die Laufzeit der Kredite oft der doppelten ausgeborgten Summe entsprach, spielte dabei für die Nutzmenschen, die zumeist schlecht rechnen konnten, keine Rolle.

Man könnte sagen, so ein fleißiger Nutzmensch erarbeitete in Summe zwei Häuser – eines für sich selbst und eines für die Bankster. Die Nutzmenschen waren dann trotzdem noch stolz darauf, etwas „geschaffen" zu haben.

Regulierte Märkte, Monopole, Kredite und ein glaubensbasiertes, real wertloses Transfermedium namens Geld stellten also sicher, dass die Nutzmenschen nur verlieren können – bis auf die ganz wenigen, glücklichen Lotterie- oder Wirtschaftssystemgewinner aus ihren Reihen.

Notwendiger Bestandteil eines solchen Systems ist die Etablierung von Monopolen. Sehen wir uns diese genauer an:

Mechanismus 3: Alleinige Kontrolle von Ressourcen durch Monopole
Monopole und deren juristische Ausprägung, die Privilegien, stellten sicher, dass keine Gleichheit zwischen Herrschern und Nutzmenschen (oder auch unterschiedlich nützlichen Nutzmenschen) aufkommen konnte.

Das offensichtlichste, am weitesten verbreitete, aber am wenigsten als Monopol wahrgenommene Privileg, waren die Territorialmonopole diverser Staaten.

Dabei ging es darum, die uneingeschränkte Kontrolle über ein geographisches Gebiet, inklusive aller darauf, darunter und darüber befindlicher Ressourcen für eine bestimmte Gruppe von Herrschern sicherzustellen.

Zu den somit territorial kontrollierten Ressourcen zählten natürlich auch die auf diesem Territorium gehaltenen Nutzmenschen. Den Herrschern stand das Recht zu, nicht nur auf die Arbeitskraft dieser Nutzmenschen zuzugreifen, sondern diese nach Belieben zur Verteidigung oder Erweiterung der

Ressourcenansprüche und des Territoriums einzusetzen und gegebenenfalls zu opfern – neben den Legehühnern gab es also auch Schlachthühner, welche es den Herrschern erlaubten, untereinander Schlachten zu schlagen, ohne sich selbst gefährden zu müssen.

In beiden Systemen, den diktatorischen Legebatterien und der pseudo-demokratischen Freilandhaltung ... (ich entschuldige mich für den neuerlichen Rückfall in die Legehennenmetapher – es war einfach zu verlockend, für einen autorischen Diletanten wie mich, hier Metaphern-Recycling zu betreiben, zumal das aufgescheucht-hektische Herumgerenne und sinnfreie Gegacker vieler Nutzmenschen oft an Hühner erinnert) ... kurz und gut, es wurden also diese Territorialmonopole durch absurde, nationalistische Konzepte vermarktet, welche die Dummheit der Nutzmenschen und vor allem deren Herdentrieb ausnutzten.

Man verkaufte ihnen den Blödsinn von Zäunen und Gattern zwischen ihnen und den Nachbarhühnern als „Nationale Identität" und die dümmeren unter den Nutzmenschen, die Patridioten, glaubten emotional und leidenschaftlich an diesen Schwachsinn.

Patridioten waren die perfekten Nutzmenschen! Die Krone der Nutzmensch-Züchtung, gewillt ihr Leben zu opfern, um sicherzustellen, dass ihre Herrscher deren Ressourcenansprüche durchsetzen oder erweitern konnten. Patridioten fehlte jedes Bewusstsein, dass die Nutzmenschen jenseits der Grenze mehr mit ihnen gemeinsam hatten, als sie selbst mit ihren Herrschern.

So wurden den Nutzmenschen, die durch Ressourcenkonflikte zwischen den Herrscher entstandenen, monopolistisch kontrollierten Territorien, als Staaten oder Nationen verkauft, wobei die Herrscher dafür als cleveres Marketing das angeborenen Mistrauen der neophoben Nutzmenschen gegenüber allem Fremden ausnutzten.

Das natürliche sozio-evolutions-psychologische Phänomen des Fremdenhass, – also der Angst vor Unbekannten, - diente den Herrschern zur Kontrolle ihrer Nutzmenschen.

In Wirklichkeit gab es deutlich weniger Unterschiede zwischen Nutzmenschen diesseits und jenseits der territorialen Grenze, als zwischen den Nutzmenschen und den sie beherrschenden Eliten – dies nur um den wesentlichen Punkt nochmal zu wiederholen, „hammer home the message", wie es so schön heißt.

Anders formuliert: normale, einfache Bürger in Luxemburg, Bayern, Österreich, Slovenien, Südtirol, Ungarn, oder auch Uruguay, Uganda, Venezuela und den Fidschi Inseln hatten mehr miteinander gemeinsam, als die einfachen Bürger egal wo auf der Welt mit den politischen und wirtschaftlichen Eliten, die sie beherrschten und die 95% aller Ressourcen kontrollierten.

Die Eliten, welche sich dessen durchaus bewusst waren, trafen sich übrigens öfter zu gemeinsamen Meetings und ausufernden Banketten, um dort die erfolgreichsten Methoden zur Kontrolle von Ressourcen und der Bewirtschaftung der Nutzmenschen zu beplaudern. Solche internationalen Treffen des Nutzmensch-Züchter-Verbandes wurden marketinghalber zum Beispiel mit „G8" oder „G20" „Welt-Wirtschafts-Gipfel" oder ähnlich phantasievollen Namen benannt, um den dummen Nutzmenschen Ehrfurcht einzuflößen.

Die Sicherheitsmaßnahmen bei solchen internationalen Treffen des Nutzmenschzüchter-Vereins waren enorm. Es gab immer einige Nutzmenschen, welche bei solchen Gelegenheiten darauf hinweisen wollten, dass sie das Spiel durchschaut hatten und ändern wollten. Diese speziellen Nutzenschen wurden allgemein als Anarchisten und Chaoten bezeichnet, welche die Stabilität (des Feudal-Systems) gefährden.

Ein weiteres interessantes Faktum zu diesem Thema, welches ich hier nochmal wiederholen möchte, ist die Überschuldung: in den erfolgreicheren westlichen, europäischen Feudal-Pseudo-Demokratien betrug anno 2010 die Staatsverschuldung pro Kopf zwischen 20.000€ und 35.000€, mit einer Zinslast von größer 1.000€ pro Jahr und Bürger. Dies bedeutet, dass jedes Neugeborene bereits mit ca. 30.000€ Schulden zur Welt kam und zeitlebens dafür mindestens 1.000€ pro Jahr zurückzahlen müsste – und das noch ohne eigenen Kredit!

Die Babies der Nutzmenschen wurden so bereits verschuldet in die Leibeigenschaft geboren, nicht etwa frei und gleich an Rechten, wie es manch eine verlogene National-Verfassung eigentlich behauptete.

Betrachtete man nur die erwerbstätigen Bürger, also jene, die effektiv etwas erwirtschaften, so betrugen diese Schuldenlast fast 50.000€ pro Person.

Es war ein geniales Herrschafts-System, das vollständig und komplett auf Schulden aufgebaut war – mit dem Ziel, die Bürger als Nutzmenschen zu Leibeigenen der Kreditgeber zu machen.

Um ein solches System eines territorialen Ressourcen-Monopols (eines Staates) effektiv funktionieren zu lassen und die Nutzmenschen in ihrem Zustand der Sklaverei möglichst gut zu managen, gab es nun in beiden systemischen Ausprägungen, der offenen Diktatur und der Pseudo-Demokratie, viele erprobte und effektive Techniken.

Mechanismus 4: Kontrolle der gesellschaftlichen Regeln

Keine soziale Gemeinschaft von Lebewesen kann, im darwinschen Sinne erfolgreich, funktionieren, ohne gemeinsame Regeln. Die Reibungsverluste durch permanente Abstimmung und Konflikte wären einfach zu hoch. Von der Ameisen-Kolonie, über das Wolfsrudel bis hin zur Schimpansen-Sippe oder zur Menschheit – jede Gesellschaft hat Regeln, ansonsten funktioniert sie nicht.

Die wirksamste Methode eine Gesellschaft zu kontrollieren ist es daher, die Kontrolle über die Regeln dieser Gesellschaft zu erlangen.

Zur Erlangung des Monopols der Kontrolle über die Regeln, gab es historisch gesehen unterschiedlichste Strategien, welche die herrschenden Eliten über Jahrtausende entwickelt und perfektioniert hatten.

Ein besonders in der Frühzeit menschlicher intellektueller Evolution erfolgreicher Ansatz zur Kontrolle der Gesellschaftsregeln waren Religionen. Hier argumentierte eine Elite, dass sie den alleinigen, proprietären Zugang zur Quelle der Regeln besaß. Meist wurden diese Argumente durch metaphysischen Mumpitz getarnt, den man als guter Nutzmensch einfach unhinterfragt zu glauben hatte. Die Wege des Herrn waren einfach unergründlich – für alle, außer jene Priester, die „den Herrn" erfunden hatten.

Diese Quellen für diesen Glaubens-Unfug waren bevorzugt nicht wissenschaftlich (oder logisch, oder hausverstandsmäßig) nachweisbare, metaphysische Einheiten, zum Beispiel die Geister irgendwelcher Ahnen, kosmische Gewalten, oder angeblich mächtige Götter. Wichtig war dabei, dass es sich um prinzipiell im jeweiligen Kulturkreis akzeptable, den dummen Nutzmenschen leicht verkaufbare, frei erfundene Phantasie-Dinger handelte, und dass die jeweilige Elite den alleinigen, direkten und proprietären Zugang zu diesen hatte oder sie monopolistisch repräsentierte.

Diese Methode setzt irrationalen Glauben an Metaphysisches voraus und funktionierte daher nur bei weniger informierten oder intellektuell unterentwickelten Individuen. Je höher die Bildung und die eigenständige, kritische Intelligenz, desto geringer die Wahrscheinlichkeit, für Theismus (Glaube an Götter) und Metaphysik empfänglich zu sein.

Um auch etwas intelligentere, aufgeklärtere Gesellschaften monopolistisch via Regeln kontrollieren zu können, gab es als Nachfolger und teilweise als Ergänzung der theistischen Systeme schon recht früh in der Menschheitsgeschichte die juristischen Systeme. Diese befriedigten die rationalere Komponente der menschlichen Psychologie und erlaubten einer juristischen Elite alternativ zu einer religiösen Elite die Regeln zu kontrollieren.

Die juristischen Systeme vermarkteten sich auch gerne als „Rechtsstaaten", um so zu tun, als hätte das von der Elite kontrollierte und instrumentalisierte Recht etwas mit Gerechtigkeit zu tun. Das Medium für die Kontrolle der Regeln nannte man hier Gesetze.

Gesetze funktionierten ähnlich, wie die religiösen Gebote, nur dass es statt der Androhung einer Bestrafung durch eine metaphysische Einheit bei übertreten der Gebote aktive physische Gewalt durch eine Exekutive gab. Die Grenze, zwischen real und gewaltsam mittels Exekutive durchgesetzten Gesetzen und den durch reine Androhung einer Bestrafung ausgehend von einer fiktive, metaphysische Einheit instrumentalisierten religiösen Geboten war dabei fließend – Religion, Rechtsstaat: immer ging es darum, dass eine kleine Elite die Regeln bestimmt um die große Mehrheit der Nutzmenschen zu kontrollieren.

Dabei galten diese Gesetze und Gebote – zumindest innoffiziell – für die religiösen oder bürokratischen Eliten selbst natürlich nicht. Man nannte dieses Privileg oft „Immunität".

Um den nicht ganz so dummen Nutzmenschen die Kontrolle durch eine Elite schmackhaft zu machen wurde argumentiert, dass diese Gesetze der Gesellschaft nutzten und zu Sicherheit und Stabilität führen. Dies war an sich ja auch logisch und richtige, denn aus Sicht der Herrscher dienen gesellschaftliche Regeln genau dazu – sie sorgen für die Sicherheit und Stabilität der feudalistischen Systeme der Nutzmenschhaltung.

Dass die realen Gesetze (oder Gebote) primär den Herrschern wirkliche Vorteile boten, wurde natürlich kunstvoll verschleiert. Wirksam und effizient waren diese Gesetze aber für die Kontrolle der Nutzmenschen, welche sich an diese Regeln unter Strafandrohung zu halten hatten (für die Herrscher gab es, wie schon erwähnt, meist mehr oder weniger offen bekannte Ausnahmen, Privilegien und Immunitäten).

Gemeinsam war beiden Systemen, den theistischen Religionen und den juristischen Rechtsstaaten, dass eine Elite ein gesellschaftliches Regelwerk mit Absolutheitsanspruch schuf und dessen Anwendung durch eine Exekutive mehr oder weniger gewaltsam durchsetzte. Als Hilfsmittel bewährt hatte sich dazu auch die Verwendung einer eigenen, für den Rest der Bevölkerung unverständlichen Sprache.

Ein Territorialstaat hatte meist zwei echte, verwandte Landessprachen (Sprachen die rechtliche Geltung hatten): *Juristisch* und *Bürokratisch* (in unserem Falle das berühmte „Amtsdeutsch").

Beide offiziellen Sprachen wurden von der Mehrheit der Bevölkerung nicht verstanden, geschweige denn korrekt gesprochen. Die Nutzmenschen mit ihrer normalen Gebrauchssprache waren so fremdsprachige Leibeigene im eigenen Land.

Die Regelsysteme waren selten starr. Eine flexible Anpassung der Regeln an die aktuellen Bedürfnisse der Herrschenden wurde in religiösen Systemen durch „Neuinterpretation" der jeweiligen heiligen Schriften und durch „Gesetzesänderungen" und „neue Gesetze" in den juristischen Systemen umgesetzt.

Die Monopolstellung jener, welche die Regeln verwalteten, wurde historisch betrachtet durch Bildungs-Monopole (Schreiben, Lesen, Jus) oder sprachliche Monopole zementiert (Latein – bei Religion und auch Juristerei; Juristisch – die Sprache der Rechtsverdreher als Abwandlung einer Landessprache; Bürokratisch oder auch Amtsdeutsch – die Sprache des Staates).

Die Methode war zwar überall gleich, im Gegensatz zu den offen diktatorischen Systemen wie Religionen und politischen Diktaturen, gab es in den Pseudo-Demokratien aber aufwendige Verschleierungstaktiken, die den Nutzmenschen trickreich ein Recht auf Mitbestimmung und Mitgestaltung der Regeln vorgaukelten.

Gemeinsam war all diesen Systemen mit all ihren mehr oder weniger erfolgreichen Techniken und Methoden eine Kontrolle der Regeln, geltend für die Vielen (95%) durch die Wenigen (5%).

Ebenso gemeinsam waren Privilegien, welche den Wenigen weitestgehend eine Freistellung von diesen Regeln garantierte – entweder offen, oder versteckt.

Es war klar, dass es notwendig war, diese Regeln gegenüber den Nutzmenschen auch effektiv durchzusetzen. Dies bringt uns zur nächsten bewährten Technik der Nutzmenschhaltung:

Mechanismus 5: Kontrolle und Manipulation durch physische und psychische Gewalt (Gewaltenmonopol für Polizei und Militär, Staats-Sprache und Kontrolle von Information und Medien).

Bei allen sozial lebenden Tieren gibt es Mechanismen, zur Etablierung sozialer Hierarchien. Bei Insekten sind diese Mechanismen oft chemisch oder genetisch, was zu klaren, auch physischen Unterschieden führt, zum Beispiel zwischen einer Arbeitsbiene und einer Bienenkönigin.

Bei dem Menschen verwandteren Arten der Säugetiere werden Macht- und Monopolansprüche primär durch Drohgebärden (psychische Gewalt) oder aktive physische Gewalt (Recht des Stärkeren) durchgesetzt.

Ähnlich wie in einem Wolfsrudel das Alpha-Paar sein Fortpflanzungsmonopol mittels physischer und psychischer Gewalt gegenüber den anderen Tieren der Rudels durchsetzt, hatten bei den Menschen Polizei, Militär, die heilige Inquisition und bürokratische Verwaltungs-Systeme die Aufgabe, Hierarchien zu etablieren und durchzusetzen.

Der Unterschied zu sozialen Tier-Verbänden bestand primär darin, dass die Herrscher ihre Herrschaftsansprüche durch Dritte durchsetzen ließen, meist von ihnen kontrollierte Nutzmenschen, ohne sich selbst die Hände schmutzig zu machen. Polizisten, Soldaten, Beamte, Politiker machten also die Drecksarbeit für die Herrscher und waren so Instrumente der Ausübung psychischer und physischer Gewalt gegenüber den Nutzmenschen (Bürgern).

Bei den Menschen waren überlegene Gene, - mehr Kraft, Stärke, Intelligenz, höhere Robustheit gegen Krankheiten, etc. - nicht mehr notwendig, um Führungsansprüche zu etablieren. Es kam ausschließlich auf die Kontrolle über Ressourcen an, mit denen man sich Stellvertreter zur Durchsetzung der eigenen Führungs-Ansprüche kaufen konnte.

Typische Indikatoren für solche Stellvertretersysteme, wo spezifische Gruppen von den Herrschern als direkte Handlanger verwendet wurden, sind zum Beispiel von allgemeinem Recht abweichende Sonderregelungen für Beamte und Politiker. Diese fand man in de fakto in allen Staaten anno 2010.

Um als Homo Sapiens zur herrschenden Elite zu gehören benötigte es weder hohe Intelligenz, noch besondere Stärke.

Es reichte meist, entweder in die Elite hineingeboren zu werden und Kontrolle über reale Ressourcen zu erben, oder einfach rücksichtsloser zu sein und sich solche zu rauben. Kontrolle durch direkte Gewaltausübung war also allgemein verbreitet, auch wenn diese oft verschleiert oder schöngeredet wurde.

Mindestens genauso wichtig war aber die Kontrolle und Manipulation durch ein wesentliches Merkmal der menschlichen Kultur, der Sprache.
Im weitesten Sinne umfasst Sprache nicht nur Wort und Schrift, sondern auch Bild- und Formelsprache, Körpersprache, Symbolik und vieles mehr.
Sprache dient in allen menschlichen Gesellschaften zur Verbreitung, Archivierung und Kommunikation von Information und zu sozialer Interaktion.

Das menschliche Gehirn formt sein Bild der Wirklichkeit maßgeblich über Sprache – also über Worte, Symbole und Bilder. Sprache und Wirklichkeit sind für die Spezies der Homo Sapiens weitestgehend vernetzt und voneinander abhängig. Wirklichkeit wird über Sprache beschrieben, Sprache formt das Bild der Wirklichkeit.

Es war also völlig logisch für die Herrschenden, das Bild der Wirklichkeit ihrer Nutzmenschen über eine geschickte Kontrolle der Sprache zu manipulieren. Sprache diente unter anderem auch dazu, den Zustand des allgegenwärtigen Feudalismus zu verschleiern und verstecken.
Kontrolle über Sprache bedeutete also auch Kontrolle über Menschen.
Eine für die Mehrheit unverständliche Sprache diente zur Erzeugung von Wissens- oder Macht-Monopolen (z.B. die

schon erwähnte Kunstsprache „Juristisch", welche mit ihrer abstrusen Formulierungsauswüchsen nur für eine absolute Minderheit verständlich war).

Permanent via Massen-Medien verbreitete Desinformationen dienten dazu, die tumben Nutzmenschen zu verwirren und ihnen ein falsches Bild der Realitäten zu vermitteln. Zu den offensichtlichsten Desinformationen gehörten die offiziellen Meme (Mem: ein spachliches Mini-Programm für die beschränkten Hirne der Nutzmenschen, das sich in diesen viral vermehrten und via Kommunikation ausbreitet). Extrem erfolgreiche Meme anno 2010 waren „ihr lebt in einer Demokratie, ihr könnte mitbestimmen", „es gibt nur eine Wahrheit und diese ist unser Gott", „das System ist nicht perfekt, aber es gibt kein besseres", „was die Mächtigen tun, dient dem Wohle der Mehrheit", „Zum Wohle der Gemeinschaft muss jeder Opfer bringen" und so weiter.

Sprache diente via der Meme also dazu, offensichtliche Lügen und Blödsinnigkeiten als „allgemeingültige Wahrheit" in den Hirnen der Nutzmenschen zu etablieren.

Für halbwegs denkfähige Hominiden, also für die Homo VereSapiens (die wahrhaft vernunftbegabten Menschen), war diese Diskrepanz zwischen echter Realität und medial postuliertem Bild der Gesellschaft offensichtlich.

Historisch interessant ist das Faktum, dass die Information über die echte Bedeutung der zur Desinformation missbrauchten Begrifflichkeiten im Jahre 2010 allgemein zugänglich war – aber weitestgehend ignoriert wurde.

Alle oben genannten Mechanismen und Strategien, wie die Wertlosigkeit virtuellen Geldes, die Verteilungsverhältnisse der

Ressourcen, die Staatsschulden, die absichtliche Unverständlichkeit der Rechtssysteme für die davon betroffenen Bürger, etc. waren „allgemein bekannt". Jeder Nutzmensch hatte Zugang zu dieser Information.

Verwunderlich war daher in diesem Zusammenhang nur wie ein System funktionieren konnte, das offensichtlich vor allem auf Folgendes baute:

Lügen, Desinformation, Kontrolle von realen Ressourcen durch eine kleine Elite, wertlose, virtuelle Ersatz-Transfermedien für die Mehrheit und permanente psychische und physische Gewalt der eindeutig herrschenden Elite gegenüber der als inferiore Nutzmenschen gehaltenen Mehrheit.

In der Geschichte der Menschheit war jedes solche System früher oder später durch eine Revolution beendet worden – oder besser gesagt „resetted" (resettiert?), es wurde also nach einer kurzen Phase der Erneuerung mit leicht geänderten Spielern neu gestartet.

Die menschlichen Gesellschaften waren nach jedem solchen Reset im Laufe der Zeit wieder zu eindeutigen Diktaturen konvergiert. Über die Zeit hatten sich immer die machtgeilen und rücksichtslosen Herrscher und Eliten durchgesetzt und hatten ein System implementiert, wo sie die Regeln kontrollieren und so die Kontrolle über die Ressourcen an sich bringen konnten. Damit hatten sie absolute Macht über die Mehrheit und hielten diese als versklavte Nutzmenschen – bis zur nächsten Revolution.

Anno 2010 aber funktionierte dieses System endlich global stabil – ein Reset, eine Revolution, war nicht in Sicht. Was war geschehen?

Nun, ganz einfach: im 2. Jahrtausend hatten die Mächtigen die Manipulation der Angst perfektioniert!

Teil I.b: Wie konnte so ein System funktionieren?

Wie konnte es funktionieren, dass eine kleine Minderheit von 5% eine riesige Mehrheit vollständig unterdrücken, kontrollieren und als Nutzmenschen halten konnte?

Ganz einfach: durch Angst. Angst war und ist das Kernthema und das Lebens-Trauma jedes Menschen. Jeder Mensch war Teil einer furchtsamem Spezies nackter, haarloser Affen ohne signifikanten Zähne, Klauen, oder einen Giftstachel, mit geringer Ausdauer und Kraft, ohne natürliche Tarnfähigkeit oder sonstige besondere Fähigkeiten. Die Homo Sapiens hatten nur eine relativ hohe Intelligenz und damit Flexibilität, Problemlösungsfähigkeit und Anpassungsfähigkeit.

Zusätzlich erlaubte ihnen diese Intelligenz die Entwicklung von Sprache und damit das effiziente Speichern und Weitergeben von Informationen.

Diese Affen-Nachfahren namens Mensch waren also überaus erfolgreich, eben wegen ihrer recht großen, viel Energie verbrauchenden Gehirne und der damit verbundenen Schlauheit. Der Mensch an sich war aber dennoch ein vergleichsweise schwaches, verletzliches und daher ängstliches Wesen mit einem noch dazu hohen Energiebedarf für sein großes Gehirn.

Sogar Herrscher strebten im Grunde auch nur nach Macht über Ressourcen, weil ihnen diese Macht erlaubte, etwas weniger Angst als die restlichen Hominiden haben zu müssen.

Um weniger Angst haben zu müssen, delegierten die dümmeren Nutzmenschen gerne ihre Eigenverantwortung und damit die Kontrolle über ihr Leben, an von ihnen als vertrauenswürdige Autoritäten wahrgenommene Herrscher. Mit der Verantwortung delegierten sie sozusagen auch einen

Teil ihrer Ängste. Sie verzichteten dafür freiwillig auf Freiheit, Selbstbestimmung, echtes demokratisches Mitspracherecht und andere an sich plakativ in den Verfassungen festgeschriebene Prinzipien ihrer Gesellschaften.

Dies taten sie gern, solange sie nur nicht selbst die Verantwortung für sich und ihr Leben übernehmen müssen, weil ihnen das Angst machte, in der anscheinend so komplexen und gefährlichen Welt.

Die Menschheit war durch ihre Schlauheit und Innovationsfreudigkeit allerdings bereits seit langem in einem Zustand, wo diese Ängste irrational und unnötig waren. Man musste sich – als Menschheit – vor nichts mehr fürchten, außer vor nicht selbst verursachten Naturkatastrophen, welche aber relativ geringe Wahrscheinlichkeiten hatten und oft nur lokal problematisch waren, kaum je global (Einschläge großer Meteoriten und Supervulkane mal ausgenommen).

Um trotzdem massive Ängste zu schüren und so die Nutzmenschen zu kontrollieren, benutzten die jeweilig Herrschenden gerne sogenannte „Feindbilder", welche in die kulturellen Konventionen der jeweiligen Gesellschaften passten und Angst und Schrecken verbreiten konnten. Schließlich sollten sich die Nutzmenschen konkret vor etwas fürchten können – am besten etwas, das die Herrscher kontrollieren konnten um damit, über die Angst, die Nutzmenschen zu kontrollieren.

Historisch bewährt als Angst-Macher, waren Konzepte der ewigen Verdammnis in einer Hölle (für die Dümmeren), oder die angebliche Brutalität, Verschlagenheit und Grausamkeit der Nachbar – wobei dies besonders absurd war, da diese

Nachbarn mehrheitlich auch nur aus an sich friedlichen, ängstlichen Nutzmenschen bestanden, auch wenn man sie als Patridioten in territorialmonopolistische Staaten pferchte und nationalistisch gegen ihr Mitnutzmenschen in anderen Territorien aufhetzte (also gegen benachbarte Nutzmenschfarmen, die anderen Herrschern gehörten).

Die Gefährlichkeit der Nachbarn im Nachbarstaat entstand nur aus dem Faktum, dass die Herrscher des jeweiligen Territoriums gerne ihre Nutzmenschen als Stellvertreter in einen Krieg um Ressourcen hetzten, nicht, weil die Nutzmenschen selbst so aggressiv gewesen wären.

Besonders geeignete Feindbilder waren auch andere Ideologien (unter „Ideologie" versteht man eine spezifische Methode der Nutzmenschhaltung. Jeweils leicht unterschiedliche Methoden der Nutzmenschhaltung dienten sich somit gegenseitig als Feindbilder). Ebenfalls bewährt waren abstruse, statistisch insignifikante Randphänomene wie Terror, Katastrophen, und ähnliches.

Neue Feindbilder im 20. Jahrhundert waren auch lokale Teilaspekte der gerade passierenden, menschengemachten Naturkatastrophe, wie Klimaerwärmung, Ozonloch, Überfischung, Abholzung, und andere Symptome der menschlichen Strategie ewigen Wachstums in einem begrenzten Ökosystem.

Das wesentliche an brauchbaren Feindbildern war, dass diese von den Kernursachen echter Problem ablenken konnten und somit keinesfalls die Herrscher in den Verdacht kamen, das eigentliche Problem zu sein.

Die Feindbilder waren also allesamt so gewählt, dass sie den jeweils Herrschenden erlaubten, den Zorn ihrer Nutzmenschen gezielt auf jene Territorien oder anderen Herrschaftsbereiche zu lenken, von deren Eroberung oder Kontrolle oder Manipulation sie sich selbst Ressourcenvorteile versprachen. Nützlich waren die Feindbilder auch, um das vorhandenen, eigene Territorium samt den Ressourcenmonopolen gegen den Zugriff anderer Herrscher abzusichern.

Externe Feindbilder dienten also dazu, einzelne Gesellschaften künstlich voneinander zu trennen ums sie besser kontrollieren zu können. Sie entsprachen also quasi den Zäunen um die angrenzenden Farmen, wo jeweils von einer Herrschergruppe Nutzmenschhaltung betrieben wurde.

Um die „Feinde" eindeutig zu identifizieren und die eigenen Nutzmenschen zu markieren, gab es ähnliche Systeme, wie Brandzeichen, Ohrmarken und implantierte Chips bei Rindern. Die Herrscher markierten ihre Nutzmenschen durch die sogenannte „nationale Identität", konkret durch Pässe und Staatsbürgerschaften und aktiv geschürten Nationalismus.

Allerderdings bedurfte eine Herde von Nutzmenschen auch Mechanismen zur Aufrechterhaltung einer „inneren Ordnung", welche in fast allen Staaten ebenfalls durch Angst durchgesetzt wurde.

Als probate interne Angstmacher dienten dabei vor allem individuelle Existenzängste, also die Angst vor dem Altern (und Mittel- und Hilflosigkeit im Alter, ausgenutzt durch Pensionssysteme), die Angst vor Krankheiten (ausgenutzt durch Krankenkassen), die Angst vor Hunger und Mittellosigkeit (ausgenutzt durch Sozialsysteme), sowie Ängste vor Katastrophen, zwischennutzmenschlicher Gewalt (Schutz und Hilfe durch die Polizei), Verlust von den wenigen

Ressourcen, welche die Nutzmenschen direkt kontrollieren durften (ausgenutzt durch den Rechtsstaat und seine Gerichte), et cetera.

Um hier die einzelnen Nutzmenschen noch mehr in die Kontrolle der Herrscher zu bringen hatte es sich bewährt, die in historischen Gesellschaften früher Zeiten funktionale Familien- und Sippenstrukturen zu zerschlagen, da diese auch ohne Obrigkeit autark funktionieren konnte.

Wie das funktioniert, konnte man nur mehr bei anderen Primaten beobachten, aber kaum mehr beim Menschen.

Intakte Familien mit eigenen Ressourcen und mit intakten gegenseitigen Support-Strukturen entzögen sich ja weitestgehend der Manipulation und Kontrolle durch die Herrscher. Es war opportun, diese familiären Strukturen durch herrschaftlich kontrollierte, staatliche Strukturen zu ersetzen.

Natürliche Sozialstrukturen und Systeme gegenseitiger wirtschaftlicher Kollaboration wie Sippen, Gemeinschaften oder Großfamilien waren fast vollständig durch künstliche, kontrollierte Strukturen, sogenannten Staaten, Bezirke, Gemeinden, sowie Clubs und Vereine ersetzt worden. Auch das diente dazu, kontrollierbare Gruppen zu bilden, die Angst vor anderen Gruppen hatten.

Der Erfolg der Strategie „Angst vor den Mitmenschen" war umso bemerkenswerter, als der Gruppe der ängstlichen Nutzmenschen im Jahr 2010 mehr Angst vor anderen, ängstlichen, mehrheitlich feigen und friedfertigen Mit-Nutzmenschen hatten, als vor den Herrschenden, die täglich Gewalt gegen sie ausübten. Diese durch Nötigung und Exekution der Regeln ausgeübte Gewalt wurde akzeptiert.

Die Herrscher mit ihren Gewaltmonopolen waren die tatsächlichen Verursacher täglicher Gewalt, Unterdrückung, Nötigung und Ausnutzung im Leben der Nutzmenschen – nicht andere, ängstliche und machtlose Nutzmenschen, auch wenn es unter diesen den ein oder anderen Dieb oder Gewalttäter gab.

Die Gewalt durch Kleinkriminalität war minimal im Vergleich der ständig präsenten, staatlichen Gewalt.

Die medial laut postulierte Kriminalität zwischen Nutzmenschen war also de Facto, gesamtgesellschaftlich gesehen, ein statistisches Randphänomen. Ein signifikanter Anteil an „Kriminalität" wurde meist nur durch abstruse Regeln der Herrschenden überhaupt erst erzeugt.

Zur Erklärung dieser Aussage ein – zugegeben einseitiges - Beispiel: durch „Geschwindigkeitsbeschränkungen" als postuliertes Allheilmittel im Sinne der Verkehrssicherheit wurden Regeln erzeugt, obwohl statistisch gesehen weniger als 15% der Unfälle durch überhöhte Geschwindigkeit verursacht wurden. Gleichzeitig dienten die Kontrollen der Geschwindigkeit primär nicht, um die Verkehrssicherheit zu steigern, sondern um Staatseinnahmen zu generieren. Sie wurden also auf trockenen, geraden, recht gefahrlosen Strecken durchgeführt, nicht an „Unfallhäufungspunkten" oder in gefährlichem Geläuf.

Fakt war, der Staat erzeugte durch Regeln zweifelhafter Sinnhaftigkeit (z.B. zur Steigerung der Verkehrssicherheit gab es durchaus sinnvollere Konzepte als willkürliche Geschwindigkeitsbeschränkungen) eine künstliche Illegalität und nutzte diese wirtschaftlich aus. Er erzeugte den Bürgern damit einen signifikanten volkswirtschaftlichen Schaden.

Andere typische Beispiele für volkswirtschaftlichen Schaden durch Nötigung der Bürger waren das Kassieren von Gebühren, Abgaben und Steuern bei allen, auch trivialen Vorgängen des täglichen Lebens – seien es simple wirtschaftliche Transaktionen oder komplexere Dinge wie die Errichtung eines Eigenheimes.

Überall kassierten die Herrscher mit indem sie teils hochgradig absurde Regeln erfanden – offizielle dienten diese aber natürlich dem Schutz der Nutzmenschen. (Beispiel gefällig: auch in Zeiten von Niedrigenergie-Häusern mit alternativen, teilweise autarken Heizsystemen ist die Anbringung von „Notkaminen" in manchen Bundesländern verpflichtend, auch wenn es im Heizsystem kein System mit Verbrennung gibt. Die Rauchfangkehrer-Lobby verstand sich gut, mit den Politikern. Sinnvoll war das nicht.)

Auch der volkswirtschaftliche Schaden durch Kleinkriminalität war verschwindend gering im Vergleich zum wirtschaftlichen Schaden, der den Nutzmenschen durch die „Verwaltung" selbst erzeugt wurde, also durch die Methode der Beherrschung durch die Herrscher und durch die Kosten für den angeblichen Schutz vor größtenteils erfundenen, überzeichneten oder gar selbst erzeugten Gefahren.

Die Kosten für das „Sicherheitssystem" Staat überstiegen bei weitem den zu erwartenden Schaden, beim Fehlen desselben.

Die Nutzmenschen waren aber vollständig indoktriniert, absolute Panik vor einem allfälligen herrscherlosen Chaos zu haben und die Angst vor ihren Mitnutzmenschen wurde aktiv geschürt.

Die Herrscher vermarkteten sich und ihre Aktivitäten als „Schutz" und „Sicherheit" im Sinne der „Stabilität", obwohl sie die primäre Quelle brutaler und gewaltsam Unterdrückung der Nutzmenschen waren und den Nutzmenschen deren Ressourcen raubten (Ressourcen, auf welche die Bürger im Sinne der verfassungsmäßigen „Gleichheit" selbst Anspruch gehabt hätten).

Die dümmeren Nutzmenschen schauten sogar respektvoll zu jenen Autoritäten auf, die sie beherrschten und „schützten".

Die Herrscher hatten die Nutzmenschen im Jahr 2010 also effektiv in freiwillige Schutzhaft genommen, durch Schulden zu Leibeignen gemacht, und durch Angst versklavt. Sie schützten sie vor allerlei abstrusen, unwahrscheinlichen Risiken, deren Ursache sie primär selbst waren.

Es gab, wie schon erwähnt, keinen wirklichen Unterschied zwischen einer Mafia und einer Bürokratie – außer in der psychologischen Qualität der Vermarktung der jeweiligen Methode.

Dabei wurden die echten, relevanten Risiken weitestgehend todgeschwiegen, obwohl es genug gab, vor dem es sich gelohnt hätte, Angst zu haben. Zumindest jene Hominiden, die an einem längerfristigen erfolgreichen Überleben im Ökosystem Interesse hatten, quälten berechtigte Sorgen um die mangelnde Nachhaltigkeit der menschlichen Gesellschaft.

Zugegeben, es wurden oft sinnlose, lokale Scheingefechte gegen einzelne Symptome des Hauptproblems geführt, um so zu tun, als würde etwas getan, aber in Wirklichkeit wurde es weitestgehend ignoriert.

Das Hauptproblem der Menschheit als Ganzes, ein potentieller Spezies-Killer und damit wirklich furchteinflößend, war das globale, nicht nachhaltige System der Nutzung des Planeten – ein System ständig wachsender ökologischer und ökonomischer Schulden, welche das Überleben kommender Generationen und damit die Existenz der Menschheit in Frage stellte.

Teil I.c: Das System-Problem der mangelnden Nachhaltigkeit
Bis zum Jahr 2010 war die Menschheit in wenigen Jahrhunderten von einer sehr kleinen Weltbevölkerung mit wenigen Millionen Menschen, auf fast 7 Milliarden gewachsen.

Zu Zeiten einer sehr kleinen Weltbevölkerung, unerforschter, kaum besiedelter Kontinenten und Lebensräumen, war die damals logische und erfolgreiche Strategie für Herrscher „teile und herrsche" und ihre „Humane Ressource" Nutzmensch „seid fruchtbar und vermehret euch". Je mehr Nutzmenschen, desto mächtiger der Herrscher und desto größere Gebiete (und damit Ressourcen) konnte er kontrollieren.

Es gab zu dieser Zeit genug Platz für Expansion und Wachstum und mehr als genug Ressourcen für alle, man musste selbige nur erschließen – daraus entstand ein Dogma vom ewigen Wachstum, welches bis zum Jahr 2010 dominierte, obwohl sich die Randbedingungen längst geändert hatten.

Die Grenzen des nachhaltigen Wachstums waren seit Langem erreicht und größtenteils überschritten, die Intelligenz der Menschheit reichte aber nicht aus, sich hier der geänderten Situation durch eine Änderung der Gesellschafts-Strategien anzupassen. Die Herrscher fuhren weiter jene für sie erfolgreichen „empty earth economies", also ökonomische Systeme, die auf einer Erde mit ausreichend Expansionsraum beruhen, statt, zur Realität anno 2010 passend, umzudenken und auf eine „full earth economy" umzusteigen, also ein ökonomisches System für eine „volle Erde", das in dem hochgradig flächendeckend bewirtschafteten Öko-System des Planeten nachhaltig funktioniert.

Anpassungsfähigkeit und Innovationsgeist aufgrund hoher Intelligenz waren früher die Spezialität der Spezies Mensch gewesen. Leider reichte die globale Intelligenz der domestizierten Nutzmenschen anno 2010 aber nicht mehr aus, hier die notwendigen Anpassungen durchzuführen.

Statt dessen steuerten die Herrscher der Menschheit konservativ den Kurs in den sicheren Untergang weiter.

Auch das war ganz logisch, hatten doch die Herrscher ihr System über Jahrtausende perfektioniert und waren weiterhin Profiteure und Nutznießer desselben. Daher galt in boshafter Vermischung zweier typischer Sprichworte: „Never change a sinking ship" – zumindest nicht, solange die Herrscher davon profitierten, dass es sank und sie ganz oben auf der Brücke stehen durften, wo das Wasser noch nicht hinreichte.

Anno 2010 war der Planet Erde und damit der gesamte zur Verfügung stehende Wirtschaftsraum fast vollständig besiedelt und bewirtschaftet. Um die letzten Wildnisse wie der Arktis und des Meeresbodens und deren wirtschaftlicher Ausbeutung wurde unter den Mächtigen geschachert, kurzum, der ganze Planet war weitestgehend durch Homo Sapiens bewirtschaftet.

Jeder Flecken Land, jedes Meer gehörte irgendwem (einem
Herrscher). Weiße Flecken auf den Landkarten oder Gebiete,
die niemandem gehörten waren verschwunden.
  Die Erde war besessen – und zwar vollständig. Die Besitzer
waren die Herrscher. Ein Exorzismus dieser Form der
Besessenheit war nicht in Sicht.

Das Dogma vom ewigen Wachstum hatte als logische Folge zu
einer nicht nachhaltigen globalen Ressourcen-Nutzung geführt
– es wurde mehr an Ressourcen pro Jahr verbraucht, als
natürlich regenerieren konnte. Es war ein Zustand, wo
permanent ökologische und ökonomische Schulden gemacht
wurden, ohne einen Plan zu haben, wie man diese jemals
zurückzahlen könnte. Die gängige Meinung war: Einer von den
bald 15 Milliarden Menschen kommender Generationen
würde die Schulden sicher zurückzahlen, oder!?

Die Menschheit, kontrolliert durch ihre Herrscher, lebte auf
Pump – auf Kosten kommender Generationen, denen sie einen
überschuldeten, ressourcenmäßig abgewirtschafteten
Lebensraum vererben würden.

Um ein konkretes Beispiel zu nennen: in 2010 wurde jährlich
jene Menge an Rohöl gefördert und verbraucht, welche in 3
Millionen Jahren durch geologische Prozesse entstanden war.
Die entspricht quasi einem Kredit, mit 3 Millionen Prozent
Zinsen. Jährlich. Zurückzuzahlen von allen kommenden
Generationen.

Für Homo VereSapiens war das eine absolut idiotische
Strategie, aber den tumben Nutzmenschen wurde diese durch
ihre Autoritäten gut verkauft. Der Verkaufs-Trick nannte sich
Hoffnung. Hoffnung darauf, dass die Menschheit bald eine

alternative Energiequelle erschließen würde oder die Ressourcen anderer Planeten würde nutzen können und das Problem wäre gelöst.

Dass die Menschheit für den Lebensstandard westlicher Zivilisationen für alle Menschen anno 2010 bereits vier bis fünf Erden gebraucht hätte, war bekannt. Wo man diese Erden herbekommen würde – nun, der Fortschritt und die weisen Herrscher würden das Problem sicher lösen!

Sowohl Menschen mit etwas Hausverstand und vor allem auch jenen, welche die thermodynamischen Hauptsätze der Physik verstanden, war aber klar: Energie (Ressourcen) kann man nirgendwo herzaubern. Jeder (neue) Prozess der Energieumwandlung müsste im Rahmen vorhandener Energien erfolgen und somit bezogen auf diese nachhaltig sein. Das bedeutet, er dürfte keine nicht kompensierbaren Schulden im Ökosystem der Erde verursachen.

Den Herrschenden war das egal – sie als Besitzer von 95% aller Ressourcen würden die Effekte eines kaputten Ökosystem zu allerletzt treffen. „Hinter uns die Sintflut" war das Motto der Herrscher. Sie konnten es sich leisten, von den überbevölkerten Gegenden auf die teuersten, noch nicht vollständig touristisch erschlossenen tropischen Traumstrände und unberührten Pulverschnee-Skigebiete zu flüchten. Sie leisteten sich Nutzmenschen als Arbeitssklaven, um Illusion von heiler, gesunder Welt für sie aufrecht zu erhalten, indem sie den Müll der globalen Überbevölkerung wegräumten, bevor die Herrscher diesen sehen mussten.

Solange eine 5% Elite die Ressourcen der Welt, einschließlich der Nutzmenschen, kontrollierte, war für diese Elite alles in

Ordnung. Langfristiges, generationenübergreifendes, nachhaltiges Denken war bei diesen egozentrischen Machtmenschen natürlich kein Thema, es ging ja nur um individuelle Macht, hier, heute, und jetzt – außerdem hätte Nachhaltigkeit ja was gekostet und ihnen keinen direkten Vorteil gebracht.

Die dummen Nutzmenschen wurden meist mit Phantasien ruhig gestellt, dass man vor dem Kollaps sicher einen technischen Fortschritt erzielen würde, der alle Probleme löst oder man extra-terrestrische Ressourcen erschließen könnte, wenn die des Planeten verbraucht sind.

Für die Homo VereSapiens war das allerdings nicht plausibel. Wie soll zum Beispiel kalte Fusion und damit „saubere" Energie, wenn sie denn endlich funktionieren würde, das Problem ewigen Wachstums in einem begrenzten Raum lösen? Von welchem Planeten würde man Tunfisch, Wald, atembare Luft und sauberes Trinkwasser importieren? Oder stellt man das alles dann im Labor her?

Kurz – die Mehrheit verließ sich auf den Glauben an ein „Wunder" und fuhr weiterhin mit voller Geschwindigkeit auf eine offensichtlich massive Wand zu, ohne zu bremsen - in der Hoffnung, die Wand würde schon rechtzeitig ausweichen.

Ein wenig sinnloser, aber medial plakativ ausgeschlachteter Aktionismus gegen die globale Erwärmung, das Ozonloch, zur Rettung der Wale, etc. – das musste als Marketingmaßnahme zur Beruhigung der kritischeren Nutzmenschen reichen.

Es war eine völlig neue Situation für die Menschheit in 2010 – die quantitativen Wachstumsgrenzen waren weit überschritten. Die valide Erfolgsstrategie von Generationen zuvor war zu einer garantierten Misserfolgs-Strategie geworden.

Änderung war angesagt für eine Spezies, die ihre Geschichte als die anpassungsfähigste, intelligenteste Gemeinschaft begonnen hatte und die bis 2010 von ihrer Elite durch jahrtausendelange Selektion zu einer Horde dummer, angepasster Nutzmenschen domestiziert worden war, - zu einer Masse von Nutzmenschen, die sich vor jeder Veränderung und allem Neuen fürchtete.

Die Menschheit war eine Naturkatastrophe, die gerade passierte, genauso zerstörerisch wie große Meteoriten-Einschläge, Mega-Vulkane und Eiszeiten – massives Artensterben und ein für viele Generationen für höheres Leben unbewohnbarer Planet inklusive.

Malen wir nicht zu schwarz: die Erde und einfache Organismen würden mit hoher Wahrscheinlichkeit überleben. Vielleicht würde sich sogar eine neue Fauna und Flora mit höherem Leben wieder entwickeln, in den Jahrmillionen nach der Menschheit.

Für die Menschheit und andere höhere Lebensformen würde es dabei aber kein Überleben geben. So wie die Dinosaurier, würden die Homo Sapiens mit hoher Wahrscheinlichkeit verschwinden. Alle Überlebensstrategien bei anhaltendem Wachstum waren reine Science Fiction.

Teil I.d: Energie-Bilanz des Planeten
Widmen wir uns dem Thema Energie ein wenig mehr: schon Herr Einstein und viele andere hochintelligente

Wissenschaftler hatten mehrfach bemerkt, dass man Energie innerhalb der uns bekannten Realität nicht erzeugen, sondern nur umwandeln kann.

Es gibt kein Perpetuum Mobile – also nichts, was sich ohne zugeführte Energie auch nur irgendwie bewegt.

Es gibt also auch kein ewiges Wachstum in einem begrenzten System.

Die Energie, welche dem System „Planet-Erde" zur Verfügung steht, ist in den für uns relevanten Zeiträumen, ein weitestgehend konstanter Eintrag durch die Sonne (laut meiner Information ~900 Billiarden Kilowattstunden pro Jahr; die durchschnittliche Intensität der Sonneneinstrahlung beträgt an der Grenze der Erdatmosphäre etwa 1.367 W/m²; dieser Wert wird auch als Solarkonstante bezeichnet – Quelle: Wikipedia).

Zusätzlich bekommt die Erde noch „Energie" durch die Gravitationskräfte , primär von Sonne und Mond, welche zu Gezeiten führen (kosmische kinetische Energie).

Dies sind die einzigen, der Erde zugeführten Energien – und somit Basis für alles, was so an Leben und Bewegung auf unserem Planeten passiert.

Zur Verdeutlichung nochmal: fossile Brennstoffe, also auch Benzin/Diesel für die 2010 allseits so beliebten Kraftfahrzeuge, waren nichts anderes, also solare Energie, welche durch Pflanzen und Tiere genutzt wurde und so zur Erzeugung von Biomasse führte, welche wiederum über Millionen von Jahren mittels Metamorphose zu Erdöl umgewandelt wurde.

Erdöl ist also prinzipiell auch nur die gespeicherte Sonnenenergie von vor ein paar Millionen Jahren. Die Menschheit verbraucht also derzeit nicht nur die aktuell eingestrahlte solare Energie, sondern, auf Pump, auch jene welche vor Jahrmillionen eingestrahlt wurde.

Diese gesamt zugeführte Energie ist alles was zum Betrieb des Systems Erde zur Verfügung steht und deckt den Gesamt-Energie-Bedarf der Fauna und Flora ab.
(Thermonukleare Prozesse im Erdkern sind ja nur eine Umwandlung von Energie auf Basis vorhandener Materie und stellen daher keinen Energie-Eintrag in das System dar.)

„Nachhaltigkeit" hätte bedeutet, mit der verfügbaren, in vergleichbaren Zeiträumen der Nutzung erneuerbaren (oder eingebrachten) Energie auszukommen.

Die negative Energiebilanz der Menschheit war also nur ein wissenschaftlicher Blick auf den generellen Mangel an Nachhaltigkeit. Auch hierbei zeigte sich eindeutig: die Menschheit anno 2010 war zu dumm, für nachhaltiges Wirtschaften und Haushalten mit den vorhandenen Ressourcen. Gier war der primäre Treiber und auch energetisch wurden auf Kosten kommender Generationen Schulden gemacht.

Zusammenfassung Teil I:
In 2010 stand die Menschheit in Bezug auf reale Ressourcen vor leeren Kassen. Der Planet war ökonomisch und ökologisch überschuldet und ausgebeutet, um ein absurdes Dogma von ewigem Wachstum zu realisieren.

Es war eine Weltordnung, mit einem global etablierten, feudalistischen System aus 5% Herrschern und 95% Sklaven und Nutzmenschen. Die Nutzmenschen wurden meist in

Massenhaltung in Städten bewirtschaftet und eine menschengemachte Natur-Katastrophe namens „Wachstum" war in vollem Gange. Diese drohte, in wenigen Jahrzehnten den Planeten für höhere biologische Organismen unbewohnbar zu machen.

Eine Änderung dieser Strategie war nicht in Sicht. Man konnte zu den Menschen, egal ob Herrscher oder Nutzmensch, sagen, sie saßen alle im selben Boot, aber definitiv nicht auf gleichwertigen Decks.

In dieser Situation hatten viele kleine Gruppe von Pionieren keine Lust mehr, in diesem dysfunktionalen und destruktiven System als Nutzmenschen zu funktionieren und begannen, nach Alternativen zu suchen.

Viele Initiativen – die 2010 meist diskutierte war Wikileaks – hatten zwar begonnen, laut über die Probleme zu diskutieren, die Lösungsansätze für die echten Probleme waren aber weit weniger präsent.

Dies ist die Geschichte einiger weniger Menschen, die Alternativen zur globalen Massenhaltung von Nutzmenschen aktiv propagierten und Lösungen suchten, und die damit einige fiktive Ereignisse auslösten.

Teil II: Die Protagonisten der Geschichte

Noch einmal zur Erinnerung: der Schreiber dieses Textes (also meine Wenigkeit) ist kein Autor, sondern eigentlich nur ein geübter Beobachter.

Daher fehlen mir die Fähigkeiten eines professionellen Geschichtenerzählers, welcher gekonnte, sprachlich brillante Spannungsbögen aufbaut, Haupt- und Nebenhandlungen verquickt, liebens- und hassenswerte Protagonisten und Identifikationsfiguren für Sie als Leser zu imaginärem Leben erweckt. Ich habe wenig Begabung dafür, Sie zu unterhalten und gleichzeitig mit spannenden Geschichten zu fesseln. Ich bin nur Beobachter des Status Quo anno 2010 und Chronist einer utopischen Zukunftsvision.

Die Motivation für diesen Textes war es, ein Sammelsurium von Beobachtungen, Erkenntnissen und Lösungs-Ideen (und utopischen Ereignissen) auszuformulieren, um diese im Sinne zwischenmenschlicher Kommunikation mit anderen zu teilen (und sie weiter zu diskutieren).

Hier folgt nun also im Stile eines Chronisten eine faktenbasierte Vorstellung jener Charaktere, welche in dieser Geschichte die Hauptrollen spielen (und auch diese nur, weil die ersten Testleser darauf bestanden haben, dass es „Identifikationsfiguren" geben muss).

Beginnen wir mit unserer „Heroine":

Teil II.a: Genoveva Woferl

Genoveva Woferl gehörte durch einen genetischen Zufall zur Minderheit der echten neophilen Homo VereSapiens – also zu jenen wahrhaft vernunftbegabten Menschen, welche Freude an Neuem, an Weiterentwicklung und an stetiger Veränderung hatten.

Sie war ein Homo Sapiens im ursprünglichen Sinn, also genetisch noch eines jener freien, erfinderischen Wesen, welche in der Menschheitsgeschichte recht zahlreich waren, bevor die flächendeckende Domestizierung der Spezies betrieben wurde und durch Züchtung der brave, friedlich funktionierende Homo Domestikus, der Nutzmensch, entstand und bald die Mehrheit bildete.

Hier spüre ich als Autor das Unwohlsein vieler Leser – wir, die grandiose Menschheit, die Krone der Schöpfung, sollen aus domestizierten, abgestumpften, auf wirtschaftlichen Nutzen optimierten Wesen bestehen?

Fakt ist, im Stammbaum des Menschen hatten die Kollegen der Cro-Magnon Zeit vor 20.000-30.000 das größte Gehirnvolumen. Danach setzte die Domestizierung des Menschen ein, das Gehirn schrumpfte im Durchschnitt seither um 10% (was einem Rückgang in der Größe eines Tennisballs entspricht). Es wurde dabei etwas komplexer und leistungsfähiger, quasi als Versuch der Kompensation der fehlenden Masse, aber durch die steigenden sozialen Verknüpfungen und der dadurch gesunkenen Anforderungen im Überlebenskampf für Individuen, reicht bei domestizierten Lebewesen pro Individuum weniger „Rechenleistung" aus. Ähnlich wie bei Mehrprozessorsystemen bei Computern, ist so ein parallelisiertes System aus vielen kleinen, weniger leistungsfähigen Prozessoren in Summe dennoch leistungsfähiger, als ein nicht parallelisiertes (quasi asoziales) System aus superschnellen Einzelrechnern.

Die Menschheit häufte immer mehr Wissen an und die Zivilisation entwickelte sich, die Anforderungen an einzelne Menschen begannen zu sinken.

Die menschlichen Gesellschaften wurden über die Jahrtausende nicht nur immer größer, sondern auch stabiler und sogar friedlicher und der Fokus verschob sich stärker auf soziales Zusammenleben in der großen Masse – wie bei jeder Domestizierung von Nutzlebewesen üblich.

Genoveva war zwar als Humanistin aus ganzem Herzen ein überaus soziales, gut integriertes, verträgliches und friedliches Wesen, bei ihr kamen aber lange inaktive Gene ihrer undomestizierten Vorfahren wieder zum Vorschein. Sie hatte eine niemals enden wollende Unruhe in sich und suchte nach Veränderung, persönlicher Weiterentwicklung und Befriedigung ihrer extremen Neugier – die Erfolgsstrategie ihrer frühen Vorfahren war auch ihre Natur, selbst wenn dies streng genommen in dem Umfeld der Massenhaltung domestizierter Nutzmenschen mehr Nachteil als Vorteil war.

Das an sich rezessive (sich nicht in jeder Generation auswirkende) Gen für Neophilie war in der menschlichen Population anno 2010 daher auch bereits extrem selten geworden, da durch die Herrschenden und den sozialen Kontext der Gesellschaft ja primär Konformität und Neophobie (Angst vor Veränderung) gefördert und damit auch gezüchtet wurde.

Neophile waren über die Jahrhunderte meist besonders brutal verfolgt, versklavt und benutzt worden, da sie mit ihren Ideen Unruhe in den eingeschwungenen Zustand der Massen-Nutzmenschhaltung brachten und so das System der Herrscher störten.

Den eines muss man selbst den dümmsten Nutzmenschen zugestehen: Sapienz im Sinne einer Begabung zur Vernunft. Auch wenn die meisten zeitlebens diese Begabung nicht aktiv nützen, das Potential wäre vorhanden, auch wenn es unter Tonnen von Traditionen, Gewohnheiten, Desinformationen, Ablenkungen, Manipulationen, und Indoktrinationen verborgen liegt.

Im Jahre 2010 herrschte eine Kultur optimiert für neophobe Nutzmenschen, die panische Angst vor Veränderung und allem revolutionär Neuen hatten. Tief im inneren, quasi als genetische Spezies-Erinnerung, spürten auch diese neophoben Nutzmenschen noch den Wunsch, individuell und innovativ zu sein. Es war eine der erfolgreichsten Strategien, den längst zu einem industriell manipulierten Massenphänomen gewordenen Pseudo-Individualismus bei jeder Gelegenheit zu betonen, damit die Menschen den Eindruck hatten, es wäre noch alles so wie früher, als sie noch frei waren und Platz hatten und für ein erfolgreiches Überleben mehr Intelligenz ein Erfolgsfaktor war.

Durch periodische Repetition von ewig gleichen Moden und Trends wurde also sogar der Masse der Nutzmenschen so etwas wie Neuigkeit vorgespielt. Was an allerdings am 5. Revival von Schlaghosen und der Musik der 80er Jahre innovativ oder neu sein sollte, war für echte Neophile nicht nachzuvollziehen. Für die neophoben Konsum-Nutzmenschen allerdings, war natürlich jede Wiederkehr eines Trends eine echte Revolution und gleichzeitig nicht so erschreckend, wie echte Innovation, weil man's ja doch schon kannte.

In dieser Welt der neophoben Konsumfetischisten war Genoveva also eine seltene Mutation.

Dies kombiniert mit ihrer von Grund auf humanistischen, sozialen, kommunikativen und somit menschenbezogen Natur prädestinierte sie, als ewige Weltverbesserin für ihre

Mitmenschen und den ganzen Planeten nur das Beste zu wollen.

Aufgrund ihrer hohen Intelligenz hatte sie sogar verstanden, dass „das Beste" nicht für alle Menschen gleich ist. Das, was Genoveva für ihre Mitmenschen wollte, war die Möglichkeit, nach jeweils eigener Fasson im ihrem eigenen Wertesystem glücklich zu werden. Sie war also kein Missionar, der anderen das eigene Weltbild aufzwingen wollte, sondern ganz im Gegenteil eine Kämpferin für das Recht auf Selbstbestimmung und die Suche nach dem eigenen Glück in einer Welt, wo diese Suche auch Aussicht auf Erfolg hatte.

Die Eltern von Genoveva waren zwar selbst brave neophobe Nutzmenschen, zählten aber zu den liberaleren, aufgeschlosseneren ihrer Gesellschaft, und so konnte Genoveva ohne allzu offensichtliche Unterdrückung oder frühzeitiger Indoktrination samt ihrer Neophilie heranwachsen. Diese elterliche Duldung ihrer Andersartigkeit erleichterte es auch, dass die üblichen Mechanismen der Gesellschaft außerhalb der Familie, zur Gleichschaltung und Anpassung und zur Eliminierung jedweder neophiler Tendenzen, nicht griffen. Weder die Schulen noch die Gesellschaft schafften es, Genoveva umzuerziehen oder zu assimilieren – so wie es den meisten, weniger radikal neophilen Jung-Nutzmenschen passierte.

Was Veva auch half, diese kritische Phase des Erwachsenwerdens unbeschadet zu überstehen, war die hohe gesellschaftliche Akzeptanz ihrer Person, aufgrund ihrer Hilfsbereitschaft und ihres sozialen Engagements. Ein Mensch, der sich so intensiv für andere einsetzt, konnte in den Augen der Mit-Nutzmenschen nicht gefährlich sein, trotz der verdächtigen neophilen Tendenzen.

Unangefeindet, akzeptiert, geliebt, geschätzt, mit viel positivem Feedback – so wuchs Genoveva heran und blieb neophil, trotz aller gesellschaftlicher Konventionen und etablierten Mechanismen zur Zucht und Züchtigung potentiell rebellischer Jungmenschen, um diese in tumbe Nutzmenschen und brav funktionierendes Wahl- und Konsumvieh zu transformieren.

Genoveva war eine hochenergetische, hyperaktive, fröhliche Person, die es verstand, andere zu motivieren und mitzureißen.

Als Chronist dieser Utopie wurde mir von meinen Testlesern (recht deutlich und unumwunden und nicht immer höflich wie ich anmerken muss!) mitgeteilt, dass ich mich auch als Nicht-Profi-Autor gefälligst an gewisse literarische Konventionen zu halten hätte und eine reine Aufzählung von Fakten und Beschreibungen für eine Geschichte nicht ausreicht.

Um Ihnen, als Leser, hier also etwas mehr Identifikationspotential mit den Protagonisten dieser Utopie zu ermöglichen, ringe ich mich zu einer weiteren Beschreibung unserer Heldin durch – welche aber, wie ich betone, für die Handlung an sich völlig irrelevant ist und hier nur auf massiven Druck meiner sogenannten „Freunde" Platz findet!

Stellen Sie sich also bitte, - nach Belieben und um eine individuelle, maximale Empathie für Genoveva Woferl zu erzeugen, - diese im Erwachsenenalter als flotte, sympathische, energetische, blitzg'scheite Frau vor. Visuell, als „Typ", denken Sie bitte an dynamische, starke Frauen wie Sandra Bullock, Venus Williams, Michelle Yeoh, oder für die älteren Semester eher eine Katherine Hepburn und definitiv keine Marilyn Monroe, für die Jungen viel mehr eine Björk, als eine Lady Gaga. Am ähnlichsten war sie wohl Ingwred Svensdottir, sowohl optisch als auch im Hinblick auf die grundlegende menschenfreundliche Fröhlichkeit, die sie ausstrahlte, Güte, gepaart mit höchster Intelligenz.

Ausbildungsmäßig hatte sich Genoveva ein hohes Maß an Kompetenz in diversen Sprachen angeeignet, um mit möglichst vielen Mitmenschen bestmöglich kommunizieren zu können. Sie hatte vielen Reisen unternommen, um unterschiedlichste Kulturen kennen und verstehen zu lernen (ich selbst war ihr bei einem Besuch im Virunga Nationalpark in Zentralafrika, während einer ihrer Forschungsreisen begegnet).

Sie hatte Studien diverser Fachrichtungen der Evolutionspsychologie, Sozialpsychologie, Wirtschaftswissenschaften, et cetera mehr oder weniger vollständig absolviert, daraus aber immer ausreichend Wissen mitgenommen, um einen substantiellen Einblick in die Geheimnisse des jeweiligen Fachgebietes zu erhalten.

Mit ihrer Begabung hätte sie auch Universitätsprofessorin, Lehrerin, Kindergärtnerin, Politikerin oder Sozialhelferin werden können, aber durch zufällige Kontakte und daraus entstehenden Jobs verschlug es sie in die Erwachsenenbildung, Coaching und Mediation.

Sie war eine gefragte Moderatorin, wenn es um vertrackte Gruppendynamiken ging, egal ob in Familien, Firmen, oder sportlichen Mannschaften.

Im Umfeld dieser sozial extrem gut vernetzten, starken, selbstbewussten und selbständigen jungen, neophilen Frau war es natürlich schwer für Männer. Weder jene Waschlappen, die es als Bewunderer zu ihr hinzog, die sie aber ihrerseits nicht zu faszinieren oder interessieren vermochten, kamen für sie als Partner in Frage, noch jene Alphamännchen, deren lächerliche Versuche, sie zu verführen oder zu unterwerfen, für Genoveva besonders peinlich mitzuerleben waren.

Damit schied die Mehrheit der männlichen Homo Sapiens für eine Beziehung aus. Ein Mann, der als gleichwertiger Partner des Wirbelwindes Genoveva Woferl in Frage kam, war anno 2010 noch nicht gefunden – es gab aber immer wieder den ein oder anderen Wegbegleiter oder „Lebensabschnittspartner", wobei zu bemerken war, dass Lebensabschnitte bei Neophilen generell und bei Veva im Speziellen, nicht gerade eine besonders lange Dauer haben.

Aber Genoveva verstand und liebte die Menschen und die Menschheit an sich und die Natur und den ganzen, wunderbaren Planeten, auf dem sie leben durfte. Das Wohlbefinden und Glück dieses Ökosystems waren ihr ein echtes Anliegen.

Kein Wunder also, dass trotz ihrer schier unerschöpflichen Energie die Zustände anno 2010 Spuren hinterlassen hatten, die man durchaus als Desillusionierung und sogar teilweise als Frustration deuten konnte.

Für Veva also eindeutig ein Grund, was zu tun und Dinge zu verändern.

Kapitel IIb: Kajetan Woferl – der Zwillingsbruder

Kajetan Woferl, Zwillingsbruder von Genoveva, ebenfalls mit dominantem Neophilie-Gen, war weitestgehend das Gegenteil seiner Schwester.

Seine von anderen wahrgenommene, anscheinende Kompetenz bei sozialer Interaktion stammte weder aus besonderem Einfühlungsvermögen, noch aus einer Sympathie für Menschen generell, sondern ausschließlich aus einer bemerkenswerten rationalen Intelligenz, die sogar jene seiner Schwester noch übertraf.

Selbst als Nicht-Profi-Autor spüre ich hier die verständliche Reaktion der intelligenteren Leser: „Eh klar, ganz stereotypisch: sie, die intuitive Personifikation des typisch weiblichen, er der links-gehirnhälftige, rationale Mann. Kennen wir schon. Einfallslos! Buuuuh!" – aber was soll ich machen? Wenn Sie die zwei kennen würden, wäre Ihre wohl Beschreibung auch nicht viel anders ausgefallen.

Zur Selbstverteidigung kann ich nur sagen, Genoveva war keine „typische Frau". Jedes weibisch-affektierte, tussihafte Verhalten war ihr völlig fremd, und als g'sundes, hantiges, drahtig-sportliches Mädel war sie dem eher zerbrechlich-dünnen, zerebral fokussierten, leicht asthmatischen Kajetan auch sportlich und ausdauermäßig meist überlegen gewesen – was nicht nur damit zu tun hatte, dass sie wenige Minuten älter war, als er.

Kajetan war kein natürlich sportlicher Mann. Sein Körperbewusstsein, inklusive eines Fokus auf gesunde Ernährung und regelmäßige sportliche Betätigung erwuchs erst in der Pubertät, als völlig rationaler Prozess der Erkenntnis, dass sein Geist nunmal, - für ihn leider, - in dem Gefängnis eines physischen, biologischen Körpers gefangen war und er daher besser auf selbigen Körper bestmöglich achten sollte. Kajetan Woferl – ich versuche mich wieder darin, Ihnen ein Bild zu vermitteln – war eher der hagere, zäh-sehnige Typ, wie ein Christopher Lloyd, ein Clint Eastwood, ein Eddie Murphy, oder auch ein Toshihiro Mifune oder Stan Laurel. Andere Menschen nahmen ihn oft als eine Mischung aus den

Stereotypen „verrückter Professor" und „witziges Kerlchen"
wahr. Zweiteres Bild entstand, wenn er aus strategischem
Sozialverhalten seinen natürlichen, ätzenden Zynismus hinter
harmloser Witzelei versteckte. Ersteres erwuchs aus seinem
fundamental wissenschaftlichen Zugang zu allen Aspekten des
Lebens – zuerst die Erfassung von Daten, dann die Auswertung
derselben und in Folge die Ableitung theoretischer Modelle,
sogenannter Hypothesen. Diese Modelle wurden dann
experimentell verifiziert und optimiert und durch praktische
Anwendung und das Sammeln neuer, genauerer Daten
verbessert, bis sie ausreichten, um aus der Hypothese eine
belastbare Theorie zu formulieren, die wiederum hinterfragt
und optimiert und angepasst wurde – ad Infinitum. Kajetan
war ein ewiger Optimierer und niemals zufrieden.

Kajetan Woferl war als schmächtiges Bübchen, die große
Enttäuschung seines sehr physisch, machoiden Vaters und
wurde von seiner Mutter „trotzdem" über alles geliebt, denn
„er war ist ja so g'scheit, der Bub". Kaj hatte keine der
natürlichen Begabungen seiner Schwester im Umgang mit
Menschen – die Menschen blieben ihm emotional sein Leben
lang fremd (und er den Menschen).

Er war zeitlebens allein, nur fallweise in
Zweckgemeinschaften für konkrete Projekte mit anderen
höchstintelligenten Freunden und Weggefährten verbunden.
Er war in Gruppen immer nur Gast, gehörte aber nie wirklich
dazu. Er gehörte auch nie wirklich zur Familie, war bestenfalls
der weit entfernte, seltsame Verwandte von irgendwo – wobei
das Irgendwo kein Ort war, sondern eine Realität, welche die
Mehrheit nicht verstand. Ein Familientreffen der Woferls ohne
Genoveva war kein richtiges Familientreffen. Die An- oder
Abwesenheit von Kajetan wurde von den meisten kaum
bemerkt, ja oft sogar wurde Zweiteres eindeutig bevorzugt.

Wer mag schon ein verrücktes Genie, das all die Dinge durchschaut, welche man in seinem Leben zu ignorieren und verdrängen versucht, und der noch dazu politisch unkorrekt genug ist, einem diese Erkenntnisse dann mittels wissenschaftlicher, faktenbasierter Theorien haarklein zu erklären und so jede bequeme Lebenslüge aufdeckt?

Dies zu tun war für Kajetan ein typisches Verhalten, nicht aus Boshaftigkeit, sondern einfach weil er als durch und durch rationales Wesen kein Verständnis dafür hatte, wie man freiwillig Offensichtliches ignorieren konnte, nur damit man sich besser fühlt.

Somit war er der natürliche Feind der, von den meisten Menschen liebgewonnenen, kognitiven Dissonanzen zwischen objektivierbarer Wirklichkeit und subjektiv gefilterter Wahrnehmung.

Zusätzlich fehlte Kajetan auch noch weitestgehend der Antrieb und die Energie seiner Schwester. Seine teilweise akademische und vor allem berufliche Karriere passierte quasi als Nebenprodukt seiner Intelligenz, weil es leicht ging und ihn keine signifikante Anstrengung kostete.

Ansonsten ging er den Weg des geringsten Widerstandes, suchte zeitlebens möglichst große Freiheit, um sich von der ihn nervenden Menschheit soweit als möglich zu Distanzieren und in Ruhe gelassen zu werden. Er hätte wohl nach ein paar Beziehungs-Versuchen, die seine generelle Aversion gegen neophobe, neurotische, unfreie (weibliche) Nutzmenschen weiter schürten, als Einsiedler irgendwo im Nirgendwo geendet, wäre er nicht Sabrina begegnet.

Sabrina Woferl, geborene Wu – ihr zweiter Vorname war Michiko nach ihrer Großmutter – verdient eigentlich ein eigenes Kapitel. Sie und Kajetan passten zueinander – gegen jede Wahrscheinlichkeit, quasi der Tripple-Jackpot im Beziehungs-Lotto – und die beiden lebten eine synergetische Beziehung, wo das Ganze mehr war, als die Summe der Teile und wo beide starken, eigenständigen, unabhängigen Partner gemeinsam positive Energien generierten. Sabrina hatte aber mit dem ganzen „Weltverbesserungs-Scheiß" (Originalzitat ihrer oft drastischen Ausdrucksweise! Als Chronist muss man hier genau sein! Pardon!) – Sabrina hatte also mit dem Weltverbesserungs-Scheiß von Genoveva (praktisch) und Kajetan (Theoretisch) und natürlich den anderen Neophilen und damit dem Inhalt dieser Geschichte, wenig bis nichts am Hut.

Aus diesem Grund gibt es kein Sabrina-Kapitel. Auf eigenen Wunsch tritt sie hier nur insofern kurz ins Rampenlicht, als sie kongeniales Pendant zu Kajetan war und dieser gemeinsam mit Ihr als Paar ein gemeinsames Glück gefunden hatte, das die Ecken und Kanten seines angeborenen Zynismus oft für signifikante Zeiträume verschwinden ließ.

Genoveva beneidete Kajetan fallweise für diesen Glücksfall einer wunderbaren Beziehung. Kajetan beneidete Genoveva für gar nichts – der ganze sozial-vernetzte Gesellschafts-Schwachsinn und Prinziphumanismus war ihm so egal, wie der sprichwörtliche Reis-Sack, der in China umfällt.

Er lebte in glücklicher Zweisamkeit und Synergie, zu zweit allein mit seiner Sabrina, auf einem Berg, in relativer Abgeschiedenheit.

Diese Zwei-Einsamkeit unterbrach er nur fallweise aus wirtschaftlichen Zwängen, um als hochbezahlter „Consultant" den tumben Nutzmenschen zu erklären, was sie mit Hausverstand leicht auch selber hätten wissen können, wenn sie für kurze Augenblicke ihre kognitiven Dissonanzen mal abgelegt hätten.

Ja, er wurde für seine Fähigkeit zur Analytik ganz gut bezahlt, als „Berater", der Dinge durchschauen konnte und dann Lösungsvorschläge präsentierte, an welchen andere scheiterten. Dies ermöglichte ihm leicht und ohne viel Ehrgeiz und Anstrengung gerade so viel Geld zu verdienen, um sich Abgeschiedenheit und Freiheit leisten zu können.

Im Beschreiben der Beiden drängt sich mir hier trotz aller Unterschiedlichkeit nun doch zum ersten mal eine offensichtliche Ähnlichkeit auf: beide, Genoveva und Kajetan, waren „Berater", welche gerne gerufen wurden, wenn Menschen dieser Beratung bedurften.

Genoveva wurde gerufen, weil sie Menschen verstand und zwischen ihnen vermitteln konnte. Sie fand fast immer eine gemeinsame Sprache, die alle verstanden und baute und vermittelte soziale Beziehungen zwischen den Menschen und förderte deren Dialog.

Kajetan wurde gerufen, weil er auch komplexeste Technologie und Systeme durchschaute, diese in kleine, verständliche Module teilen konnte um sie dann für andere einfach und verständlich darzustellen.

Beide waren sie primär Übersetzer – Genoveva zwischen Menschen und Kajetan zwischen Menschen und Technologie und Wissenschaften.

(Auf was man durch's Schreiben nicht alles d'raufkommt.)

Abschließend möchte ich erwähnen, dass sie Kajetan wahrscheinlich nicht unmittelbar sympathisch finden würden – interessant vielleicht, jemand den Sie als Gast in einer

Diskussion aufgrund spannender, ungewöhnlicher Inputs
schätzen, bei dem Sie aber sicher auch froh wären, wenn er
sich beim gesellschaftlichen Zusammensein nach der
Diskussion recht rasch verabschiedet (was er garantiert tun
würde, sobald es auch nur irgendwie als „gerade noch nicht
mehr unhöflich" vertretbar wäre).

Wie diese beiden, die soziale, humanistische, durch und durch
positive Genoveva und der zerebrale Soziopath Kajetan, jemals
als Zwillinge hatten geboren werden können, bleibt ein Rätsel.

Kapitel IIc: Das Alien namens TheAlien

Die für unsere Geschichte relevanten menschlichen Typen von
Charaktären werden durch Genoveva und Kajetan ausreichend
abgedeckt. Doch damit nicht genug! Als drittes Element der
Mixtur, die notwendig ist um diese Utopie zu erzeugen,
benötigte es noch das ewig Divergente, Abstruse, Verrückte,
Hyper-Rationale, - das Alien, die Personifikation radikaler
Neophilie und Andersartigkeit.

Das Alien war, soweit uns bekannt ist, die extremste neophile
Mutation, welche auf dem Planeten zur Zeit unserer
Geschichte lebte. Permanente Veränderung und ständige
Optimierung waren auch sein ursächliches Wesen – nur eben
radikaler.

Das Alien hatte sich frühzeitig aus der Zwangsmitgliedschaft
im monopolistischen Club der Homo MehrOderWeniger-
Sapiens verabschiedet und war so zum Andersartigen, zum
überall Fremden, zum Prinzip-Alien geworden.

Das Alien lebte außerhalb der Konventionen der hominiden
Gesellschaften. Ohne Bindung an deren Inhibitionen und
mentalen Verblockungen war es ihm ein leichtes, als quasi

virales Element, fast parasitär, in der Gesellschaft zu überleben.

Recht früh hatte das Alien die Tricks ökonomischer Spielereien zur Umschichtung von Ressourcen von Nutzmensch zu Herrscher durchschaut, egal ob es sich um virtuelle oder reale Ressourcen handelte, und hatte seinerseits Mechanismen implementiert, die ihm erlaubten, hier aus dem System ausreichend Ressourcen für das eigene Überleben und vor allem für die Akquisition von Freiräumen abzuzweigen ("Eh klar, Robin Hood der Moderne" – höre ich fast meine Leser denken, - nur, bitteschön, das Alien verteilte nicht von Reich zu Arm um! Das Alien zweigte vom System Ressourcen ab, um Freiräume zu schaffen, aber nicht primär mit dem Ziel, diese Freiräume dann auch mit anderen zu teilen – dieser Effekt entstand nur durch die Zusammenarbeit des Aliens mit Genoveva).

Ein substantieller Anteil der so vom Alien allokierten Ressourcen floss naturgemäß in die Verschleierung seiner Aktivitäten – um von den durch das Alien geschädigten Herrschern, nicht als Bedrohung wahrgenommen zu werden.

Das Alien flog größtenteils unter dem Radar der Eliten mit ihrem Kontroll-Fetischismus, ein unkontrolliertes, unkontrollierbares, freies Radikal, mit mehreren Tarn-Existenzen als "ganz normaler Nutzmensch". Das Alien wurde somit von den mächtigen der Welt nicht wahrgenommen, trotz seiner Andersartigkeit – und Andersartigkeit war normalerweise eine der sichersten Methoden, um sofortige Feindschaft der etablierten Eliten sicherzustellen.

Die meist brutale Unterdrückung von echter Andersartigkeit, also allem, außer dem von ihnen kontrollierten Konsum-Individualismus der Nutzmenschen, war schließlich Überlebensnotwendig für ein an sich evolutionär unlogisches, abstruses und damit angreifbares System der Kontrolle und Dominanz wie es 2010 als flächendeckender Feudalismus implementiert war.

Die großen Weltreligionen hatten schon früh vorgelebt, wie so etwas funktioniert – absurde, ungerechte, diktatorische Systeme zur Machtsicherung einer Elite funktionieren nur, durch unhinterfragte, leidenschaftliche Gläubigkeit der bewirtschafteten Nutzmenschen, egal ob diese nun an irgendwelche metaphysischen Instanzen glauben, oder an eine Pseudo-Demokratie als „die Beste aller möglichen Staatsformen" samt Autoritäten wie Politiker, also jenen edlen Wesen, welche bar jeden Egoismus die Interessen der Bürger vertreten – soweit die offizielle Desinformation.

Jeder Ketzer gegen den jeweiligen offiziellen Glauben war eine Gefahr. Das Alien tarnte sich daher als devoter Gläubiger des jeweiligen „Systems", war Kapitalist im Westen, Humanist unter Humanisten, Sozialist wenn das Volk mithörte und klang konservativ-neophob, wenn es die Neophoben nicht verunsichern wollte - dabei war das Alien im Herzen die Personifikation aller Ketzerei gegen sämtliche Glaubens-Systeme, das ultimativ Ungläubige, die Inkarnation des konsequenten Atheismus. Das Alien glaubte nichts und hinterfragte alles und akzeptierte nur das, was beweisbar richtig war.

Ein wesentlicher Mechanismus seines Versteckspiels als parasitärer Dieb unter den Herrschern war es, sich unauffällig in der Masse der Nutzmenschen zu verstecken. Die dafür aufgewandten, den Herrschern entwendeten Ressourcen, flossen somit direkt an die Nutzmenschen retour – und das kann man nun also doch irgendwie als moderne, realistisch-egoistische Variante eines Robin Hood interpretieren. Das Alien nahm von den Herrschern und verteilte an die Nutzmenschen, um sich so von diesen die Erlaubnis zu erkaufen, sich zwischen ihnen zu verstecken und unsichtbar zu bleiben.

Das interessante am Alien war wohl, dass es ihm gelang, sogar seine Imperfektionen - sie Schwächen zu nennen, wäre übertrieben – konstruktiv zu nutzen. Für ein so völlig andersartiges Wesen war es natürlich nicht möglich, seine Fremdartigkeit ganz zu verbergen. Das Alien schaffte es dennoch, seine Alienhaftigkeit so darzustellen, als wäre es nur ein extrem ausgeprägter, aber kindischer Wunsch, besonders Individualistisch zu erscheinen.

Konsequent sorgte das Alien also dafür, dass es die Menschen in seiner vorgegaukelten Schrulligkeit mit all seinen Spleens nicht besonders ernst nehmen mussten. Somit tauchte das Alien in der Wahrnehmung der Menschen nie als „Gefahr" auf und auch nicht als besonders interessant. Dies ermöglichte ihm ein hohes Maß an Unsichtbarkeit – in aller Öffentlichkeit. Das Alien hatte die Kunst des unauffälligen Andersseins perfektioniert.

Es nutzte für seine Tarnung auch jene Wesenszüge der Hominiden, die auch die Herrscher gerne ausgenutzten, und zwar den Wunsch jedes Menschen, als einzigartiges Individuum wahrgenommen zu werden kombiniert mit der zwanghafter Sehnsucht, irgendwo dazu zu gehören.
Fast jeder Nutzmensch wollte irgendwo dazugehören – bevorzugt natürlich zu einer Gruppe, wo man dadurch seine

Zugehörigkeit einen elitären Status gegenüber allen anderen Gruppen argumentieren konnte.

Mein Team ist besser als Dein Team, mein Staat ist besser als Dein Staat, meine Religion ist die einzig wahre, und alle, die anders aussehen als wir sind ohnedies minderwertig – das war das Mindset der Mehrheit der Homo QuasiSapiens, welches von den Herrschern zur Etablierung ihrer Herrschaft, zum Beispiel durch das Schüren unlogischen Nationalismus, ausgenutzt wurde und vom Alien zur Tarnung verwendet werden konnte.

Die Herrscher nutzten und kontrollierten auch durch etablierten Konsum-Individualismus den Drang nach Anerkennung als Individuum bei gleichzeitiger Zugehörigkeit zu einer Gruppe. Um als Nutzmensch „in" zu sein, und dazu zu gehören – und zwar zu einer Gruppe mit dem Ruf besonderer Individualität - benötigte man meist spezielle Produkte, die verhältnismäßig teuer waren.

Das Alien nutzte diese psychologische Schizophrenie der Menschen, um seine massive Andersartigkeit in der Wahrnehmung der Menschen so weit abzuschwächen, dass es als am Rande der Gesellschaft befindlich, aber doch dazugehörig wahrgenommen wurde, was meist keine Feindseligkeiten und Fremdenfeindlichkeit ihm gegenüber provozierte.

Es war halt einfach ein bisserl anders, verschroben, schrullig – so die Wahrnehmung seiner Mitmenschen – aber, es war nicht bedrohlich anders, sondern einfach ganz normal anders, wie es alle anderen auch sein wollten.

Auch das Massenphänomen des industriell normierten Individualismus hatte also im Alien seinen Meister gefunden.

Alle Versuche, ihnen als Leser hier eine Hilfestellung für den Aufbau einer literarischen oder gar emotionalen Beziehung zum Alien zu geben, würden scheitern. Daher verzichte ich auch auf die Bereitstellung eines „stellen Sie sich das Alien so vor, wie …"-Bildes.

Das Alien war ein Alien. Jedes Bild, das Sie nun im Kopf haben, ist wahrscheinlich genauso falsch wie richtig. Weder gigersch-schleimtriefende Abscheulichkeit mit pathologischer Beziehung zu Sigourney Weaver, noch star-trek-original-mässiges Menscherl mit blauer Haut und/oder komischen Ohren, noch sonst ein gängiges Alien-Bild passen auf das Alien. Weder James-Bond-Bösewichte, noch androgyne Androiden in Menschengestalt passen. Auch nicht die Vorstellung: Mensch, nur anders.

Bitte akzeptieren Sie einfach: da gibt es auch noch das Alien und es war irgendwie anders, aber man weiß nichts Genaues und merkte normalerweise auch wenig davon, wenn man nicht aufmerksam ist.

Auch einer Aufzählung von „besonderen Fähigkeiten" entzieht sich das Alien. Hatte es telepathische Kräfte? Konnte es durch Mauern gehen? Beherrschte es Suggestion und Massenhypnose? War es einfach nur eine Witzfigur mit einem interessanten Image?

Versuchen wir nicht, das Unfassbare zu fassen. Das Alien war da, es war befreundet mit den Woferls, es war weder mental noch physisch limitiert durch die Indoktrinationen, Moralvorstellungen und Konventionen unserer Gesellschaften, und es spielt in unserer Geschichte eine wichtige Rolle. Alles andere ist irrelevant.

Teil III: Die Konzepte und Theorien unserer Protagonisten

Den harten Kern unserer Protagonisten, Genoveva, Kajetan und das Alien, haben Sie nun kurz kennengelernt. Was diese Individuen für unsere Geschichte aber relevant macht, waren nicht ihre Persönlichkeiten, sondern die Konzepte, welche sie gemeinsam, jeder für sich, teilweise mit anderen Menschen oder inspiriert von diesen, entwickelt hatten.

Vor allem die Arbeit mit einer großen Community von anderen kreativen, intelligenten Menschen war essentiell für die Erzeugung dieser Konzepte – aber um uns nicht in der anno 2010 populären Mechanik der Ablenkung durch Sozial-Pornographie (Talk- und Castingshows, etc.) zu verlieren, müssen drei Charaktäre als Ankerpersönlichkeiten für den Zweck dieses Buches reichen. Das müssen auch meine Testleser einsehen, die vehement jene Identifikationsfiguren eingefordert hatten. Um es nochmals zu betonen – es geht hier primär um Ideen und Konzepte. Die Protagonisten dienen ausschließlich dazu, diese Konzepte den sozial orientierteren Lesern leichter zugänglich zu machen.

Bitte erinnern Sie sich vorerst nochmals an den Status der Welt im Jahre 2010 – ein effektives globales, feudalistisches System der Nutzmenschenhaltung war etabliert, es gab keine Nachhaltigkeit sondern nur Wachstum auf Schulden, die Menschheit war eine Naturkatastrophe die gerade passierte. Nun, unsere neophilen Geschwister Genoveva und Kajetan und ihren guten Freund, das Alien, nervte dieser Zustand gewaltig. Was aber tun?

Für Neophile wie unsere Protagonisten ist das ganz klar:

- weg mit alten, überkommenen Dogmen
- den oft guten Kern daraus extrahieren und bewahren
- neue Konzepte ergänzend hinzufügen
- geistige Freiheit und Offenheit bewahren
- aus den konstruktiveren Aspekte der gesammelten sozio-kulturellen und technologischen Erfahrungen vergangener Generationen lernen (Konservativismus – im Sinne des Bewahrens und Erhaltens von Gutem)
- Rekombination von Bewährtem mit Innovativem (Fortschritt, Evolution)

Und rasch hat man ein funktionales Modell (Wissenschaft und Technologie), für ein erfolgreiches Zusammenleben als Spezies Mensch (soziale Werte), das man als neophile Community (falls diese skaliert) sogar implementieren könnte.

Ein wahrscheinlich für Sie nicht ganz unerwartetes, erstes Ergebnis aus dieser gegenseitigen Befruchtung neophiler Geister war die Erkenntnis, welche wir schon im ersten Kapitel strapaziert haben, nämlich dass die Prinzipien der Mechanismen zur Unterdrückung der Nutzmenschen überall identisch waren, egal ob es sich beim Unterdrückungssystem um eine metaphysisch motivierte, theistische Religion handelte, oder ein pseudo-wissenschaftlich aufgeklärtes quasi-rationales System, wie Technologiegläubigkeit, Populärwissenschaft und Pseudo-Demokratien.

Zwar dominierte das in 2010 weitestgehend etablierte rationale Intelligenzmodell weitestgehend über irrationale Religiosität, welche sich nur mehr bei den ungebildetsten, intellektuell schon frühkindlich entsprechend indoktrinierten

und geistig verstümmelten Hominiden signifikant halten
konnte, dennoch war auch das etablierte pseudo-rationale
Intelligenzmodell, welches die höchste soziale Akzeptanz
genoss, eine Sackgasse.

Die erste zu sprengende Kette war also jene, des sozial
akzeptierten „faktisch-eindimensionalen Intelligenzmodells",
welches sogar noch anno 2010 breite Anwendung fand und
der intellektuellen Unterdrückung der Menschen durch
(Pseudo-)Rationalismus Tür und Tor öffnete.

Teil IIIa „Intelligenzmodell 2.0"

Das, was man in 2010 so landläufig als „hochintelligent"
definiert hatte und mit dem berühmten IQ (dem
Intelligenzquotienten) wissenschaftlich zu vermessen
versuchte, war, höflich formuliert, eine sehr rudimentäre Sicht
auf die wirklich relevanten Kriterien für Menschen als
biologische Spezies.

Was sind „wirklich relevante Kriterien"? Primär, aus
evolutionärer Sicht, ist dies die Fähigkeit als Individuum und als
Spezies im vorhandenen Lebensraum nachhaltig zu Überleben
und sich weiterzuentwickeln. Das ist der Sinn und Zweck hinter
der Existenz biologischer Organismen – wenn es einen solchen
Sinn und Zweck überhaupt gibt. Viele Hominiden brauchen ja
aus unerfindlichen Gründen immer einen höheren Sinn und
Zweck, anstatt Realität einfach so zu akzeptieren, wie sie ist:
der einzige tiefere Sinn ist das Überleben.

Um also das 2010 populäre, sozial hoch bewertete, rein
rational-funktionale Intelligenz-Modell der Nutzmenschen zu
korrigieren und ein ganzheitliches, evolutionär relevantes
Modell 2.0 zu entwickeln, bedurfte es eines neuen Ansatzes
basierend auf uraltem Wissen – typisches Recycling also.

Vergessen wir daher den eindimensionalen IQ und andere Kindereien, die sozialen Druck in Richtung korrekten Verhaltens für brave Nutzmenschen aufbauen sollten, und gehen wir ganz neutral an das Thema Intelligenz heran: was braucht es, um als Mensch besonders erfolgreich in einer Welt zu leben, die aus einem mit endlichen Ressourcen versehenen Ökosystem besteht das es zu bewohnen und bewirtschaften gilt?

Was macht die Intelligenz freier, selbständiger, kritischer, langfristig erfolgreich überlebender Menschen aus, als Individuen und als Spezies?

Grundsätzlich sind zwei Ausprägungen von Intelligenz zu beobachten: manche wissen theoretisch was zu tun wäre und andere bringen praktisch was weiter.

Manche wissen theoretisch, wie ein Auto, ein Computer, Kommunikation, eine Beziehung, Erziehung, Ernährung, die Welt, etc. funktioniert, manche können ein Auto bauen oder einen Computer programmieren oder erziehen ihre Kinder zu selbständigen, kritisch denkenden Menschen statt zu gut funktionierenden Nutzmenschen und Konsum-Robotern.

Jede Form von Intelligenz hat also zwei primär relevante Aspekte, die Theorie und die Praxis. Beide sind gleichwertig. Theorie ohne Praxis ist sinnlose Hirnwichserei, Praxis ohne Theorie ist blinde Herumbastelei – rein evolutionär gesehen.

Für die Menschheit als Spezies ist relevant, erfolgreiche Theorien zu entwickeln und diese praktisch umzusetzen.

Und zwar durchaus auch, wie das begrenzte, bis 2010 relevante Intelligenzmodell meint, auf faktischer Ebene, aber eben nicht nur. Soziale Intelligenz für eine sozial lebende Spezies ist mindestens genauso wichtig, wie faktische. Und als biologischer Organismus ist auch die evolutionäre Intelligenz – die Überlebensfähigkeit und Anpassungsfähigkeit - nicht zu unterschätzen.

Damit das ganzheitliche Intelligenzmodell 2.0 aber nicht gar zu kompliziert wird, haben sich nach langem Hin- und Her Genoveva, Kajetan und das Alien durchgerungen, nur die wesentlichsten Aspekte plakativ zu integrieren, als „Spider-Chart" (Netzgraphik) aus den Aspekten:

Theoretische faktische Intelligenz:
- Wie gut kann ich faktische (technische, mathematische, ökonomische, ökologische, ...) Probleme erfassen und Lösungsstrategien ableiten?

Praktische faktische Intelligenz:
- Wie gut kann ich faktische Probleme tatsächlich lösen (einen Reifenwechsel selbst durchführen oder ein kaputtes Ventil ersetzen um einen Wasserrohrbruch zu verhindern oder als mündiger Konsument und Bürger die richtige Wahl treffen)?

Theoretische soziale Intelligenz:
- Wie gut verstehe ich die Mechanismen von Kommunikation, sozialer Interaktion, Motivation, Incentives, etc.?

Praktische soziale Intelligenz:
- Wie gut kann ich mit anderen kommunizieren und gemeinsam mit ihnen Ziele erreichen? Kann ich mit meinen Mitmenschen konstruktiv interagieren? Trage ich positiv zu den Leben der mir wichtigen Menschen bei, oder nerve ich sie nur?

Theoretische evolutionäre Intelligenz:

- Wie gut verstehe ich mich selbst als biologische Lebensform und wie gut verstehe ich meinen Lebensraum und meinen Einfluss auf diesen?

Praktische evolutionäre Intelligenz:

- Wie erfolgreich bin ich als Individuum und mit meinem Mitmenschen gemeinsam über viele Generationen als Spezies in unserem gemeinsamen Lebensraum zu überleben und diesen für kommende Generationen als lebenswert zu erhalten?

Als Graphik sieht dies in etwa so aus:

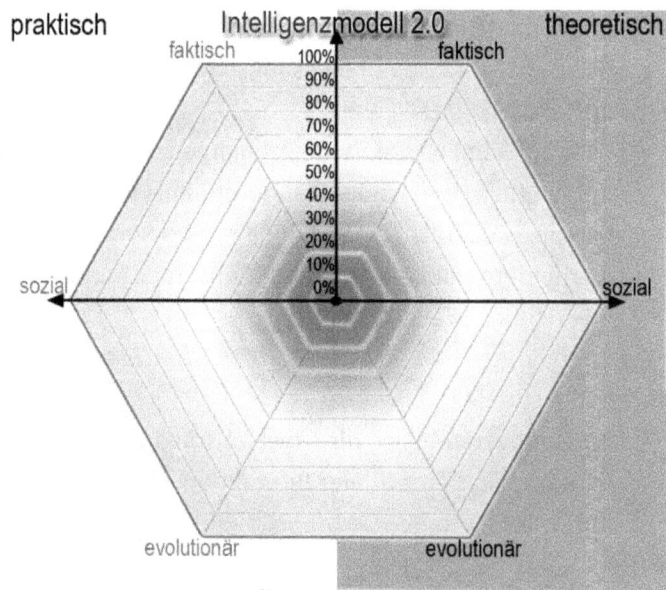

Zeichnen Sie selbst auf den 6 Achsen ein, wo Sie sich auf der Skala von 0 (totale Inkompetenz) bis 100 Prozent (geniale Beinahe-Perfektion) einstufen würden. Dann lassen Sie ihre

Freunde und Familie (auf einem leeren Intelligenzmodell 2.0 Spider-Chart) deren Fremdwahrnehmung von Ihnen einzeichnen – und machen Sie sich beim Vergleich der Eigen- mit der Fremdsicht auf die Notwendigkeit ausführlicher Selbstreflexion gefasst!

Für Menschen mit ausreichender ganzheitlicher Intelligenz ist ein wesentliches Bildungs-Ziel, ihr Lebensumfeld, also das System in welchem sie Leben, zu verstehen.

Um dieses Verständnis der Grundfunktionen zu erleichtern, wurde die Öko²System-Theorie entwickelt.

Teil IIIb „Das Öko²System"

Intelligenzmodell 2.0 – Selbsteinschätzung einzeichnen und mit Fremdeinschätzungen vergleichen. Fein und ganz lustig – ein erster Anfang sich als ganzheitlicheres Wesen zu verstehen und auf die richtigen Qualitäten zu achten, aber nicht mehr als das.

Es ging dabei um Kriterien, welche die Fähigkeit beschreiben, im vorhandenen Lebensraum als Individuen und als Spezies nachhaltig erfolgreich zu sein.

Was war denn aber nun dieser „Lebensraum"? Ich erspare mir und Ihnen hier eine langatmige Beschreibung, warum der relevante Lebensraum für die Menschheit primär aus einem kleinen Planeten in der „Goldilocks-Zone" eines binären Sonnensystems bestand, der seine Energie zu mehr als 99% aus ebendieser Sonne bezog (plus eine wenig Gravitationseinwirkung durch andere Himmelkörper wie den Mond als direktem Erd-Trabanten und planetoider Hitze und dadurch getriebener Tektonik sowie Magnetismus, resultierend aus den kernphysikalischen und kinetischen Prozessen im Erdkern – um die Restlichen 1% Energiequellen weitestgehend aufzuzählen).

Wichtig ist: der Lebensraum der Menschheit war innerhalb der für unsere Geschichte relevanten Zeiträume – Jahrzehnte und Jahrhunderte, vielleicht gerade noch wenige Jahrtausende aber keinesfalls geologische Zeiträume wie Jahrmillionen - ein weitestgehend geschlossenes System mit pro Zeitraum konstanter Energieeinbringung.

Die Erschließung extra-terrestrischer Ressourcen überlassen wir den Erzählern von Science-Fiction Geschichten und übermotivierten Technologie-Verherrlichern – sie spielt in den für diese Geschichte relevanten paar Jahrzehnten ab 2010 keine Rolle.

Der Lebensraum für die Spezies Homo (mehr oder weniger) Sapiens war also der Planet Erde. Um diesen Lebensraum und die Interaktion mit selbigem besser zu verstehen, entwickelte Kajetan Woferl ziemlich im Alleingang Modell des Öko²Systems und gründete somit die Fachrichtung der Öko²System-Theorie.

Anstatt wie bisher die Systeme „Ökologie" und „Ökonomie" weitestgehend getrennt zu betrachten, führte das Öko²System Modell diese abhängigen Systeme wieder zusammen – um deren unmittelbare Vernetzung besser zu beschreiben.

Ein Öko²System wie der Planet Erde besteht demnach aus:
Ökologie – einem System vorhandener Ressourcen
UND

Ökonomie – dem System der Verteilung und Bewirtschaftung dieser Ressourcen

Es war ein ganz simpler Gedankensprung von Ökologie – große Pause mit viel gedanklichem Abstand dazwischen – und Ökonomie als zwei getrennten Fachbereichen, hin zu einem unmittelbar vernetzten **Öko²System**, welches die Realität der Menschheit viel besser beschreibt: wir haben endliche, weitestgehend konstante Ressourcen, welche sich mit unterschiedlicher Geschwindigkeit regenerieren (wir haben eine fixe Energie-Balance, welche wg. $E=mc^2$ ja einer fixen Ressourcenmenge entspricht) und wir verteilen und bewirtschaften diese Ressourcen (verwenden sie, wandeln sie dabei um, benötigen dafür Energie, etc.).

Wir verwenden zum Beispiel eine trinkbare und für ein Überleben notwendige Flüssigkeit auf H_2O-Basis (Wasser) und machen daraus, ebenfalls auf H_2O-Basis, eine Flüssigkeit, die man als giftige Industrieabwässer oder tödliche Brühe bezeichnen kann. Je nach der Verdünnung mit Trinkwasser tötet diese giftige Brühe uns dann langsamer oder schneller, gesund aber ist sie nie.

Wir verwenden dann große Mengen an Ressourcen und Energie, um das Wasser wieder von seinen Giftstoffen zu befreien und lagern die übriggebliebenen Gifte in Deponien, bis diese durch Kontakt mit Trinkwasser (Deponie-Katastrophen wie Undichtigkeiten, Dammbrüche, Hochwässer, etc.) wieder in selbiges gelangen .

Je mehr Gift, desto höher der Ressourcenbedarf bei der Reinigung und umso höher der permanente Energiebedarf für die Reinerhaltung. Es ist für jedes denkende Wesen klar, dass in einem System mit konstanten Ressourcen (konstanter Energie) bei kontinuierlichem Wachstum irgendwann ein Punkt erreicht ist, wo der energetische (und damit ressourcenmäßige) Aufwand für die Reparatur der verursachten Schäden am Öko²System größer wird, als die dafür verfügbare Energie (und die vorhandenen Ressourcen). Es ist jedem denkenden Wesen klar, dass in einem System konstanter Energie (und unterschiedlich schnell regenerierender Ressourcen) eine individuelle Grenze für die ökonomisch nachhaltige, sinnvolle Nutzung jeder ökologischen Ressourcen existiert.

Wird diese Grenze für viele unterschiedliche Ressourcen überschritten, kippt das System und der Zustand des Systems „ermöglicht (genussvolles und angenehmes, menschliches) höheres biologisches Leben" geht in einen Zustand „giftig und lebensfeindlich für komplexere Organismen" über.

Dieser Mechanismus des Kippens von Systemen und der Wechsel zwischen unterschiedlichen, quasi-stabilen Zuständen wurde unter dem Titel „resilience" wissenschaftlich erforscht. Für uns wichtig ist: es gibt viele anscheinend stabile Zustände des Ökosystems die sehr robust auf „Störungen" reagieren (ein Ergebnis der Evolution), aber nur wenige unterstützen das Leben von höheren Organismen wie uns Menschen.

Daher sollte es ein gemeinsames Ziel der Spezies Mensch sein, jenen quasi-stabilen Zustand zu erhalten, welcher ihnen ein Überleben ermöglicht. Dies bedeutet im Umkehrschluss, die „Störungen" des Systems so gering zu halten, dass das System nicht kippt.

Nur eine bewusste Balance zwischen Ökologie (vorhandene Ressourcen) und Ökonomie (Verteilung und Bewirtschaftung derselben) kann nachhaltig funktionieren – womit wir wieder

beim Thema evolutionärer Intelligenz als Individuum und
Spezies angekommen wären.

Für die Verteilung der Ressourcen gibt es unterschiedlichste
Modelle. Das etablierte anno 2010 war: 95% der Ressourcen
gehören 5% der Menschheit, die restlichen 5% müssen für 95%
der Menschheit reichen.

Zusätzlich wurden beinahe alle im Ökosystem Erde
vorhandenen Ressourcen von einer einzigen Spezies (Homo
QuasiSapiens) verwendet, bis auf gnadenhalber einige wenige
Prozent, welche als „Naturschutzgebiete" für den Rest des
einst spezies-reichen Erd-Ökosystems zur Verfügung standen.

Wir sprechen hier von echter Wildniss, mit natürlich
evolutionär entstandenen („Speciation") und sich
weiterentwickelnden (Evolution) Spezies, nicht von gepflegten,
genau kontrollierten Parklandschaften als größere Outdoor-
Zoos und Event-Parks für Fauna und Flora.

Alternativen zur 95:5 und 100% für die Menschheit-Verteilung,
wie diese funktionieren könnten und wie man die Menschheit
für sie begeistern könnte, waren eines der heißest diskutierten
Themen der neophilen Community.

Die meisten der Individuen der Community lebten nämlich
ausgesprochen gern und wollten dies auch nachfolgenden
Generationen ermöglichen.

Wie aber soll eine Alternative funktionieren, wenn die
Mehrheit der dominanten Spezies aus gierigen, egoistischen,
evolutionär unintelligenten Homo QuasiSapiens besteht, die
nur am eigenen Vorteil interessiert sind und nicht an der
Lebensqualität der eigenen und kommender Generationen?

Die wenigen Homo VereSapiens waren ja leicht von Alternativen zu überzeugen, aber diese waren eine kleine Minderheit.

Das Thema „Öko²system" und „globale Energiebilanz" war prinzipiell relativ einfach zu erfassen. Hier ging es nur darum, die richtigen, ausreichend vollständigen Daten zusammenzutragen und ein Ressourcen-Modell inklusive Ressourcen-Balance, Regenerationszeiträume, etc. zu entwickeln – ein Modell, dass die Funktionsweise des Öko²Systems inklusive seiner Abhängigkeiten beschreibt.

Die Randbedingungen waren bekannt (z.B.: Wie viel Sonnenenergie erreicht pro Jahr im Schnitt den Planeten? (Antwort: ~900 Billiarden Kilowattstunden).
    Die Fragestellungen waren klar: Wie lange benötigt Holz um Nachzuwachsen? Wie groß müssen nicht befischte Areale und nicht bewirtschaftete Naturzonen sein, um genug Platz für die Regeneration der Fischbestände und zum Erhalt der Biodiversität sicherzustellen? Etcetera.
    Ja sogar die meisten Antworten waren bekannt – es gab ja genug gescheite Leute auf dem Planeten.

Die Applikation dieses Wissens im Jahr 2010 war aber leider noch rudimentär, das vorhandene Wissen und die vorhandene evolutionäre Intelligenz der Minderheit der Homo VereSapiens wurde von den Homo QuasiSapiens völlig ignoriert – weil es ihre Herrscher so wollten und alles dazu taten, dass dies so bleibt. Denn genau diese Nutzmenschzüchter wären jene gewesen, für die ein Umdenken am nachteiligsten war.
Für die Menschheit gilt: wir sitzen alle im selben Boot, aber definitiv nicht auf dem selben Deck.

Jene, die am sinkenden Schiff auf dem obersten Deck sitzen, machen sich nunmal am wenigsten Gedanken darüber, wann sie nasse Füße bekommen, selbst wenn allen anderen das Wasser schon bis zum Hals steht.

Schwieriger als das Thema „wie funktioniert das Öko²System" war also das Thema „Motivation" oder „Incentivierung" – wie löst man bei Homo QuasiSapiens einen Lernprozess und eine notwendige Verhaltensänderung aus – noch dazu gegen den Willen ihrer Herrscher!?

Das Modell des Öko²Systems als untrennbar verbundene Bausteine unseres Umgangs mit unserem Planeten konnte zumindest helfen, das Bewusstsein für die unmittelbaren Zusammenhänge aus Ressourcen und deren Bewirtschaftung zu erhöhen.

Es war leicht zu verstehen. Die Summe aller verfügbaren Ressourcen plus die Verteilung/Bewirtschaftung derselben ergibt ein zusammenhängendes Öko²System; - das konnten auch Homo QuasiSapiens geistig fassen.

Das Thema: „Wie bringt man Homo QuasiSapiens dazu, aus einem kognitiven Zustand der Erkenntnis auch reale Reaktionen abzuleiten." war leider nicht so trivial zu lösen. Zu wenig soziale und evolutionäre Intelligenz auf dem Planeten im Jahre 2010.

Die plausibelste Strategie dazu, war folgende: eine Minderheit von Pionieren musste einfach mal innovativ vorausgehen, ohne sich um die Mehrheit weiter zu kümmern. Die Pioniere würden den Beweis erbringen, dass es geht und damit könnte die ängstliche, neophobe Mehrheit vielleicht ihre Angst verlieren und auch mitmachen wollen, wenn es Vorteile bringt (zum Beispiel das Überleben sicherzustellen oder Wohlstand gerechter zu verteilen).

Sobald die Mehrheit einen Beweis sieht, dass die Innovation funktioniert und nicht gefährlich ist, erhöht sich deren Bereitschaft, sie zu akzeptieren.

Was immer unsere Community unternahm – es war eine Strategie für Pioniere, die aus dem System ausbrechen wollten, nicht für die breite Masse der neophoben Nutzmenschen und die herrschenden Nutznießer des Systems.

Wie aber sollten sich diese Pioniere organisieren? Jede Gemeinschaft braucht gemeinsame Grundregeln – eine gemeinsame, allgemein akzeptierte Verfassung. Nun – nichts leichter als das!

Teil IIIc „Verfassung NEU"

Natürlich war es Genoveva, die mit Ihrem Verständnis der menschlichen Psyche und Bedürfnisse als erste einen halbwegs brauchbaren Vorschlag machte, wie der kleinste gemeinsame Nenner an Regeln für die Gemeinschaft der Neophilen aussehen könnte.

Um diesen nachvollziehen zu können, bedarf es eines kleinen Umwegs und einer Begriffs-Präszisierung. Menschliche Gesellschaften – also alles von der kleinen Steinzeit-Sippe, bis hin zur global vernetzten Multi-Gesellschaften des Informationszeitalters – benötigen zwei wesentliche Aspekte, um auch nur irgendeine Chance zu haben, zu funktionieren:

- Kommunikation
- Gemeinsame Konventionen (Regeln)

Ohne gemeinsame Kommunikationsmöglichkeiten, ohne Chance sich zu verständigen, abzustimmen, synchronisieren, geht naturgemäß wenig.

Und um auf Basis dieser Kommunikation eine effektive soziale Interaktion zu etablieren und so als Gesellschaft ohne allzuviele Reibungsverluste evolutionär erfolgreich zu sein, im Wettstreit mit anderen Kulturen, benötig man Konventionen, im Sinne von allgemein gültigen Vereinbarungen und Regeln, an die sich eine signifikante Mehrheit weitestgehend hält.

Das etablierte Medium zur Festschreibung solcher Konventionen in der Neuzeit waren Verfassungen.

Der Gedanke von Genoveva, dass eine Verfassung als kleinster gemeinsamer Nenner Gesellschaftlicher Grundregeln auch für eine neue, innovative Community sinnvoll sei, überzeugte logischer Weise auch das Alien und Kajetan und auch ihre Freunde und Bekannten aus der Neophilen-Community.

Das Problem ist aber: wie schaut eine möglichst für eine signifikante Mehrheit akzeptable, gute Verfassung aus – speziell eine, welche wirklich der Mehrheit und nicht primär den 5% Herrschern nutzt?

Historisch gesehen gab es viele Verfassungen als potentielle Vorbilder. Viele dieser Verfassungen waren in ihren ursprünglichen Formen von genialen Humanisten, Visionären, Pionieren, Idealisten, Philosophen und Vordenkern verfasst worden – um dann über die Jahre und Jahrzehnte von Bürokraten, Herrschern, Monopolisten und machtgierigen Eliten wieder verwässert zu werden.

Das Thema Verfassung war also recht einfach zu lösen: man brauchte die gültigen Verfassungen nur auf Ihre

Grundprinzipien hin zu untersuchen, um jene wohlüberlegten, bewährten Prinzipien, die den meisten modernen Verfassungen gemeinsam waren, dann zu recyceln.

Innovation bedeutet nicht, das Rad immer wieder neu zu erfinden, sondern aufbauend auf den vorhandenen Wissens- und Erfahrungsschatz, die vorhandene Zivilisation, Weiterzudenken.

Die exzellenten Grundprinzipien der meisten (aufgeklärten) Verfassungen waren einfach: Liberte, Egalite, Fraternite – Freiheit, Gleichheit, Brüderlichkeit - Freedom and Equality

Wer Menschen kennt, weiß um die auch psychologische Richtigkeit dieser Prinzipien: die meisten menschlichen Individuen wünschen sich ein größtmögliches Maß an persönlicher Freiheit – die Meisten waren in dem Fall all jene, die nicht aus Prinzip jede Eigenverantwortung an eine Autorität delegieren wollen um als Sklaven zu leben, also alle jene, die noch nicht als Nutzmenschen domestiziert worden waren.

Ebenso wollten die meisten menschlichen Individuen nicht schlechter als ihre Mitmenschen behandelt werden, sondern am liebsten besser. Weil das aber nicht für alle funktioniert, dass es jedem besser geht, als allen anderen, ist der Kompromiss sinnvoll, dass alle gleiche Rechte haben sollten. Wie die einzelnen Individuen dann mit diesen gleichen Rechten umgehen, ist eine Sache der persönlichen Freiheit.

Und die Brüderlichkeit – nun, als sozial lebende Spezies braucht man eigentlich bei einem etablierten Intelligenzmodell 2.0 nicht weiter zu überlegen, dass eine Balance aus Egoismus und Sozialverhalten notwendig ist, damit Individuen erfolgreich (frei, gleich und hoffentlich glücklich) zusammenleben können.

Das Thema „Brüderlichkeit" erledigt sich somit von selbst, wenn man intellektuell versteht, dass man als global vernetzte Spezies einen gemeinsamen Lebensraum teilt. Wie erwähnt sitzen wir alle im selben Boot namens Space-Ship Earth (Raumschiff Erde).

Es bleiben also zwei wesentliche Verfassungsprinzipien übrig „Freiheit" und „Gleichheit".

Die beiden Prinzipien alleine haben aber ein substantielles Problem: sie sagen nichts über die zeitliche Komponente des gemeinsamen, längerfristigen Überlebens im gemeinsam genutzten Lebensraum aus. Bei all der individuellen Gleichheit und Freiheit braucht es eben auch ein intaktes Öko²System, in welchem man lebt – und nachhaltig überleben kann.

Die Basis-Verfassung auf Vorschlag der Community um unsere drei Protagonisten basierte somit auf folgenden drei Grundprinzipien:

Freiheit: jedes Individuum und jede Gruppe von Individuen hat das Recht auf größtmögliche Freiheit. Diese individuelle Freiheit endet erst dort, wo die (siehe Prinzip 2: gleich große) Freiheit anderer Individuen und Gruppen von Individuen anfängt.

Gleichheit: jedes Individuum und jede Gruppe von Individuen hat gleiche (identische) Rechte. Dies inkludiert auch das gleiche Recht auf Freiheit und den gleichen Anspruch auf im Öko²System vorhandene Ressourcen.

Nachhaltigkeit: das Öko²System darf durch die Nutzung nicht in seinen wesentlichen Eigenschaften verändert werden (z.B. dass darin höheres biologisches Leben möglich ist).

Für die Prinzipien Freiheit und Gleichheit gelten als relevante Individuen und Gruppen von Individuen somit nicht nur gerade lebende Personen, sondern auch kommende Generationen.

Nachhaltigkeit ist eigentlich eine identische Forderung wie „Gleichheit", nur eben über mehrere Generationen hinweg: auch zukünftige Generationen haben den gleichen Anspruch auf ein intaktes Öko²System, wie heutige.

Nachhaltigkeit bedeutet, dass das (Öko²-)System in seinen wesentlichen Eigenschaften nicht dauerhaft verändert wird.

Und um es nochmals zu wiederholen: die „wesentlichste Eigenschaft" des Ökosystems Erde ist für uns Menschen ist sicherlich, dass dieses Ökosystem höheres (z.B. menschliches) Leben ermöglicht und so Basis für unsere Existenz ist. Alles, was diese Eigenschaft für kommende Generationen gefährdet, ist auf Basis dieser Verfassung schlichtweg illegal!

Die einzige Änderung in der Wahrnehmung von Verfassungen im Vergleich zu jenen der Vergangenheit, ist eine zeitliche: auch kommende Generationen haben in Zukunft gleiche Rechte.

Eigentlich sollte es selbstverständlich für eine vernunftbegabte Spezies sein, das Öko²System nicht über dessen Grenzen der Regeneration hinaus auszubeuten und ökologische und ökonomische Schulden anzuhäufen - auf Kosten der eigenen Nachkommen. Ist das nicht so, zeigt es einen eindeutigen Mangel an Sapienz, an Vernunftbegabung.

Folgender Schluss war zulässig: anno 2010 waren nicht die Homo Sapiens die dominante Spezies des Planeten, sondern die Homo QuasiSapiens – die nicht wirklich, sondern nur anscheinend vernunftbegabten Vollidioten unter den Menschen.

Doch zurück zur Verfassung:
Freiheit, Gleicheit, Nachhaltigkeit.

Dies war der Vorschlag für eine neue, mehrheitlich für Homo Sapiens akzeptable Verfassung, als Basis für eine noch langes und erfolgreiches Überleben der Spezies.

Hier möchte ich Sie als Leser kurz entführen, zu einem der meistgebrauchten Argumente gegen die Idee, Nachhaltigkeit zwingend in der Verfassung vorzuschreiben.
Ultimativ bedeutet dies eine zwingende Abkehr vom Dogma ewigen Wachstums. Damit verletzt man unmittelbar die Sensibilitäten jener verblendeten Pseudo-Humanisten, welche das Recht auf unkontrollierte Fortpflanzung als menschliches Grundrecht ansehen. Hier wird meist jede sachliche Argumentation durch emotionale Ausbrüche unterbrochen oder sogar vollständig verhindert.

Eines der am meisten geäußerten emotionalen Argumente gegen jedes Ansinnen einer Limitierung des Wachstums war „Geburtenkontrolle tötet potentielle Genies – wer entscheidet, ob ein potentieller Wolfgang Amadeus Mozart geboren werden darf, oder nicht?"

Für logisch denkende Wesen wie Kajetan und das Alien war es aber nur ein einfaches Rechenexempel, dieses „Argument" zu entkräften:

Unkontrolliertes Bevölkerungswachstum zerstört den Lebensraum. Nehmen wir – ohne dass die genauen Zahlen relevant wären – als Gedankenexperiment an, die Menschheit vermehrt sich weiter unkontrolliert auf Kosten des Ökosystems und häuft ökologische Schulden an. In wenigen Generationen (sagen wir bis 2050) sind wir 15 Milliarden Menschen. Es folgt der massive Öko- und Klima-Kollaps, Massensterben setzt ein, Bürgerkriege und der Kampf um Ressourcen für das eigene Überleben dezimiert dabei die Menschheit.

Nehmen wir an, bei den 15 Milliarden Menschen in den verbleibenden 40 Jahren Zivilisation, waren 10 „Mozarts" oder „Einsteins" (also Genies, welche die Menschheit bereichern) dabei.

Nehmen wir nun ein anderes Modell an. Die Menschheit – durch ein Wunder – wird gemeinschaftlich wirklich intelligent und handelt vernunftbegabt. Jedes Individuum hat das Recht auf maximal einen Nachkommen in einem nachhaltigen System mit maximal konstanter Bevölkerung.

Einige verzichten freiwillig auf die Fortpflanzung, in Summe, über mehrere Generationen sinkt so die Weltbevölkerung auf eine nachhaltig überlebensfähige Population, mit extrem guter Lebensqualität und ausreichenden Ressourcen für jedes einzelne Individuum. Nach plausiblen Modellen liegt diese Zahl (Mindestlebensstandard westlicher Zivilisationen für alle Menschen) bei ein bis zwei Milliarden Homo Sapiens pro Erde. Bei dieser Zahl stabilisiert sich die Weltbevölkerung – alle 2 Milliarden leben komfortabel, jeder hat genug Platz und ausreichend Ressourcen und es bleibt auch genug Platz übrig, für andere Spezies, Natur und Wildnisse.

Diese nachhaltige menschliche Gesellschaft mit einer Weltbevölkerung von ein bis zwei Milliarden Menschen lebt auf dem Planeten für viele tausende Jahre und entwickelt sich (nachhaltig) weiter. Statt 40 Jahren mit 8 bis 15 Milliarden Menschen sprechen wir von Jahrtausenden mit 2 Milliarden. Rechnerisch bedeutet dies die Chance auf hunderte Mozarts und Einsteins!

Die Pseudo-Humanisten mit ihrer kurzsichtigen „nur lebende Generationen zählen"-Politik sind die wahren Mozart- und Einstein-Mörder, weil sie die Zukunft der Menschheit gefährden und somit dem Massenmord von kommenden Generationen huldigen, deren Überleben in einem kaputten Ökosystem nicht mehr möglich ist.

Nicht jene, die mit unseren Ressourcen haushalten wollen und jedem Individuum nur mehr ein Kind zugestehen und Bevölkerungswachstum kontrollieren wollen, sind das Problem, sondern jene Pseudo-Humanisten, die unkontrollierte Vervielfältigung als Grundrecht postulieren.

Sie können sich vorstellen, dass weder Kajetan noch das Alien besonders beliebt waren, mit ihrer Argumentation. Glaubensdogmen mit rationalen Argumenten zu zerlegen ist bei den Gläubigen nicht willkommen, auch wenn das Glaubensdogma nur an ein abstruser, falsch verstandener Humanismus ist.

Das nächste, ultimativ schwachsinnige Argument war es, dass ein Bevölkerungswachstum (und ein Wirtschaftswachstum) notwendig ist, um die Pensionen zu sichern. Wie sollen immer mehr Menschen auf einem Planeten mit immer weniger verfügbaren Ressourcen sich auch noch Alte, Kranke, und Schwache leisten können? Wie muss man denken, um an solchen Unfug zu glauben?

Die Theorie dazu war, dass man dazu am besten gar nicht denken sollte, sondern einfach nur Desinformation und Propaganda unhinterfragt glauben muss. Denken wäre dabei nur hinderlich!

Für die Community der kritisch denkenden Neophilen war aber klar: das Generationensystem muss reformiert, sodass es nachhaltig funktioniert. Dies erzwingt eine Abkehr von der Phantasie von ewigem Wachstum in einem begrenzten Ökosystem.

Dies gilt natürlich für alle Kernsysteme der Gesellschaften: Wirtschafts-, Sozial-, Gesundheits-, Bildungs- und Generationensystem – wenn diese nur auf Basis fehlerhafter, destruktiver Dogmen auf Schulden funktionieren, dann funktionieren sie nicht nachhaltig, sondern sind massiv defekt und bedürfen der Reform.

Und um den Gedanken hier noch zu Ende zu führen: Kajetan hatte in einer wissenschaftlichen Arbeit nachgewiesen, dass in 2010 die Menschheit zivilisatorisch degenerierte. Er nannte dies seine De-Evolutionstheorie, obwohl der Begriff De-Zivilisations-Theorie passender gewesen wäre.

Auf Basis statistischer Fortpflanzungsdaten hatte Kajetan (wie auch andere Wissenschaftler parallel zu ihm) nachgewiesen, dass die Fortpflanzungswahrscheinlichkeit umgekehrt proportional zu ökonomischem, sozialem und Bildungs-Status war. Oder anders formuliert: je ärmer, weniger erfolgreich und ungebildeter, desto mehr Kinder hatten die Menschen.

Die einzigen Bevölkerungsgruppen, die sich (global und statistisch gesehen) überproportional fortpflanzten, waren die wenigen Herrscher, die sich Nannies leisten konnten (was aber statistisch nicht ins Gewicht fiel) und vor allem die untersten Schichten der Gesellschaften. Diese unteren Schichten der Gesellschaften produzierten Nachwuchs ohne Ende – Nachschub für das idiotische Wachstumsdogma, zukünftiges braves Wahl- und Konsumvieh, domestizierte Nutzmenschen für immer engere Käfig- und Freilandhaltung.

Wenn man nun einen durchaus auch 2010 noch wirksamen Zusammenhang von genetischer „Reife" und sozialer Stellung ableitet, kann man schlüssig folgern (die genauen Zahlen und Ableitungen Kajetans sind langatmig und langweilig, daher hier nur die Quintessenz), dass genetisch gesehen die Menschheit de-evolviert, weil primär die Gene der Unerfolgreichen weitergegeben werden. Soweit seine durchaus plausible Theorie.

Egal wie plausibel, von der Mehrheit wurde dies als zynisch empfunden und so konnten Kajetan und das Alien dies nur mit wenigen anderen und hinter verschlossenen Türen diskutieren. Hier war die kognitive Dissonanz der Mehrheit der Menschen einfach zu groß, für eine neutrale, objektive, sachliche Diskussion.

Statt dessen hätte irgendein Homo QuasiSapiens im deutschsprachigen Kulturkreis unserer Protagonisten gleich wieder „Nazi!" geschrien und so effektiv eine Tabuisierung und damit Zensur jedweder offenen Diskussion vollzogen.

Kein Wunder, dass eines der substantiellen Feindbilder von Kajetan und dem Alien die „political correctness" war. Das Leben an sich war nicht „politically correct" und manche Wahrheiten sind nunmal nicht das, was die Mehrheit hören will.

Aber das ist eine andere Geschichte.

Freiheit, Gleichheit, Nachhaltigkeit – die Gruppe war überzeugt, dass hier die positiven Auswirkungen gegenüber den geforderten Kompromissen deutlich überwogen. Positiv war die Aussicht auf ein mittel- und langfristiges Überleben der Spezies Homo Sapiens auf einem artenspezifisch reichen, lebenswerten und wunderschönen Planet Erde mit hoher Lebensqualität für alle Individuen. Demgegenüber war der Kompromiss einer Abkehr vom überkommen Wachstumsdogma an sich harmlos und verkraftbar.

Generationen dürfen nicht mehr auf ökologischen und ökonomischen Schulden und absurden Wachstums-Dogmen aufbauend beliebig den eigenen Wohlstand betreiben, auf Schulden wohlgemerkt, die ihre Nachkommen zurückzahlen müssen! Darin waren sich alle unsere Pioniere einig.

Man mag unseren Protagonisten unrealistischen Idealismus vorwerfen – aber sehen Sie diese Verfassung und eine nachhaltige Bewirtschaftung eines (Arten- und Ressourcen-) reichen Planeten einfach als einen Wunschtraum. Bei aller Zivilisation und den Annehmlichkeiten von Städten war für viele Menschen Natur ebenfalls ein Lebens-Qualitätskriterium. Die Form der Lebensqualität – ausreichend Ressourcen und eine intakte Natur – würden kommende Generationen nicht mehr zur Verfügung stehen, weil ihre Eltern zu wenig vernunftbegabt waren, um den richtigen Zeitpunkt für die Abkehr vom Wachstumsdogma zu erkennen (der 2010 schon in der Vergangenheit lag).

Für den eigenen Wohlstand und gegen die konservativen Werte des Bewahrens und Erhaltens kostbaren Lebensraumes entschieden diese egoistischen Generationen gegen ihre Kinder und zerstörten deren Lebensraum und deren Zukunft.

Es wäre jedoch falsch, den Durchschnittsbürgern und Nutzmenschen hier die primäre Schuld zu geben und ihnen mangelnde Vernunftbegabung vorzuwerfen, denn unter den ganz normalen Bürgern gab es viele, welche sich bezüglich mangelnder Nachhaltigkeit Gedanken und Sorgen machten und auch viele, die durchaus im Kleinen versuchten, nachhaltiger zu leben, im Sinne ihrer Nachkommen. Dies stand im krassen Gegensatz zu den Herrschern.

Den machtgeilen Super-Egoisten, den Herrschern, ging es nur um sich selbst und kurzfristigen Profit – ihnen waren nachfolgende Generationen mehr als egal.

Den Nutzmenschen konnte man meist nur mangelndes Wissen um den Zustand des Planeten und mangelnde Bereitschaft zur Veränderung vorwerfen, aber nur selten bösartige Gleichgültigkeit gegenüber kommenden Generationen.

Unseren Protagonisten war klar: Freiheit, Gleichheit, Nachhaltigkeit, auch wenn mehrheitlich gewollt von einer signifikanten Anzahl von vernunftbegabten Menschen, konnte man also nur gegen den Willen und gegen den massiven Widerstand der Herrschenden etablieren – dies war ein massives Problem für diese Utopie.

Eine solche Verfassung (Freiheit + Gleichheit) würde den Bürgern nutzen, und den Herrschern Schaden. Der Bonus „Nachhaltigkeit" war ebenfalls eher im Interesse jener Bürger, saßen deren Nachkommen doch auf den untersten Decks des sinkenden Schiffes und würden viel früher ertrinken, als die Nachkommen der Herrscher.

So waren es primär die ganz normalen Bürger, die auch ihren Nachkommen noch einen lebenswerten Planeten gönnen wollten, und zwar meist auf Kosten der Herrscher, die viel zu viel hatten und auf den oberen Decks den Luxus genossen.

Aber bevor wir uns dem Thema zuwenden, wie man gegen Herrscher erfolgreich sein kann, die 95% aller Ressourcen kontrollieren, widmen wir uns zunächst dem interessanten Konzept der „Generationenlinie", um vor einer Umsetzung sicherzustellen, dass die neue Verfassung auch praktisch funktionieren kann.

Das Konzept der Generationenlinie ist ein Lösungsvorschlag für die praktische Anwendung der Prinzipien „Gleichheit" und „Nachhaltigkeit" in einer Gesellschaft. Schließlich ist es oft nicht trivial, solche theoretischen Prinzipien praktisch zu implementieren.

Teil IIId „Generationenlinien" als Konzept für Nachhaltigkeit

Es waren extrem intensive Diskussionen der im letzten Kapitel angeführten Thematik von Nachhaltigkeit allgemein und Bevölkerungswachstum als nicht nachhaltige Spezies-Strategie im Speziellen.

Und glauben Sie mir, es war schwer für eine menschenbezogene Super-Humanistin wie Genoveva und einen den Menschen gegenüber bestenfalls indifferenten Zyniker wie Kajetan, dabei einen kleinsten gemeinsamen Nenner zu finden.

Genoveva war (und ist) der Meinung, dass das Fortpflanzungsverhalten der Menschen deren alleinige Privatsache ist (Thema Freiheit) in das sich niemand einzumischen hätte.

Kajetan wiederum rechnete ihr vor, dass das nicht funktionieren kann, weil Menschen seit Jahrtausenden genetisch auf Fortpflanzung programmiert waren. Aufgrund der erhöhten Überlebenschancen durch verbesserte Gesundheitstechnologien und gesunkene Risiken überlebten einfach zu viele der geborenen Menschen, um die Bevölkerung konstant zu halten (eine Forderung der Nachhaltigkeit).

Zwei offensichtlich unvereinbare, beide in sich schlüssige und valide Perspektiven. Ein typischer Fall für einen Kompromiss. Dieser lautet: „Generationenlinienkonzept".

Die Idee war es, den Menschen auch weiterhin selbst die Verantwortung (und damit Freiheit) bezüglich ihres Fortpflanzungsverhalten zu überlassen, ihnen aber auch gleichzeitig die Verantwortung für das Haushalten mit einem klar definierten Anteil an Ressourcen mitzugeben.

Es galt zu verhindern, dass ein allfälliges „seid fruchtbar und vermehret euch" durch eine Familie auf Kosten aller anderen Familien passierte (dies wäre neben einem Nachhaltigkeitsproblem auch eine Verletzung des Gleichheits- und des Freiheitsprinzips gewesen).

Wieder einmal ist es Zeit, für ein Gedankenexperiment: nehmen wir an, ein Tal in den Alpen bietet genug Raum, für zwei Bauersfamilien. In diesem Tal können diese nach Stand der Technik völlig autark überleben und ihren Ressourcenbedarf vollständig decken.

Die beiden Familien haben sich vor langem darauf geeinigt, das Tal gleich zu teilen – jedem steht zur Bewirtschaftung, als Basis seiner Ressourcen und zum Überleben der jeweiligen Familie, genau die Hälfte des Tales zu.

Familie 1 verwaltet ihre Ressourcen nachhaltig, kommt mit nachhaltigem Fortpflanzungsmanagement leicht mit ihrer Hälfte des Tales aus und alle Familienmitglieder sind mehr als ausreichend versorgt, sowohl mit allen lebensnotwendigen (Lebensmittel, Wasser, Wärme, etc.) als auch mit komfortsteigernden Dingen die Freude machen (Spielzeug, Platz genug für individuelle Freiräume und Selbstverwirklichung, etc.). Kurzum, jedes Individuum dieser Familie hat alle nötigen Ingredienzien für ein zufriedenes, glückliches (Über-)Leben.

Das Ökosystem in ihrem Teil des Tales ist intakt und damit regenerieren alle entnommenen Ressourcen auf natürliche Weise.

Die Nachbarsfamilie ist aber am Verhungern, weil sich mehrere Generationen unkontrolliert und rücksichtslos vermehrt haben, pro Person mehrere Kinder pro Generation. Deren Talhälfte ist vollständig gerodet, abgewirtschaftet, die Böden ausgelaugt.

In der Vergangenheit der Menschheit wäre folgendes passiert: die „wachset und vermehret euch"-Öko-Terroristen hätten mehr Nutzmenschen als Soldaten in eine Schlacht werfen können und einfach das Territorium der nachhaltig wirtschaftende Familie „annektiert" und diese versklavt.

Anno 2010 zählte aber in Ressourcen-Konflikten nicht mehr nur die Größe des Heeres, also verfügbare Nutzmenschenmasse, sondern auch und vor allem Technologie – größere Armee und einfach gewaltsam nehmen, was man braucht, ging also nicht mehr so einfach (mit einem technologisch hochgerüsteten, auch kleineren Heer ging dies allerdings sehr wohl – siehe USA). Alternative Modelle zum Prinzip „Macht durch Masse" waren also durchaus implementierbar.

In 2010 wäre es der zwar zahlenmäßig kleineren, aber aufgrund besseren Ressourcenmanagements reicheren Familie durchaus möglich, durch technologische Überlegenheit einen Angriff der Nachbars-Massen erfolgreich abzuwehren (was auch zu einer, wenn auch brutalen, Reduktion deren Überbevölkerungsproblems geführt hätte).

Bitte bedenken Sie, wir befinden uns immer noch in einem extrem vereinfachenden Gedankenexperiment mit entsprechend limitierter Aussagekraft. Dennoch lässt sich auch anhand des kleinen Alpentales ein anderes Phänomen darstellen, die Globalisierung.

Was passiert, wenn nun durch die Abholzung des gesamten Waldes, im Territorium der Wachstumsfetischisten, Erdrutsche auch das Gebiet der an sich nachhaltig lebenden Familie bedrohen? Was tun, wenn die Entnahme von zu viel Trinkwasser aus dem gemeinsam genutzten Brunnen durch die Wachstums-Wahnsinnigen nun auch die nachhaltig managende Familie an den Rand des Verdurstens bringt?

Kurzum: in einer globalisierten Welt mit globalen Auswirkungen lokalen Verhaltens sitzt die gesamte Menschheit, was längst jeder weiß, im selben Boot – wenn auch, nicht unterschiedlichen Decks. Die Herrscher sitzen oben, die Nutzmenschen unten. Aber wenn es sinkt, dieses Boot, gehen alle unter – denn es gibt keine Rettungsboote (ein Auswandern vom Raumschiff Erde auf den Mond scheint wenig erstrebenswert).

Das Hauptproblem jeden Lösungsvorschlags für solch eine Problematik: es müssten alle mitmachen, damit eine Lösung funktioniert.

Wie man aus dem Beispiel ebenfalls unschwer erkennen kann, funktioniert eine „Gleichverteilung" von Ressourcen auf eine wachsende Anzahl von Individuen nicht nachhaltig – es müssten ja die verfügbaren Ressourcen in alle Ewigkeit mitwachsen, unser Planet müsste also, vereinfacht formuliert, unendlich groß sein (ressourcenmäßig).

Bevölkerungswachstum bedeutet in einem voll erschlossenen, begrenzten Ökosystem, dass jede Folgegeneration weniger Ressourcen zur Verfügung hat, als die Generationen davor – pro Individuum und als Gesellschaft.

Man muss irgendeine der Variablen der Systemgleichung einfrieren und so eindeutige Portionen nachhaltiger Ressourcen schaffen, welche dann Gruppen eigenverantwortlich im Sinne größtmöglicher Freiheit nutzen - und zwar zeitlich über mehrere Generationen gehende Gruppen, im Sinne einer generationenübergreifenden Verantwortung durch Anwendung des Gleichheitsprinzips auf Familien oder Generationenlinien, nicht nur auf Individuen.

Da Familien in den Sozialverbunden des Jahres 2010 keine stabilen Gebilde mehr waren und die klassische Mehr-Generationen-Großfamilie eher die Ausnahme war, schied die Familie als Basis für funktionierende Lösungsansätze aus. Ein plausibler Ersatz und den sozialen Strukturen der Zeit besser entsprechend war das neue Konzept unserer Protagonisten, die Generationenlinie.

Was ist eine Generationenlinie? Nehmen wir zunächst mal kurz das Standard-Denkmuster Mutter-Vater-Kind als typische, historisch und gesellschaftlich noch immer gewohnte „Familieneinheit" (die anno 2010 auch in Fantasiewelten wie der Werbung noch oft postuliert wurde).

Eine Generationenlinie ist die sequentielle Folge von Vorfahren und Nachkommen eines Individuums. Eine gewohnte, sterotypische, anno 2010 bereits oft völlig unrealistische Familieneinheit besteht also aus zwei Generationenlinien – jener der Mutter und der des Vaters. Jedes Kind würde also entweder der Generationenlinie des Vaters, oder jener der Mutter zugeordnet werden (vergleichbar einem „primären Sorgerecht" im Falle einer späteren Scheidung, welches schon bei der Geburt eines Kindes festgelegt wird).

Eine Generationenlinie verfügt nun über einen klar definierten Anteil von Ressourcen, der identisch ist zu den gleichen Ressourcen-Ansprüchen anderer Generationenlinien.

Auch wenn das Kind nun aufgrund der Familiensituation mit einer gemeinsamen Nutzung von Ressourcen an den Ressourcen-Pools der mütterlichen und der väterlichen Generationenlinie partizipiert, hat es rechtlich gesehen nur

Anspruch auf die Ressourcen jener Generationenlinie, der es direkt zugehört.

Das Kind wird also später einmal entweder die Ressourcen-Ansprüche der mütterlichen, oder der väterlichen Generationenlinie übernehmen, nicht aber beide.

Ein Ressourcen-Pooling von Vater und Mutter, um sich überhaupt Kinder leisten zu können, wäre hierbei zwar möglich, aber nicht mehr zwingend notwendig, da sowohl die Mutter als auch der Vater selbst über ausreichend Ressourcen für jeweils ein Kind verfügen.

Bei der einfachsten Variante einer bevölkerungsstabilen Familieneinheit, also Mutter + Vater + 2 Kinder, wäre somit die „Belastung" des Ressourcen-Pools der jeweiligen Generationenlinie konstant, über die Generationen hinweg. Zwei Personen haben in Summe zwei Kinder – die Bevölkerung bleibt stabil.

Eine Familie besteht somit im Normalfall aus zwei Generationenlinien (Mutterlinie, Vaterlinie). Eine einzelne Generationenlinie besteht im statistischen Durchschnitt aus vier Individuen.

Vorsicht, Verwechslungsgefahr! Es handelt sich dabei nicht um Mutter+Vater+2Kinder! Wir sind nun gedanklich bei der Betrachtung einer Generationenlinie angelangt, also zum Beispiel jener der Mutter und des zu ihrer Generationenlinie gehörigen Kindes. Ergibt bezogen auf unser Beispiel der stereotypischen Familie aus der Werbung zwei Personen in dieser Generationenlinie – die Familie besteht ja auch aus zwei Generationenlinien, der väterlichen und der mütterlichen.

Warum also plötzlich vier Individuen pro Generationenlinie im statistischen Durchschnitt? Simpel: die durchschnittliche Lebensdauer betrug im Laufe des 21. Jahrhunderts 100 Jahre, die durchschnittliche Dauer bis zur ersten Fortpflanzung, also der Zeitraum bis eine neue Generation geboren wurde betrug 25 Jahre – das bedeutet alle 25 Jahre startet eine neue Generation der Generationenlinie, was wiederum bedeutet, dass in dem 100-Jahre Lebensintervall eines Individuums drei weitere Individuen der selben Generationenlinie am Leben sind. Im statistischen Schnitt sind also vier Individuen einer Generationenlinie gleichzeitig am Leben – zum Beispiel eine Mutter (27 Jahre alt) mit Kleinkind (2 Jahre alt), ein Großvater (53 Jahre alt) und die Urgroßmutter mit 78 Jahren – wenn wir bei dieser statistischen Norm-Familie von jeweils genau 25 Jahren bis zur jeweiligen Fortpflanzung ausgehen.

Dieses Modell entsprach natürlich einer groben Vereinfachung auf Basis statistischer Durchschnittswerte und passte auf kaum eine Familie zu 100% – in Summe, nivelliert über die Gesamtbevölkerung, funktioniert es aber bestens.

Da der Ressourcenanteil am Ökosystem pro Generationenlinie konstant war, hatten Individuen in Generationenlinien mit weniger als 4 Individuen pro Person einfach mehr Ressourcen zur Verfügung als jene in Generationenlinien, wo mehr als 4 Individuen gleichzeitig „aktiv" waren.

Generationenübergreifende Verantwortung war ja an sich nichts ganz Neues – diese gab es immer schon. In einem weitestgehend noch „unbegrenzten" weil nicht vollständig erschlossenem Ökosystem, war es aber evolutionär sinnvoll, als Spezies mit Bevölkerungs-Wachstum auf das Überangebot an Ressourcen im Ökosystem zu antworten.

Nur im Jahre 2010 waren die Grenzen des nachhaltigen Wachstums bereits weit überschritten. Ein Umdenken war nicht nur dringend notwendig, sondern eine Frage des weiteren Überlebens der Spezies Homo Sapiens!

Die evolutionär erfolgreiche Antwort auf die Frage: „Wie überleben wir am besten in unserem Ökosystem?" hatte sich seit den Anfängen der Menschheit geändert. Statt Wachstum war nun Nachhaltigkeit gefragt.

Das Generationenlinien-Konzept, war der Versuch, einer über Jahrtausende etablierten Strategie namens Wachstum, die sich im Verhalten und in den Köpfen der Herrscher und der Nutzmenschen prominent festgesetzt hatte, eine schmackhafte und psychologisch brauchbare Alternative zu bieten.

Das Konzept der Generationenlinien in einer Verfassung mit den Prinzipien „Freiheit", „Gleichheit" und „Nachhaltigkeit" funktioniert so:

Nachhaltigkeit: die Ressourcen des Ökosystems sind in einer Weise zu nutzen, welche sicherstellt, dass das System in seinen Grundeigenschaften nicht verändert wird, sodass das Ökosystem in identischer Form (qualitativ und quantitativ) für kommende Generationen zur Verfügung steht.

Freiheit: jedes Individuum, beziehungsweise jede Gruppe von Individuen hat einen identischen Anspruch auf individuelle Freiheit, wie jedes andere Individuum oder jede andere, gleich große Gruppe von Individuen.

Gleichheit: Jede Generationenlinie hat einen identischen Anspruch auf die vorhandenen, nachhaltig genutzten Ressourcen, unabhängig von der Anzahl der Individuen der Generationenlinie.

Anno 2011, bei ca. 8 Milliarden Homo (mehr-oder-weniger) Sapiens auf dem Planeten, also bei ~2 Milliarden Generationenlinien, hätte im Sinne des Gleichheitsprinzips jede Generationenlinie einen Anspruch auf ein Zweimilliardstel der gesamten, global verfügbaren Ressourcen gehabt – was für jedes Individuum immer noch deutlich mehr wäre, als der übliche Anteil an den 5% aller Ressourcen, den sich die 95% der Nutzmenschen teilen mussten.

Anno 2010 hatte im statistischen Durchschnitt jeder Nutzmensch 0,38 Milliardstel der gesamten Ressourcen der Erde zur Verfügung (allerdings ohne Nachhaltige Nutzung). Nach dem neuen Modell hätte jedes Individuum 2 Milliardstel statt der 0,38 Milliardstel, also anteilig das 5,2 fache zur Verfügung gehabt.

Jeder freie Bürger einer auf Freiheit und Gleichheit aufgebauten Community hätte also potentiell fünf mal mehr Ressourcen (und damit Lebensqualität) zur Verfügung gehabt, als die feudalistisch regierten, in Massenhaltung zusammengepferchten Nutzmenschen anno 2010.

All jenen Lesern, die bis hierher dem Gedankengang folgen konnten, ist natürlich bewusst, dass es bei einer Implementierung eines solchen Systems Verlierer und Gewinner geben würde – all jene, die jetzt schon viel mehr als alle anderen hatten, würden verlieren, die große Mehrheit aber würde gewinnen. Das erinnert ein wenig an frühere Konzepte, die mehr soziale Gerechtigkeit und

Chancengleichheit gefordert hatten – nur dass dies eben nicht auf Schulden realisiert würde, sondern nachhaltig.

Nach diesem Konzept wäre es also ein leichtes, den gerechten Ressourcen-Anteil für jede Generationenlinie festzulegen – selbst dann, wenn nicht alle mitmachen.

Jene, die in den feudalistischen Systemen der Nutzmenschhaltung verbleiben, teilen ihre Ressourcen zu 95% auf die Herrscher und zu 5% auf die Nutzmenschen auf und jeder Nutzmensch bekommt im Durchschnitt 0,38 Milliardstel.

Der Rest der Welt, die freien Nutzmenschen, teilen ihren Ressourcenanteil gleich und jeder bekommt ungefähr ein Zweimilliardstel – unter der Prämisse, dass die Anzahl der Generationenlinien konstant bleibt und diese Generationenlinien nachhaltige Fortpflanzungsstrategien ohne Bevölkerungswachstum verfolgen.

Die Individuen einer Generationenlinie mit nicht nachhaltigem Bevölkerungswachstum hätten dann weniger Ressourcen pro Individuum – weniger Lebensqualität. Dafür hätten sie mehr Kinder. Die Entscheidung steht aber frei.

Das Konzept funktioniert auch, ich betone es nochmal, für eine Pionier-Gesellschaft. Der Rest der Welt bleibt, wie er ist: 5% kontrollieren 95% der Ressourcen.

In der Pionier-Gesellschaft aber, hat jede Generationenlinie Anspruch auf ein Zweimilliardstel der gesamt in der Gesellschaft verfügbaren Ressourcen.

Wie eine Pionier-Gesellschaft diesen Anspruch gegenüber den Herrschern durchsetzen könnte – dazu später mehr (dafür braucht es das Alien).

In diesem Modell für die Pionier-Gesellschaft der Neophilen haben die Menschen größtmögliche Freiheit, die ihnen zustehenden Ressourcen nach eigenem Gutdünken zu verwenden, größtmögliche Gleichheit, durch identische Ressourcenansprüche und Nachhaltigkeit, durch Verteilung der Gleichheit und Freiheit über mehrere Generationen.

Ein netter Nebeneffekt dieses Modelles ist der Wegfall der Sippenhaftung für die Blödheit vorangegangener Generationen.

Plakatives Beispiel: anno 2010 waren erbliche, fixe Ressourcenansprüche in den (Un-)Rechstsystemen der meisten Staaten üblich.

Nehmen wir die wesentliche Ressource „Land" – ein etwas schlauerer oder einfach nur brutalerer Mensch (ein zukünftiger Herrscher) konnte einem anderen Individuum (das weniger mächtig war) dessen Land einfach wegnehmen (oder abkaufen, gegen an sich wertloses Geld).

Die Kinder des Herrschers hatten dann mehr echte Ressourcen (Land), die Kinder des anderen Individuums (Nutzmensch) hatten nichts – also kein Land, sondern bestenfalls ein kontinuierlich an Wert verlierendes, nicht real wertbesichertes Transfermedium das sie im besten Fall gegen einen Bruchteil der ursprünglichen Landfläche eintauschen könnten.

Die Kinder-Generationen bezahlten also für die Dummheit oder Schwäche der Eltern-Generationen, die ihre realen Ressourcen verloren hatten, an einen Herrscher.

So konnte über Generationen hinweg Ungleichheit entstehen und so konnten sich 5% der Bevölkerung 95% aller Ressourcen unter den Nagel reißen.

Die Besitzverhältnisse anno 2010 basierten im Grunde noch immer auf den Machtstrukturen der Raubritter im Mittelalter – daran hatten Revolutionen wenig geändert.

Das Generationenlinienmodell funktioniert hier anders. Eine Generation besitzt keine Ressourcen und kann diese auch nicht dauerhaft weiterverkaufen. Eine Generation hat nur die Nutzungsrechte an den Ressourcen für eine gewisse Zeit (bis die Nachfolgegeneration diese Nutzungsrechte erbt).

Eine Generation von Dummerchen in einer Generationenlinie kann im schlimmsten Fall (für 25 Jahre), ihre Nutzungsrechte für eine beliebige Gegenleistung an jemand schlaueren aus einer anderen Generationenlinie verpachten (wenn sie wirklich dämlich sind sogar gegen virtuelles Geld als Gegenleistung), spätestens nach 25 Jahren fällt das Nutzungsrecht aber automatisch wieder an die Nachkommen retour – was ihnen gleiche Chancen (Freiheit, Gleichheit) wie den Nachkommen der schlaueren Vorgängergenerationen garantiert.

Wenn sich Dummheit vererbt, kann es zwar sein, dass sie wieder auf einen nachteiligen Deal einsteigen, aber das fällt unter Freiheit und Eigenverantwortung – man kann die Menschen nur bedingt vor der eigenen Dummheit schützen.

Durch das System der Generationenlinien wird verhindert, dass über Generationen hinweg permanente Ungleichgewichte entstehen und wachsen und so zu einer Situation wie anno 2010 führen, mit 5% Herrschern die beinahe alle Ressourcen kontrollieren und 95% Nutzmenschen, denen sie über Generationen durch Eigentumsansprüche diese Ressourcen mehr oder weniger trickreich oder gewaltsam weggenommen haben.

Vergegenwärtigen Sie sich nur kurz das Faktum, dass die heutigen auf Land bezogenen Eigentumsansprüche in Mitteleuropa noch in weiten Bereichen auf eine gewaltsame Landnahme durch Aristokraten, Raubritter, Kirchen, etc. und eine spätere teilweise Verteilung an Bauern erfolgte.

Stellen Sie sich, geneigter Leser nur mal versuchshalber vor, wie es wäre, wenn sie (und Ihre Generationenlinie) Anspruch auf Ihren gleichen Anteil an den Ressourcen des Territoriums hätten, in dem sie leben. Sie hätten Anspruch auf Ackerland, Wohnfläche in Ballungszentren oder am Land, im Ausmaß von <Menge der Gesamtressourcen> dividiert durch <Bevölkerungsanzahl dividiert durch 4>.

Mit hoher Wahrscheinlichkeit – also ganz sicher, wenn sie zu den 95% Nutzmenschen gehören – würden sie damit mehr Ressourcen kontrollieren, als sie es 2010 und davor getan haben – das Land in dem Sie leben und die Ressourcen auf diesem, würde Ihnen gehören, nicht den Großgrundbesitzern und nicht dem Staat und nicht den Konzernen, egal wie schlau oder dumm Ihre Vorfahren gewirtschaftet haben.

Soweit zur Theorie. Leider eine völlige Utopie, in der realen Situation anno 2010. Für eine echte Etablierung von Freiheit, Gleichheit, und Nachhaltigkeit waren Generationenlinien aber ein essentielles Konzept!

Es zeigt, wie in einem definierten Territorium mit einer weitestgehend konstanten Menge nachhaltig nutzbarer Ressourcen ein System etabliert werden könnte, das auf „Freiheit", „Gleichheit" und „Nachhaltigkeit" basiert und generationenübergreifend gerecht ist.

Für optimal gezüchtete Nutzmenschen, denen die totale Panik vor Eigenverantwortung anerzogen wurde und die sich nach Bevormundung und Führung sehnen, ist es natürlich ein Horrorszenario, für die eigenen Ressourcen selbst verantwortlich zu sein.

Für alle selbständig denkenden, eigenverantwortlichen, freiheitsliebenden Bürger könnte es aber eine echte Alternative darstellen und würde zumindest lokal, im jeweiligen Territorium, einen nachhaltigen Zustand herstellen – das Problem globaler Abhängigkeiten löst es natürlich nicht.

Dennoch, ein Bausteinchen für die Umsetzung einer Utopie – ein hart erkämpfter Kompromiss aus humanitär notwendiger Eigenverantwortung bei der Fortpflanzung und Lebensführung und gleichzeitig gerechter, weil gleicher Verteilung von Ressourcen, im Sinne einer nachhaltigen Funktion einer Gesellschaft.

Die Nachkommen haften nicht mehr für die Dummheit der Vorfahren und die Gesellschaft haftet nicht mehr für die Dummheit und Gier einzelner Gruppen (bzw. Generationenlinien).

Ein potentiell robustes, stabiles System, das so jedem Individuum weit mehr Sicherheit gewährt, als feudalistische Systeme die auf die zweifelhafte Kompetenz und das offensichtlich beschränkte Wohlwollen von mächtigen Obrigkeiten bauen.

Ein spannendes, und nur innerhalb der Generationenlinien selbst lösbares Randthema war die Verteilung der Ressourcen untereinander.

Wer hatte wann wie viel Anspruch auf was?

Das einfachste Beispiel: das 25er-Scheiben Modell

- Alle Individuen zwischen 0 und 25 Jahre hatten Anspruch auf 10% der Ressourcen, welche die Generationenlinie verwaltete
- Die 25-50 Jährigen (die aktivste Generation) kontrollierten 50% der Ressourcen
- Die 50-75 Jährigen (die Youngtimer) kontrollierten 25%
- Die über 75 Jährigen 15%

Sollte eine Altersgruppe leer sein (keine Individuen dieses Alters), kontrolliert automatisch die nächst-ältere Gruppe deren Ansprüche.

Nachteil dieses gar zu trivialen Modells, das uns hier zur einfachen Erklärung dient: es bildet die echten Ressourcenansprüche von heranwachsenden Kindern nicht ab, da diese kontinuierlich steigen.

Ein „gleitender" Übergang zwischen den Generationen wäre also in jedem Falle besser.

Es gab hier viele Modelle, die in der Community diskutiert wurden – jedes mit vor und Nachteilen. In jedem Fall ging es darum, dass sich die Ressourcenansprüche eines Individuums innerhalb einer Generationenlinie im Laufe seines Lebens verändern würden.

Für ein Kind im Alter bis 10 Jahre, würde wohl seine Elterngeneration die Ressourcen zu 100% kontrollieren, wobei durchaus schon Definierte Ansprüche für die Aufwendung dieser Ressourcen zum Nutzen des Kindes festgelegt sein könnten.

Die Individuen in der „produktivsten" Altersklasse, also nach der Ausbildung bis hin zum „Ruhestand", je nach Modell etwa zwischen 25 und 65 Jahren, hätten logischer Weise den größten Anspruch auf Ressourcen innerhalb der Generationenlinie. Danach würde der Anspruch langsam wieder sinken, aber ein Auskommen im Alter im Sinne einer Pension und einer Absicherung des steigenden medizinischen Bedarfs sicherstellen.

Mathematische Modelle dafür gibt es viele.

Man konnte zum Beispiel auch die Ressourcen-Ansprüche über die Lebenszeitalter auch via trickreicher Verteilung-Funktionen (Kurven) realisieren. Das Formelwerk zur Berechnung der Ressourcenansprüche innerhalb von Generationenlinien war ein eigenes, kleines, mathematisch-wissenschaftliches Thema.

Kajetan hatte dazu viele Details, es gab Diplom- und Doktorarbeiten – hier geht es aber nur um die grundsätzliche Idee, dass innerhalb der Generationenlinie in Verantwortung der jeweiligen Generationenlinie ein Schlüssel für die Verteilung der Ressourcenansprüche unter den Individuen zur Anwendung kommen musste.

Fakt war auch hier, es galt das Prinzip Freiheit: die Gesellschaft sollte sich so wenig wie möglich in die Generationenlinien einmischen. Es lag in der Verantwortung der Individuen der Generationenline selbst, sich für eine Verteilung der ihrer Ressourcenansprüche zu entscheiden. Mehr Freiheit bringt eben auch mehr (Eigen-)Verantwortung und die tumben Nutzmenschen würden, wenn sie Freiheit wählen, das Übernehmen dieser wieder erlernen müssen.

Musterbeispiele und empfehlenswerte Modelle gab es viele. Die Idee war es, dass die Individuen einer Generationenlinie, die älter als 14 Jahre waren, demokratisch eines der vorhandenen Modelle für ihre Generationenlinie wählen konnten. Dieses galt dann für die Generationenlinie, bis jemand innerhalb dieser kleinen Gruppe eine Neuwahl forderte (nach frühestens 2 Jahren).

Eine wesentliche Erkenntnis der Generationenlinien-Diskussionen unter den Neophilen war aber, dass so ein Modell nie auf alle Menschen passen kann.

Dafür verlangte so ein nachhaltiges Modell zu viel Intelligenz und Eigenverantwortung – etwas, das die breite Masse der Nutzmenschen nicht bereit war, aufzuwenden. Eine potentiell funktionierendes System global, würde also auf jeden Fall beides anbieten müssen:

- das bisherige System, wo Herrscher Nutzmenschen kontrollieren, die keine Eigenverantwortung wollen
- und das alternative System, wo mündige, reife, intelligente Bürger für sich und ihre Nachkommen Verantwortung übernehmen und dafür auch mit mehr direktem Anspruch auf die ihnen rechtmäßig zustehenden Anteile der Ressourcen in ihrem Lebensraum belohnt würden

Auch das ist Freiheit: sich für oder gegen selbige entscheiden zu dürfen.

Teil IIIe: Eine wesentliche Erkenntnis aus dem vorigen Kapitel über Generationenlinien: vermeide den Fehler zu glauben, es gibt ein einzelnes System, das alle Menschen glücklich machen kann!

Die Menschheit samt ihrer Gesellschaften ist ein heterogenes, pluralistisches Gebilde.

Wenn man bis 2010 ausprobierte „Weltsysteme" genauer betrachtet, so sind zwei Eigenschaften offensichtlich, ganz egal ob es sich beim jeweiligen Weltsystem um fundamentalistische Gottesstaaten, offenen Feudalismus, Pseudo-Demokratie, Kommunismus, oder Kapitalismus oder noch andere Gesellschaftssysteme handelte.

Faktum 1: es gibt kein System, das alle Menschen glücklich macht

Faktum 2: jedes System wird über kurz oder lang durch machtgierige Herrscher auf Kosten der weniger engagierten Mehrheit korrumpiert

Kommunismus würde funktionieren, wenn die gesamte Bevölkerung aus guten Kommunisten bestünde. Kapitalismus würde funktionieren, im Territorium der optimalen Kapitalisten. Ja sogar Gottesstaaten würden funktionieren, wenn nur alle blind und gläubig den gleichen Göttern und Glaubensgrundsätzen folgen würden.

Fakt ist: es machen nie alle mit, außer man zwingt sie gewaltsam dazu.

Unsere Protagonisten haben daraus recht früh in ihren Diskussionen die Erkenntnis abgeleitet: es muss, soll und wird immer mehrere Systeme parallel geben – und im Idealfall sollen sich die Menschen frei für eines entscheiden können. Monopole – also den Zwang zu einem spezifischen System – lehnte die Community einstimmig ab.

Das Feindbild unserer Gruppe mit ihrem Streben nach größtmöglicher Freiheit, die jedem erlaubte, nach seiner Fasson glücklich zu werden, war also recht rasch identifiziert:

es waren die Monopolisten, welche Menschen unterschiedlicher Ausprägungen ein einzelnes System aufzwang.

Konkret, im mitteleuropäischen Lebensraum der meisten unserer Protagonisten, waren dies jene staatlichen Territorialmonopolisten, welche feudalistische Pseudo-Demokratien in Europa etabliert hatten, in historisch motivierten aber logisch absurden Territorien, geteilt durch Staats-Grenzen.

Für Kajetan, der immun war für nationalistische Propaganda, war es ganz logisch dass jene Menschen, die auf seiner Wellenlänge lagen und mit denen er gemeinsam eine „Community" bilden wollte, nicht auf ein spezifisches Territorium beschränkt waren, sondern dass diese wenigen Gleichgesinnten wahrscheinlich über alle Kontinente verstreut irgendwo auf der Welt lebten.

Die Menschen mit Kajetan-kompatiblen Weltbildern waren also wenige und weit verstreut und über den ganzen Globus verteilt.

Für ihn war der Gedanke also absurd, dass er sich nur durch den Zufall seiner Geburt in einem Territorium ausschließlich mit den dort lebenden, ihm meist völlig fremden und nicht artverwandten Nutzmensch synchronisieren musste, wo er doch bestenfalls mit diesen lokale Infrastruktur teilte – nicht aber das Weltbild, die Ziele, oder gar die Lebensphilosophie.

Kajetan definierte sich als Mensch über seine Individualität, nicht über seine Zugehörigkeit zu einer lokalen Gesellschaft, definiert durch willkürliche, territoriale Grenzen.

Nun nannte sich dieses Territorium Staat und Kajetan war zwangsweise Staatsbürger bei diesem Monopolisten – obwohl es in dem Territorium in dem er lebte keine einzige auch nur ansatzweise für ihn wählbare Partei gab und die dort verfolgte Staatspolitik weder sinnvoll, noch nachhaltig war und auch mit Freiheit und Gleichheit nichts am Hut hatte. Dies war typisch für alle europäischen – ja eigentlich für alle Staaten.

Eine Übersiedlung hätte also nichts gebracht, außer den Tausch eines Monopolisten gegen einen anderen, beinahe identischen.

Für Kajetan war dies eine absurde Situation und inspiriert von der Idee der „Franchise States" im Buch „Snow Crash" von Neil Stephensson formulierte er sein Konzept von den „Online-Nations".

Was ist ein „Staat" – oder besser, was sollte ein Staat sein?

Der Staat im Sinne einer demokratischen (die Mehrheit der Bürger entscheidet) Republik (der Staat ist Sache des Volkes) ist ein Staat ein Dienstleister für seine Bürger.

Was sind aber die „Services", die ein solcher Dienstleister im Minimalfall anbieten muss?

Es sind überraschend wenige. Und nicht weiter überraschend: es ist keines davon zwingend an ein Territorialmonopol gebunden!

Ein Staat verwaltet die juristische Identität seiner Bürger (Passwesen), damit diese ihre Rechte global eindeutig identifiziert wahrnehmen können und etwaige Ansprüche (z.B. auf Freiheit, Gleichheit, Nachhaltigkeit, auf Ressourcen, etc) auf diese Identität gemapped werden können.

Und Zweitens repräsentiert ein Staat seine Bürger rechtlich gegenüber anderen Bürgern und anderen Staaten (mit gegebenenfalls anderen Gesellschaftsregeln, Gesetzen etc.).

Und das war's auch schon. Zwei Basis-Services, die ein Staat im Minimalfall anbieten musste. Zwei lächerliche, kleine, aber wichtige Services: Verwaltung der Identität und internationale rechtliche Repräsentanz – die Basis für ein System, das zwar Anarchie (Abwesenheit von Herrschaft) aber nicht Chaos (Abwesenheit von Regeln) zulässt.

Alle anderen Services, die ein Staat zusätzlich noch anbieten könnte, sind optional (zumindest in einem System auf Basis von „Gleichheit, „Freiheit, „Nachhaltigkeit").

Ein Staat der auch demokratische Republik ist, würde zusätzlich zum Beispiel ein System zur direkten Teilnahme an demokratischen Prozessen durch seine Bürger betreiben müssen. Diese demokratische Republik würde im Auftrag der Bürger jene Regeln verwalten und exekutieren, welche die Bürger in diesem System gemeinsam mehrheitlich auf Basis des demokratischen Prozesses beschließen. Auch demokratische Republiken können nur funktionieren, wenn der Staat ausschließlich als Dienstleister für die Bürger funktioniert und nicht zum Selbstzweck oder zum Nutzen einer Minderheit von Herrschern.

Um es für all jene, die an antiquierte Staatsmodelle gewöhnt sind nochmals zu betonen: nur Staaten ohne gelebtes „Gleichheitsprinzip" und damit ohne Grundsicherung von Ressourcenansprüchen für seine Bürger würde aufwendige Gesellschaftssysteme zusätzlich benötigen und somit Bedarf für Sozialsysteme, Pensionssysteme und Gesundheitssysteme haben. Diese an sich unnötigen Zusatzsysteme dienen ja ausschließlich dazu, mangelnde Gleichheit und Freiheit (und teilweise Nachhaltigkeit) wieder zu kompensieren und die Nutzmenschen für eigentlich unnötige Services zur Kasse zu bitten. Im besten Fall dienen diese Systeme der Bürger-Abhängigkeit dazu sicherzustellen, dass die in diesem Staat herrschenden Eliten ihre Nutzmenschen halbwegs artgerecht behandeln. Im Regelfall sind die Systeme aber nur dazu da, Abhängigkeit von Verwaltung zu generieren und wie bei Mafia-Methoden üblich, selbst geschaffene Probleme (Ungleichverteilung) mit hohem Aufwand und Kosten (Verwaltungsabgaben, Steuern, Sozialversicherungsbeiträge) über eine meist ausufernde Verwaltungsorganisation zu lösen. Man verkauft teuer die Lösung von Problemen, die man selber verursacht hat – die bewährte Mafiamethode.

Dies ist ein wichtiger Punkt für Menschen, die an der Schwelle zum Ausbruch aus dem Nutzmenschdasein stehen: bei gelebtem Gleichheitsprinzip sind Sozial-, Pensions- und Gesundheitssysteme unnötig, da jede Generationenlinie selbst über ausreichende Ressourcen verfügt, diese Services, falls benötigt, auf einem freien Markt zu kaufen!
Diese Systeme als staatlich monopolistische Zwangsbeglückung benötigt es nur, bei etablierter Ungleichheit, Unfreiheit und damit vorhandener sozialer Ungerechtigkeit!

Zurück zum Staat als Dienstleister für seine Bürger. Im Prinzip spricht nichts dagegen, sich seinen passenden Provider staatlicher Services als Bürger auf einem freien Markt von Anbietern frei auszusuchen und somit selbst zu entscheiden, welche Services (und Staatsform) man haben möchte und welche nicht.

Dies ist nicht abhängig vom Territorium – also dem Ort, wo man lebt. Die Staatsbürgerschaft kann also gleich bleiben, solange man mit dem Provider zufrieden ist, ganz unabhängig davon, wo man gerade örtlich sein Lebenszentrum hat.

Am Wohnort benötigt es natürlich weiterhin lokale Kommunen oder Gemeinden, die für lokale Infrastruktur und im Verbund für überregionale Infrastruktur sorgen.

In dem System eines freien Marktes für staatliche Services braucht es also natürlich zusätzlich auch kleine, schlanke lokale „Verwaltungseinheiten" für Infrastrukturthemen.

Aber auch hier gilt aber: bei einer „gesunden" Größe für eine Kommune oder Gemeinde kann man sich, als freier Bürger, seinen Wohnort (und damit die Gemeinde auf Basis der angebotenen Infrastruktur) so aussuchen, dass diese gebotene Infrastruktur (und die damit verbundenen Kosten) für einen selbst passt.

Auch hier: freier Markt, freier Wettbewerb, keine Monopole! Die Bewohner eines Gemeinde-Territoriums könnten demokratisch und frei die Anbieter für Infrastruktur-Services auf einem freien Markt aussuchen.

Sowohl Wohngemeinde als auch Staat sollten also für freie Bürger frei wählbar sein. Dieses Konzept formulierte Kajetan auf einer im weißen Rauschen des Internets völlig untergegangenen Website www.online-nations.net in frühen Jahren. Das Konzept wurde später durch unsere Protagonisten recycled und optimiert.

Die Idee zusammengefasst: der Staat als Serviceprovider für die Bürger; freie Auswahl des individuellen Providers durch die Bürger; Kombination mit lokalen Kommunen für die Bereitstellung lokaler Infrastrukturen; Verträge zwischen Kommunen für überregionale Infrastrukturen – so könnte man das Leben mit maximaler Freiheit und minimalen Monopolen und minimierter Verwaltung gestalten.

Freie Staatenauswahl für freie Bürger statt Territorialmonopolisten. Ein einfaches, elegantes Konzept, oder?

Dieses stellt aber auch den extremst eigenverantwortungs-scheuen Nutzmenschen frei, egal wo sie leben, sich für eine feudalistische Diktatur oder einen sie bevormundenden Gottesstaat zu entscheiden, der ihre Ressourcen für sie verwaltet und sie jeder Eigenverantwortung enthebt.

Das ist echte Freiheit, inklusive jener, sich für Tyrannei und ein Dasein als Sklave zu entscheiden. Im Unterschied zum Status Quo anno 2010, wo es zu den feudalistischen und monopolistischen Territorial-Staaten keine Alternativen gab, gäbe es in einem alternativen System auch die Möglichkeit, sich gegen die Bevormundung und Sklaverei zu entscheiden – ein eindeutiger kultureller Fortschritt, oder?

Die Option zu schaffen, sich bewusst gegen das Sklavendasein entscheiden zu können, anstatt von Monopolisten permanent genötigt zu werden, wurde zum großen Lebensziel von Kajetan.

Er wollte keinesfalls die ganze Welt für alle Bürger revolutionieren, aber er wollte für sich und andere, die dies wollten, eine Alternative.

Hier merkt man auch ganz deutlich den Einfluss seiner Liebsten, der weisen Sabrina. „Du kannst nicht die ganze Welt retten! Die Leute sind zu unterschiedlich!".

(Der Nachsatz „und die meisten sind Deppen!" wurde von den Testlesern mehrfach kritisiert und hier nun auf eigene Verantwortung des Autors dennoch zitiert. Die obige Aussage ohne den Zusatz mit den Deppen – das wäre einfach nicht jene Sabrina gewesen, die ich kennengelernt habe.)

Auch ohne den Anspruch die Welt zu retten konnte man nach einem parallelen, freien System zum Sklaventum anno 2010 streben, das für einen selbst passt, als alternatives Angebot, frei wählbar.

Hätten die idealistischen Erfinder bisheriger Gesellschaftssysteme die Erkenntnis verinnerlicht, dass kein System für alle passen kann, dann wären wohl weder Kommunismus, noch Kapitalismus so vollständig gescheitert, am offensichtlichen Faktum, dass Menschen nun mal einfach unterschiedlich sind und niemals alle mitmachen werden.

Für Genoveva, die in ihrem Idealismus die Welt und die Menschheit vor sich selbst retten wollte, war dies viel schwerer zu akzeptieren. Ihr fehlte ein kongenialer Partner, der ihren Idealismus erdete, so wie ihn Kajetan in seiner Sabrina einer gefunden hatte.

Eine Utopie wie hier dokumentiert verkraftet aber beides, jene Idealisten, welche die Welt für alle Menschen verbessern oder sogar vor dem Untergang retten wollen genauso, wie jene Realisten, die einfach nur aus ihrem persönlichen Käfig ausbrechen wollen, um zu Lebzeiten mehr echte Freiheit zu spüren.

Den Preis dieser Freiheit, mehr Eigenverantwortung, waren diese neophielen Pioniere gerne bereit zu zahlen.

Kein Konzept, welches das Faktum ignoriert, dass die Mehrheit der Nutzmenschen sich in ihren Käfigen wohl fühlt, könnte erfolgreich sein.

Die Welt, als Ganzes, war vielleicht nicht zu retten - wohl aber war es plausibel, für die selbständig und kritisch denkenden und zu Eigenverantwortung fähigen Menschen, eine Alternative zum Nutzmenschdasein schaffen zu können. Und falls sich genug dieser Pioniere für so eine Alternative fänden, war es sogar denkbar, das Mehrheit umdenkt, ihre Ängste verliert und eine Utopie zur Realität werden lässt – womit die Welt schlussendlich doch gerettet wäre, auch wenn niemand damit rechnen darf.

Wie würde sich nun aber ein solches Alternativsystem vom Status Quo unterscheiden? Wie bereits erwähnt, zu aller erst durch eine Verfassung basierend auf „Freiheit", „Gleichheit" und „Nachhaltigkeit" als kleinstem gemeinsamem Nenner für alle Gesellschaften.

Die Implementierung von Generationenlinien könnte das Entstehen dauerhafter Ungleichheiten durch permanent verschobene Besitzansprüche auf gemeinsam genutzte Ressourcen verhindern und so die Prinzipien „Gleichheit" und „Nachhaltigkeit" dauerhaft funktional zu etablieren. Damit wäre effektiv verhindert, dass sich eine Herrscherkaste mit monopolistischer Kontrolle über Ressourcen durchsetzt.

Auf Basis dieser „Kleinigkeiten" könnten sich dann, wie es der pluralistischen Natur der Menschen entspricht, unterschiedlichste Gesellschaftsformen entwickeln – freie und natürlich auch diktatorische, für jene Menschen, die ein komfortables aber fremdbestimmtes Nutzmenschendasein dem Risiko der Eigenverantwortung und Freiheit vorziehen. Menschen sollten selbst bestimmen können, welches System für sie das Beste ist, aufgrund ihrer individuellen Stärken und Schwächen innerhalb eines ganzheitlicheren Bildes von menschlicher Intelligenz, aber ohne, dass ihnen monopolistische Herrscher auf Basis territorialer und wirtschaftlicher Monopole ein System aufzwingen.

Gemeinsam über alle Gesellschaften sollte man das Verständnis für die Zusammenhänge innerhalb des Öko²Systems präsent machen, für das Zusammenspiel von Ressourcen und deren Verteilung und Bewirtschaftung.

Dies würde allen Menschen helfen zu verstehen, wie das System funktioniert, indem sie leben – womit wir beim Thema „freier Zugang zu Information und Bildung" wären.

Teil IIIf: Das „Mentoren" Prinzip als Basis eines erweiterten, freien Bildungssystems

Wie entsteht das Weltbild und die Persönlichkeit eines menschlichen Wesens? Allgemeine Einigkeit herrscht darüber, dass es wohl eine Mischung aus Genetik und Erfahrung ist, die uns zu jenen Wesen macht, die wir sind.

Das Thema „Genetik" im Zusammenhang mit Hominiden war im europäischen Raum seit der Zeit des Nationalsozialismus negativ belegt und allein die Erwähnung von „genetischer

Selektion" im Zusammenhang mit Hominiden führte automatisch zu einem Aufschrei und „Nazi! Nazi"-Rufen. Ein gewisser Adolf H., ein gescheiterter Kunstmaler der später in Deutschland zu zweifelhaftem Ruhm als Politiker und Führer gelangte, hatte die Randbedingungen geschaffen, die es erlaubten, einen gesamten Themenkreis effektiv tabuisieren. Daher war es in Zentraleuropa schwer, offen über das Thema Selektion zu diskutieren, vor allem wenn es um die Selektion von brav funktionierenden, obrigkeitsgläubigen und friedlich kontrollierbaren Nutzmenschen ging, also der Domestizierung des einst freilebenden Menschen durch seine Herrscher.

Unsere Protagonisten entschlossen sich recht bald, dieses Minenfeld, nicht zu betreten.

Ein wesentlicher Unterschied zu anderen Spezies war bei den Hominiden aber, dass selektionsgetriebene, genetische Evolution ergänzt wurde, um memetische und technologische Evolution, also „Wissensevolution" oder „Wissensmanagement" über mehrere Generationen. Wissen, das über Sprachen (im weitesten Sinne) tradiert wurde. Erfahrungen und Wissen einer Generation konnte gesammelt, dokumentiert und weitergegeben werden und verbesserte so die Startposition für die Weiterentwicklung kommender Generationen.

Dieses Weitergeben von bewährtem Wissen war der konstruktive und sinnvolle Kern von Traditionen (von lat. *tradere* ‚hinüber-geben' bzw. *traditio* ‚Übergabe', **Überlieferung'**).

Es entspricht der typischen Bandbreite menschlicher Eigenheiten, dass ein gewisser Anteil der Menschheit statt der Weitergabe von sinnvollem, konstruktivem Wissen primär sinnentleerte Gepflogenheiten und Konventionen tradierte, also an seine Nachkommen weitergab.

Dies war gelebte Neophobie, die Angst vor Veränderung und Weiterentwicklung und das krampfhafte Festhalten an der Vergangenheit.

Unsere Neophilen hatten allerdings kein Interesse, ihre Nachfahren mit unnötigem tradiertem Ballast in Form von sinnlosen Konventionen und Gepflogenheiten zu belasten. Ihnen ging es um die Weitergabe von Wissen und Fähigkeiten, das den kommenden Generationen eine optimale Startposition für eine Weiterentwicklung derselben verschaffte.

Als echte Neophile fehlte unseren Protagonisten völlig jede typisch neophobe Hybris, welche die Mehrheit der Nutzmenschen und Herrscher dazu bringt, felsenfest von einer einzigen Wahrheit überzeugt zu sein, nämlich ihrer eigenen.

Es war also viel mehr das Ziel unserer Protagonisten, die Individuen nachfolgender Generationen bestmöglich darin zu unterstützen, sich zu selbständig denkenden, kritischen, kreativen, neugierigen und – wenn nötig - auch rebellischen Menschen zu entwickeln. Es war dediziert nicht Ziel, Kinder möglichst effizient an herrschende Konventionen anzupassen und zu assimilieren, damit sich diese zu brav funktionierendem Arbeits-, Wahl- und Konsumvieh entwickeln, zu Nutzmenschsklaven im Dienste der Autoritäten.

Es war aber auch klar, daß heranwachsende Homo Sapiens im Kindesalter absolut ein gewisses Maß an Autorität und Anleitung benötigen, um nicht von der enormen Bandbreite der im Laufe der Menschheitsgeschichte angehäuften

Informationen komplett überfordert und erschlagen zu werden.

Auch war es unumgänglicher Teil der Sozialisierung heranwachsender Hominiden, diesen klar und deutlich zu vermitteln, dass sie als Egos nicht allein auf der Welt waren, sondern sich als soziale Wesen in eine Gemeinschaft integrieren mussten, oder sich zumindest mit dieser Gemeinschaft zu arrangieren hatten.

Negativbeispiele für zu authoritäre oder zu antiautoritäre Erziehungsmethoden gab es rundum in den Familien von Freunden und Bekannten genug. Kinder, die bereits früh zu perfektem Konsum- und Wahl-Nutzvieh assimiliert waren, gab es genauso, wie ekelhafte Tyrannen, die keine Grenzen kannten und sozial inakzeptable Verhaltensweisen zeigten.

Die Problemstellung war also klar: wie kann ein System aussehen, welches heranwachsenden Menschen einen möglichst offenen und freien Zugang zu Information gewährt und sie bei der Erforschung dieser Information bestmöglich im Rahmen der individuellen Fähigkeiten und Neigungen unterstützt?

Das etablierte Konzept „Schule" war leider nur darin relativ erfolgreich, Grundlagenwissen wie Sprache, Schrift, Mathematik, etc. zu vermitteln, versagte aber im Sinne der Ziele unserer Protagonisten vollständig, wenn es um die Förderung individueller Stärken der Kinder und Jugendlichen ging.

Dafür wurde in den Schulen signifikanter Aufwand betrieben, als Ergebnis der Schulbildung möglichst gut angepasste Nutzmenschen zu produzieren – oder in den teuren Eliteschulen für die Herrscherkinder, möglichst perfekte zukünftige Herrscher zu züchten.

Diesen Teil der „Schulbildung", die gezielte Indoktrination und Erziehung zu Nutzmensch oder Herrscher, sollte man also tunlichst durch ein alternatives Modell ersetzen. Die „Schulpflicht" sollte sich also auf die Vermittlung von Grundlagenwissen beschränken, dies aber nicht nur theoretisch (Sprachen, Schrift, Mathematik, Öko²System-Theorie, etc.) sondern vor allem auch praktisch vermitteln – also die Anwendung dieses Wissens im praktische Leben trainieren. Es ging um Fähigkeiten, statt Wissen – ganz im Sinne eines ganzheitlichen Intelligenzmodells.

Ziel einer guten Schulbildung sollte es sein, dass die durch diese Schule gegangenen Erwachsenen alle relevanten Fähigkeiten für ein eigenständiges Überleben in ihrer Gesellschaft erlangen.

Dazu wäre zum Beispiel ein wenig Lebensmittelkunde und Kochen genauso sinnvoll, da Ernährung ein wesentlicher Teil des Lebens darstellt, wie Biologie, Chemie, Mathematik und grundlegender Informationen zur Funktion des Öko²Systems.

Abseits dieser Grundlagen, des kleinsten gemeinsamen Nenners für alle Menschen, versagt das Konzept Schule aber. Hier wäre das Prinzip des freien, aber auf Wunsch des Lernenden betreuten Zugangs zu Informationen sinnvoll.

Die jungen Homo Sapiens, in der Phase des intensivsten Lernens, sollten neben ein wenig sinnvoller, nützlicher Schulbildung vor allem freien Zugang zu Informationen haben. Um nicht von der Vielfalt dieser Informationen überfordert zu werden, sollten ihnen hier frei wählbare „Mentoren" zur Seite stehen, die sie bei der Suche nach Information und deren Analyse und Verinnerlichung unterstützen.

Was würde nun so einen idealen Mentor auszeichnen? Vor allem fachliche Kompetenz und die Fähigkeit, sein eigenes Wissen verständlich zu transportieren. Weiters wichtig wäre eine klare Kenntnis und Akzeptanz eigener Wissensgrenzen und die menschliche Größe, an dieser Wissensgrenze angekommen, seine Schützlinge an andere Mentoren zu verweisen. Und ganz essentiell für einen guten Mentor ist die Abwesenheit einer eigenen Agenda – jenes missionarischen Geistes, der von ihm verlangt, seine Schützlinge in eine spezifische, nämlich die eigene, Richtung zu drängen.

Mentoren sollten den Zugang zu Information erleichtern, nicht ihr eigenes Weltbild missionarisch möglichst vielen Aposteln ihrer Glaubensrichtung aufzwingen.

Da Menschen nun aber die Tendenz dazu haben, an ihren Überzeugungen fest zu halten, war für unsere Protagonisten nur ein System denkbar, wo es möglichst viele, ganz unterschiedliche Mentoren gab. Zusätzlich sollte der Mentor einer ständigen Evaluierung durch seine „Kunden" unterliegen. Diese sollten ihre Mentoren also bewerten und zwar nach folgenden Kriterien:

- Kompetenz im spezifischen Fachbereich aus Sicht des Lernenden (hier war aber die Sicht von anderen Experten im Sinne von Peer-Reviews wichtiger)
- Kompetenz bei der Vermittlung seines Wissens
- Vermittlung eines möglichst ganzheitlichen Bildes des Wissensgebietes, mit möglichst vielen unterschiedlichen Perspektiven

- Klare Kommunikation der (derzeitigen) Grenzen des Fachbereichswissens
- Abwesenheit missionarischer Überzeugungs- und Beeinflussungsmethoden

Für die Umsetzung eines solchen Systems bot sich ein globales Wissensnetzwerk als Weiterentwicklung von Online-Enzyklopädien an, ergänzt um ein Sozial-Netzwerk von Fachleuten, aus welchen sich die informationshungrigen und neugierigen Lernenden ihre Mentoren aussuchen konnten – auf Basis der Bewertung dieser Mentoren durch andere Lernende, welche schon von diesen Unterstützung erfahren hatten. Das System war ähnlich wie Wikipedia plus Social Learning Networks.

So sollte ein System geschaffen werden, wo – neben den schulisch vermittelten Basis-Skills wie Schreiben, Lesen, Sprache, Mathematikgrundlagen, Computergrundlagen - die neugierigen Lernenden ganz natürlich zu den für sie passenden Mentoren finden. Es sollten jene Menschen, deren Begabung oder sogar Berufung es war, Mentor zu sein, diese Kompetenz frei zur Verfügung stellen zu können, und zwar ohne monopolistische Institutionalisierung durch eine Schule, Lehrpläne und Schulbücher voll von gezielter Indoktrination.

Es wäre ein interessantes evolutionspsychologisches und sozialwissenschaftliches Experiment, wie sich die Menschheit nach wenigen Generationen entwickeln würde, wenn man das Bildungssystem anno 2010 mit seinem Ziel der Züchtung angepasster Nutzmenschen ersetzt (oder als Alternative ergänzt), durch ein einem System ersetzt, welches die freie, aber betreute Entwicklung der Individuen fördert. Ohne die Angst vor Neuem und ohne die Vermittlung von deterministisch-monopolistischen Pseudo-Wahrheiten, dafür mit Förderung von Neugier und Wissbegierigkeit und Forscherdrang und ebenso mit Fokus auf ein selbständig denkendes, kritisches Herangehen an alle vermittelten Informationen.

Die kulturellen Indoktrination von jungen Menschen passiert in ausreichender Form durch die Eltern auf Basis deren Weltweltbilder und Wertesysteme – eine Verstärkung dieser kulturellen Indoktrination durch ein Bildungssystem ist dabei sicher unnötig, zumindest für Neophile.

Den Gesellschaften der Neophoben stünde es natürlich weiterhin frei, ihre Kinder beliebig mit ihren Glaubensgrundsätzen und Konventionen zu indoktrinieren und diesen den freien Zugang zu Information zu verwehren, um, so wie bisher, eine Entwicklung zu selbständig denkenden, kritischen Erwachsenen tunlichst zu unterbinden.

Mit hoher Wahrscheinlichkeit würden in einem Wissens-Wettbewerb zwischen den freien, neophilen und den stagnierenden, neohphoben Gesellschaften recht bald eindeutige Trends sichtbar werden – zum Vorteil der kreativen, innovativen Gesellschaften.

Das Risiko, dass neophobe Gesellschaften technologisch und sozial benachteiligt in einer Gesellschaftsevolution als „unfit" aussortiert eventuell werden und in historischer Bedeutungslosigkeit verschwinden, war für die Neophilen kein Nachteil dieses alternativen Systems.

Dieser Gedankengang, das Bildungssystem von unnötigem Ballast und gezielter Indoktrination zu befreien und statt dessen die Entwicklung, kritischer, kreativer, freier Geister zu fördern, führt nun direkt zu einem anderen Grundverständnis der Neophilen: Zensur und Tabuisierung von Themen sind in einer freien Gesellschaft nicht zulässig.

Freie Gesellschaften unterscheiden sich deutlich, von diktatorischen oder feudalistischen Systemen, nicht nur im Umgang mit Menschen und Ressourcen und deren Wertigkeit im System, sondern auch im Umgang Wissen.

Teil IIIg: Die Prinzipien Freiheit, Gleichheit und Nachhaltigkeit, angewandt auf Gesellschaften, Kulturen und Wissen

Gesellschaften sind Gruppen von Menschen, mit vernetzten wirtschaftlichen und sozialen Interessen. Politik ist nichts anderes, als das gemeinsame Treffen von Entscheidungen in diesen Gesellschaft.

Gesellschaften und politische Systeme sind ein Abbild der typischen Psychologie der Menschen, die sie gestalten.

In Gesellschaften, wo Neophobie mehrheitlich dominant ist, herrscht Angst vor Veränderung und allem Neuen. Diese Angst ist geboren aus individueller Unsicherheit.

Je unsicherer ein Mensch ist, desto empfänglicher ist er für vermeintliche Sicherheiten und das Versprechen absoluter Wahrheiten. Diese stellen oft für unsichere, ängstliche Menschen einen Fixpunkt, einen Anker, einen Rettungsring dar, in einer oft chaotisch scheinenden Welt mit einer stochastischen Realität (die Wirklichkeit, wie wir sie kennen, beruht auf unterschiedlichen Wahrscheinlichkeiten und nicht auf deterministischen, absoluten Wahrheiten. Letztere gibt es nur theoretisch, aber nicht im realen, praktischen Leben).

Wie im ersten Kapitel ausreichend beschrieben war es diese Angst und das konsequente Ausnutzen und Verstärken derselben, welche es monopolistischen Herrschaftssystemen erlaubte, die Nutzmenschen zu versklaven und Kontrolle über die realen Ressourcen des Planeten zu erlangen.

Für unsere Neophilen war dies zwar offensichtlich, aber sie alle hatten das Problem, diese Angst nicht wirklich emotional nachvollziehen zu können. Hierzu ist ein kleiner Exkurs in die neophilen Gedankenwelten notwendig, sowie die konsequente Anwendung der Prinzipien „Freiheit", „Gleichheit", und „Nachhaltigkeit" auf Weltbilder und damit auf die Persönlichkeiten von Menschen.

Homo Sapiens ist eine Spezies, deren natürliche Wahrnehmungswelt aus mittelgroßen Objekten besteht, welche sich mittelschnell bewegen oder verändern. Wirklich kleine oder große Dinge (Atome, Sonnensysteme) sind emotional nicht fassbar und auch rational nur über Modelle verständlich.

Genauso ist es mit extrem schnellen oder langsamen Vorgängen (Wie fühlt sich eine milliardstel Sekunde an, wie schnell vergeht sie? Wie denkt man in geologischen Zeiträumen? – dies alles ist wissenschaftlich fassbar, aber emotional schwer nachzuempfinden).

Die ganz langsamen oder schnellen und die ganz kleinen oder großen Dinge waren für ein Überleben eines Individuums oder

der Spezies Mensch historisch gesehen, über die ersten paar Jahrtausende hinweg betrachtet, nicht wirklich relevant. Für ein optimales Überleben im Kontext der mittleren Größen und Geschwindigkeiten sind auch die Sinne der Hominiden optimiert.

Sobald es über diese mittlere Wahrnehmung hinausgeht, also zum Beispiel bei subatomaren Vorgängen und Partikeln der Physik, oder bei Geologie und Astrophysik, ist fast immer eine Modellbildung und Vereinfachung notwendig, welche dieses extreme „Zeug" auf die natürliche Wahrnehmungswelt der Homo Sapiens abbildet.

Natürlich entwickelt sich auch die menschliche Wahrnehmung weiter, da sie nicht mehr auf die natürliche Wahrnehmung mittels unserer paar Sinne allein begrenzt bleibt, sondern durch diverse Gerätschaften (Teleskope, Rasterelektronenmikroskope, Radar, Lidar, etc.) technisch erweitert wird.

Auch diese Geräte bilden das extreme „Zeugs" von außerhalb unserer natürlichen Wahrnehmung auf unseren Wahrnehmungsraum ab.

So ist es durch technologisch erweiterte Wahrnehmung und Modellbildung zum Beispiel auch möglich, geologische Vorgänge zu erfassen, die Jahrmillionen dauern und die außerhalb der Erfahrungswelt der Menschheit mit ihren paar tausend Jahren Existenz liegen.

Ein akzeptiertes wissenschaftliches Faktum ist, dass wir als Spezies noch weit weg von der Entwicklung einer „Kosmos-Formel" sind, die „alles" (Douglas Addams: „Life, the universe, and everything") vollständig und hinreichend erklärt.

Nun gibt es zwei prinzipielle Möglichkeiten, für die man sich als Homo Sapiens bei der Entwicklung des eigenen Weltbildes entscheiden kann, wissend, dass es die absolute Weltformel noch nicht gibt und wir nicht alles wissen:

- Man verfällt in absolute Panik und sucht sich irgendein deterministisches Weltbild, an das man dann mit absoluter Hingabe glaubt (wozu meist auch notwendig ist, aktiv alle anderen Weltbilder zu verdammen und zu bekämpfen, da sie dem Absolutheitsanspruch des eigenen wiedersprechen)
- Man akzeptiert die eigenen Limitierungen als Mensch, verzichtet auf die typisch menschliche Eitelkeit und Hybris sich für das Zentrum des Universums zu halten und akzeptiert die eigene limitierte Existenz, als kosmologisch gesehen völlig irrelevantes, winzig kleines organisches Partikel mit eingeschränkter Wahrnehmung, das in einer stochastischen Wirklichkeit lebt, wo nichts zu 100% sicher ist

Im ersteren Fall ist man gefangen in einem Weltbild, das 100%ig wahr sein MUSS, weil es sonst zerbröselt und man sich plötzlich wieder allein, einsam und daher voller Angst der Realität ausgesetzt fühlen müsste. Ein durch Angst motiviertes und aus Angst mit aller Gewalt zu verteidigendes System absichtlicher Selbsttäuschung.

Im zweiten Fall kann man viel Spaß damit haben, so viel wie möglich über seine Welt, oder gar das Universum, herauszufinden, Wissen zu erlangen, dieses Wissen praktisch vorteilhaft anzuwenden und die kurze Lebensspanne, die man als Homo Sapiens zur Verfügung hat, so gut als möglich zu nutzen.

Vielleicht findet man so auch Wissen, welches es wert ist, für nachfolgende Generationen tradiert – weitergegeben - zu werden und erlangt so eine gewisse „Unsterblichkeit", als „Erfinder" oder „Entdecker" dieses Wissens.

Man benötigt dazu vor allem intellektuelle Freiheit, Gleichheit, und Nachhaltigkeit – und diese haben nichts zu tun, mit deterministischen (absoluten) Wahrheiten.

Neophile bewegen sich gedanklich in einer Welt von Wahrscheinlichkeiten. Nichts ist 100% sicher – die meisten für das tägliche Leben relevanten Dinge sind aber immerhin so extrem wahrscheinlich, dass man sie als „sicher" annehmen kann.

Ein Tisch, auch wenn er aus Atomen besteht und damit weitestgehend aus leerem Raum, funktioniert praktisch ganz gut. Wozu darüber nachdenken, ob er „solid" ist, oder nur eine Ansammlung von Leerraum unterbrochen von wenigen, verstreuten Atomen, deren Funktion und Zusammensetzung wir noch nicht mal wirklich bis ins letzte Detail verstehen? Die Annahme des Tisches als „solid" ist eine zweckmäßige Vereinfachung und entspricht unserer Wahrnehmung. Ist es eine absolute Wahrheit? Nein. Die Annahme funktioniert aber praktisch hervorragend.

Offensichtlich benötigt man keine absoluten Wahrheiten damit die Dinge so funktionieren, wie sie sollen.

Neophilie wird extrem begünstigt, durch den Verlust der Angst vor Unsicherheit. Damit ist automatisch nicht alles Neue sofort eine Bedrohung des Alten (der absoluten Wahrheit, der historischen Erfahrungen, ...), sondern eine Ergänzung und Erweiterung mit dem Potential der Verbesserung.

Wir wissen nicht alles, vieles ist unsicher – was soll's!?

Wir wissen genug, um in unserer Welt meist gut zurecht zu kommen und je mehr wir lernen, desto besser können wir es. Wir wüssten theoretisch heute genug, um gemeinsam unseren Planeten nachhaltig zu bewohnen, ganz im Gegensatz zu vergangenen Generationen, welchen das Dogma vom ewigen Wachstum gut gedient hat – ob diese theoretische Wissen um eine mögliche, nachhaltige Nutzung des Planeten je im Bewusstsein einer signifikanten Mehrheit präsent sein könnte und so zu Verhaltensänderung führt, war einer der größten Diskussionspunkte unserer Protagonisten.

Die Gruppe der Idealisten um Genoveva war sich sicher, dass sich die Menschen ändern würden, wenn sie nur den Zustand der Welt endlich erkennen, abseits der Lügen und Desinformationen durch ihre Herrscher.

Die Realisten hielten ein Untergangs-Szenario der heutigen menschlichen Zivilisation für plausibler, mit hoher Wahrscheinlichkeit durch globale Ressourcenkriege in Zeiten sinkender „Bewohnbarkeit" des Planeten durch menschengemachte Klimaveränderungen. Kriege zwischen den Fraktionen diverser Herrscher auf einem immer enger werdenden, ausgebluteten Planeten.

Alternativ war auch eine schleichende Abnahme der Lebensqualität über mehrere Generationen aufgrund der angehäuften Schulden an Ökologie und Ökonomie bis hin zum völligen Öko²System-Kollaps denkbar. Wahrscheinlich war eine Kombination aus kollabierenden Systemen der Ära des Wachstumsdogmas, kombiniert mit gewaltsam geführten Konflikten um die verbleibenden Ressourcen und bewohnbaren Gebiete.

Gemeinsam war beiden Gruppen, den Idealisten und den Realisten, die Sicherheit, dass es keine absolute Wahrheit gibt, nur gleiche, freie Wahrheiten, von welchen die brauchbareren nachhaltig, für einen gewissen Zeitraum überleben, weil sie praktisch nützlich sind.

Freiheit, Gleichheit, und Nachhaltigkeit angewendet auf das vielfältige, oft widersprüchliche, meist aber sich verändernde „Wissen" von Menschen bedeutet also: es gibt keine eine, ewig gültige Wahrheit, sondern viele, gleichberechtigte Wahrheiten parallel, von welchen sich jene längerfristig etablieren sollten, welche nützlich sind und in der praktischen Umsetzung funktionieren (und zwar, weltverbesserisch-optimistisch wie unsere Protagonisten waren, sollte die Nützlichkeit für eine signifikante Mehrheit der Bevölkerung gegeben sein, nicht so, wie bei vielen etablierten Wahrheiten üblich, primär den Herrschern nutzen – das Gleichheitsprinzip galt natürlich auch bei der Nützlichkeit der praktischen Anwendung von theoretischem Wissen und „Wahrheiten").

Eine für jedes halbwegs vernunftbegabte, denkende Wesen offensichtliche, extrem plausible und für lange Zeit funktionale „Wahrheit" waren die thermodynamischen Hauptsätze, vor allem jener, welcher feststellt, dass innerhalb eines geschlossenen Systems keine Energie (= Materie, wg. $E = mc^2$) erzeugt, sondern diese nur umgewandelt werden kann.

Im „System" Weltwirtschaft war nun aber ein magisches Element erfunden worden, welches eine beliebige Vermehrung und magische Erzeugung dieses Elementes aus dem Nichts ermöglichte – der Stein der Weisen, altertümliche Alchemie in voller Aktion.

Es geht, ganz klar, um das gängige Transfermedium für zeitversetzten Tausch von Waren und Dienstleistungen, das vielbesungene Geld.

Eine wesentliche Frage für die Realisten unter unseren Protagonisten war: wie müsste ein funktionierendes, nicht magisch unendlich vermehrbares Transfermedium aussehen, das die Realität tatsächlicher wirtschaftlicher Transfers von Rohstoffen, Waren und Dienstleistungen/Arbeit realistisch abbildet?

Teil IIIh: Konzept für ein real wertbesichertes Transfermedium

Zur Verteidigung der weitblickenderen Wirtschaftswissenschafter und mitdenkender Bürger muss man vorausschicken: die Erkenntnis, dass Geld anno 2010 real nicht nachhaltig funktioniert, hatten viele Hominiden bereits gehabt und auch formuliert und kommuniziert.

Es gab auch unterschiedliche Konzepte für Alternativen, welche meist Teilaspekte des gesamten Problemfeldes „virtuelles Geld ohne reale Wertsicherung" behandelten und lokale Problemlösungsstrategien vorschlugen.

Für unsere Protagonisten war klar, dass es zuerst die Kernfunktionalität eines Transfermediums zu definieren galt: wozu benötigt man ein Transfermedium und was muss dieses leisten?

Auf den Antworten auf diese Frage aufbauend konnte man dann ein Konzept für das Transfermedium 3.0 erarbeiten.

Erinnern wir uns kurz an die Geschichte des Geldes:

Geld 1.0: Tauschwirtschaft mit Zeitversatz

Meist in Form einer seltenen, aber realen, immer limitierten Ressource (Gold, Edelsteine, oder Kauri Muscheln), wurde deren Wert über einen Schlüssel aus Verfügbarkeit und Nachfrage auf Waren und Dienstleistungen übersetzt.

Das Problem war hierbei vor allem die „Floating Targets", also die nicht bekannten Zielgrößen. Man wusste nicht, wie viel Gold (oder Kauri Muscheln) es in Summe gab und wie groß eigentlich der gesamte Wirtschaftsraum wertmäßig sein könnte – zumal sich diese Größen nicht nur zu jedem Zeitpunkt nicht genau festlegen ließen, sondern sich auch noch zeitlich veränderten.

Zusätzlich gab es das rein physikalische Problem der praktischen Notwendigkeit, bei größeren Geschäften, große Mengen eines recht schweren Transfermediums (Gold, - Kaurimuscheln sind ja relativ leicht, im Vergleich) zu transportieren und sicher zu lagern.

Geld 1.0 war also zwar prinzipiell ganz brauchbar, da es einer oder mehrerer realen Ressourcen entsprach, aber es war in der Handhabung recht unpraktisch und risikobehaftet, da man weder die verfügbare Geldmenge, noch die dadurch repräsentierten „Werte" genau quantifizieren konnte.

Die wesentlichste Funktion von Geld 1.0 und von jedem sinnvollen Transfermedium war es, zeitversetzten Tausch von Produkten und Dienstleistungen zu ermöglichen.

Das konnte Geld 1.0 ganz gut und daher blieb es lange in der menschlichen Geschichte relevant.

Geld 2.0: Banksters rule the world

Eine – für Bankster und Herrscher – geniale Erfindung des letzten Jahrtausends war nun Geld, das an sich nichts mehr wert war. Also Geld, das weder reale Ressourcen repräsentiert, noch auf einer seltenen Ressource als Wertsicherung basiert. Geld das frei und billig produzierbar war, aber natürlich nur monopolistisch durch die Herrscher und ihre Bankster kontrolliert wurde. Ein Geld, dessen Wert man weitestgehend frei bestimmen und manipulieren konnten – im Sinne der Herrscher.

Geld 2.0 war also leicht, quasi magisch manipulierbar. Man konnte es durch Zinsen oder die Erzeugung von neuen Scheinen und Münzen ohne reale Wertsicherung oder Bezug zu einem realen Wertgewinn beliebig vermehren. Man konnte es durch Inflation und Deflation völlig frei im Wert zu kontrollieren, wie es beliebte.

Die wichtigste Funktion dieses Geldes war es aber, dass damit der Zugriff der Nutzmenschen auf reale Ressourcen minimiert werden konnte, was eine leichte Etablierung dauerhafter Sklaverei erlaubt, indem 95% der wirklich wertvollen Ressourcen von nur 5% der Menschen, den Herrschern, kontrolliert wurden, während der Rest mit an sich wertlosem Geld hantierte. Dieses virtuelle Geld funktioniert nur durch den Glauben an eine freie Eintauschbarkeit gegen reale Ressourcen. Durch diesen Glauben erhielt Geld 2.0 einen scheinbaren Wert, vor allem für die dümmeren der Nutzmenschen (dieser Wert war aber von den Herrschern frei manipulierbar, um sicherzustellen, dass es nicht gegen echte Ressourcen beliebig eintauschbar war).

Echte, systemgläubige Wirtschaftswissenschafter und Ökonomen würden hier nun sicher kontern, mit vielen Scheinargumenten über einen direkten Zusammenhang der Geldmenge mit einer obskuren „Wirtschaftsleistung" – aber egal wie schön man die Situation verbrämte, es war klar das Geld 2.0 in seiner Funktion dem thermodynamischen

Hauptsatz vom Energieerhalt und damit einem Naturgesetz widerspricht.

Geld 2.0 funktioniert nur in Zusammenhang mit dem ebenfalls offensichtlich falschen Dogma von ewigem Wachstum in einem begrenzten System, welches Schuldenberge aufhäuft, bis diese kollabieren. Geld 2.0 funktioniert nicht in einem nachhaltigen System.

Geld 3.0: ein 100% durch reale Ressourcen wertgesichertes Transfermedium

Das Feld „Geld 3.0" hatte anno 2010 ein Problem: man hatte nicht alle nötigen Daten, um es genau zu quantifizieren. Für angehenden und etablierten Ökonomen und Ökologen bot sich viel Raum, für wissenschaftliche Artikel und Dissertationen, um die Variablen des Systems in ihren Abhängigkeiten zu bestimmen.

Die Konstanten für die Definition von Geld 3.0 sind klar: wir bekommen pro Jahr im Schnitt ~900 Billiarden Kilowattstunden Sonnenergie für das System Erde, plus ein wenig Erdwärme durch kernphysikalische Prozesse (Geothermie) und Gravitationskräfte durch andere Himmelkörper (welche wir über Gezeitenkraftwerke teilweise nützen könnten).

Das ist unser Energie-Eintrag, mit dem alle physikalischen (und damit auch ökologischen und ökonomischen) Vorgänge auf dem Planeten auskommen müssen. Mehr zu verbrauchen geht nur auf Schulden.

Im Öko²Systems wird nun diese Energie umgewandelt, in diverse andere Formen (jeweils mit Verlust, welcher meist dieser in Wärme abgeführt wird).

Wir kennen also die maximale Energie für ein nachhaltiges Wirtschaften in unserem Öko²System recht genau. Diese Energie ist also quasi die Konstante, welche ein Transfermedium maximal repräsentieren dürfte.

Man könnte nun – und das wäre die Aufgabe für oben beschriebene wissenschaftlichen Arbeiten – eine reale Energiebilanz für jeden Rohstoff, jedes Produkt und jede Dienstleistung errechnen, 100% wertgesichert durch die (innerhalb der für uns relevanten Zeiträume) konstante Energiebilanz unseres Ökosystems.

Anno 2010 fehlte dazu, wie schon erwähnt, noch ausreichendes Wissen.

Daher ist auch eine sinnvolle Näherung legitim. Es würde sich zum Beispiel für ein Produkt bereits eigenen, die in Ansätzen dieses Konzept wiederspiegelnde, 2010 von vielen Homo VereSapiens bereits gut durchdachte „Footprint"-Methode anzuwenden.

Der „Preis" eines Produktes wird nicht auf Basis von Angebot + Nachfrage (das „alte" Wachstumsdogma-Konzept des Kapitalismus) festgelegt, sondern auf Basis Summe aller verwendeten Ressourcen bei Entwicklung, Herstellung, Distribution, Utilisation und Recycling – also über den gesamten, erwarteten Lebenszyklus des jeweiligen Produktes (oder auch der Dienstleistung).

Wichtig ist hier die Betrachtung des gesamten Lebenszyklus, also inklusive des „verbrauchten" Trinkwassers bei der Herstellung, des CO_2/Methan/... Ausstoßes bei Produktion und beim Transport, der Belastung der Umwelt durch Gifte wie Schwermetalle, Insektizide, organische Materialien, etc. – kurz, eine möglichst vollständige Summe aller auch nur irgendwie fassbaren und bewertbaren Ressourcen.

Beispiele dafür gibt es genug. Sie finden diese über Search-Engines im Internet unter „Footprint" (besonders bekannt waren CO_2 und H_2O Footprint).

Die Anforderung an ein zu 100% wertgesichertes, nachhaltiges Transfermedium wäre also, dass dieses die Realität unseres Öko²Systems und der darin mit unterschiedlichen Zyklen regenerierenden Ressourcen widerspiegelt.

Verabschieden müsste man sich damit von dem Konzept, das Transfermedium sei an sich „wertvoll" und könnte im Wert steigen.

Wenn die Menschheit also Sonnenenergie verbraucht, die vor zig Millionen Jahren gespeichert wurde, in Form von metamorphotisch umgewandelter Biomasse, die zu Erdöl und Erdgas wurde, dann müsste im gleichen Ausmaß des Verbrauchs „historischer" Energie, neue, frische Energie „unbewirtschaftet" bleiben, um die Speicher wieder aufzufüllen.

Schulden an der Energiebilanz – also ein nicht nachhaltiger, das System zerstörender Eingriff in selbiges - wären verboten (und dürften durch das Transfermedium nicht unterstützt werden).

So viel Blabla um das liebe Geld – und immer noch zu unkonkret? Hier ein konkretes Beispiel aus den Diskussionen innerhalb der Community der neophilen Pioniere zur Veranschaulichung – ein recht anschaulicher Vorschlag ausgewählt aus der großen Anzahl der Möglichkeiten:

Geld 3.0 – Vorschlag 13 Variante C

Berechnung der Ressourcenbasis aus der Summe von Land, Wasser, Luft: wie viele „Ressourcen" gibt es im Öko²System?

Land (Fläche) mit dem relativen, ökologischen Wert ÖW in % in folgenden Ausprägungen:

- Wildnis (unberührte Natur als ökologische Regeneartionszone): ÖW 100% (jeder vorhandene Quadratmeter zählt voll)
- Nicht direkt bewirtschaftete, aber als Erholungsgebiet durch Menschen genutzte Natur-Flächen mit einem Infrastrukturanteil (Wege, Unterstände, Gebäude, ...) von weniger als 10% der Fläche: ÖW 90%
- Nachhaltig bewirtschaftete Flächen (werden nicht in ihren wesentlichen Eigenschaften wie Artenvielfalt, chemischer und biologischer Zusammensetzung, etc. verändert): ÖW 80% (jeder vorhandene Quadratmeter zählt zu 80% für die Berechnung der Summe der vorhandenen Ressourcen)
- Extensiv (beinahe nachhaltig) Landwirtschaftlich genutzte Flächen zur Erzeugung von Nahrung und organischen Rohstoffen: ÖW 70%
- Parks, Grünlandschaften, Gärten, Outdoor-Sport- und Freizeitanlagen mit unverbautem Freiflächenanteil >60% (z.B. Bikeparks, Unterwasser-Tauchparks, Kletterwände, ...): ÖW60%
- Intensiv landwirtschaftlich genutzte Flächen mit Fruchtwechselwirtschaft, aber „bio" Zertifikaten (werden zwar ausgelaugt, es kommen aber keine chemischen Dünger und Insektenvernichtungsmittel,

etc., zum Einsatz – der Boden wird also nicht vergiftet): ÖW 50%

- Verbautes Gebiet für Wohnflächen und andere Gebäude: ÖW 30%
- Verkehrsflächen (Strassen, Parkplätze, Schienen, etc.): ÖW 20%
- Intensiv industriell genutzte landwirtschaftliche Flächen (werden dauerhaft ausgelaugt und durch den Einsatz von Chemikalien nachhaltig geschädigt): ÖW 15%
- Intensiv industriell genutzte Flächen (Rohstoffabbau, Deponien, Lagerung von Müll, etc.) – nachhaltig geschädigte, verbrauchte Flächen: ÖW 5%

(Die so berechnete Fläche des Planeten sinkt natürlich, je mehr hochwertige Gebiete intensiv genutzt werden – somit spiegelt das Modell real den Effekt auf die „Nachhaltigkeit" wieder, indem es Gebieten einen ökologischen Wert bezogen auf die Nachhaltigkeit gibt.)

Wasser (Volumen in Litern), inkludiert jeweils anteilig den Boden der jeweiligen Gewässer:

- Reines Trinkwasser: unmittelbar, ohne Aufbereitung trinkbares Wasser (das ohne Gesundheitsgefährdung von biologischen Organismen konsumierbar ist, als Lebensraum für alle Süßwasser-Organismen geeignet): ÖW 100%
- Ökologisch intaktes Meerwasser (nicht industriell genutzte, nicht chemisch oder organisch verunreinigte Zonen mit ursprünglicher Artenvielfalt und Anzahl von Lebewesen): ÖW 100%
- Gering belastetes Süßwasser (durch einfache, mechanische Filterung zur Herstellung von Trinkwasser

geeignet, als Lebensraum für robuste Organismen geeignet): ÖW 75%

- Gering belastetes Salzwasser (als Lebensraum für 95% der Meeresorganismen der entsprechenden Klimazone geeignet, geringfügige Belastung von <2 Volumsprozent durch Chemikalien, nicht ökosystem- typisches, organisches Material und künstliche Schwebstoffe): ÖW 75%

- Belastetes Süßwasser (kann durch technische Maßnahmen, aber unter massivem Verbrauch von anderen Ressourcen wieder zu Trinkwasser umgewandelt werden; kann sich bei Wegfall der Belastungsquellen und industriellen Nutzung innerhalb von maximal 5 Jahren selbständig regenerieren zu „gering belastet"): ÖW 50%

- Belastetes Meerwasser (kann sich bei Wegfall der Belastungsquellen und Einstellen der industriellen Nutzung innerhalb von weniger als 5 Jahren regenerieren zu „gering belastet): ÖW 50%

- Industriell intensiv genutztes Süß- oder Meerwasser (nicht nachhaltig bewirtschaftet, schrumpfende Artenvielfalt, steigende Belastung mit chemischen und nicht ortstypischen organischen Stoffen, gestörtes ökologisches Gleichgewicht, sowie abnehmende Artenvielfalt und Anzahl an Organismen oder intensive Vermehrung spezifischer Indikator-Organismen wie Algen auf Kosten anderer Organismen): ÖW 20%

- Giftiges Süß- oder Meerwasser (als Lebensraum für höhere Organismen - alles, außer Bakterien und einfachen, mehrzelligen Organismen – nicht geeignet): ÖW 0%

Luft (Volumen fix, ab Mehresniveau bis 8000m Seehöhe als Überlebenszone berechnet; es zählt der Anteil von „sauberer" versus „belasteter" Luft in m^3)

- Luftvolumen ohne, oder mit geringer Belastung (Grenzwerte für CO_2, Methan, Feinstaub sind nicht überschritten, O_2 und O_3 Gehalt typisch für die Klimazone und Höhe): 100%
- Belastetes Luftvolumen (Grenzwerte für CO_2, Methan, Feinstaub sind geringfügig überschritten, keine unmittelbare Gesundheitsgefährdung für höhere Organismen bei kurzfristiger Exposition, gesundheitliche Schäden bei langfristiger Exposition wahrscheinlich): ÖW 50%
- Stark belastetes Luftvolumen (Gesundheitsschädigung zu erwarten, bei Organismen, die diese Luft über Zeiträume größer eine Woche atmen): ÖW 0%

Der Beitrag von Landflächen, sowie Wasser- und Luft-Volumina zur vorhandenen Summe der ökologischen Ressourcen ist also abhängig von der Qualität derselben.

Dass mit obigen Regeln und Definitionen nach Erfassung des Qualitätsbildes eine einfache Summenbildung möglich ist, sollte jedem halbwegs bis hierher mitgedacht habenden Leser klar sein.

Damit kann man also die Basis für den „Wert" eines Transfermediums berechnen.

Die Anzahl der Verfügbaren Transfer-Einheiten RE (Ressourcen Äquivalent) berechnet sich zum Beispiel so:

- Globale Anzahl von „Generationenlinien": 2 Milliarden (Anzahl Menschen durch 4, unter der Annahme von 4 gleichzeitig lebenden Generationen pro

Generationenlinie – siehe Kapitel „Generationenlinienkonzept")

- Anzahl von REs als Transfermedium pro Jahr pro Generationenlinie (Familieneinkommen): 120.000 (einhundertzwanzigtausend) – dies wurde so gewählt, um eine Äquivalenz zu Geld 2.0, also ca. $ oder € herzustellen. 120.000 REs entspräche dem Jahreseinkommen der Generationenlinie.
- Dies ergibt ausmultipliziert eine Anzahl von (2×10^9 x 120.000) = 240.000.000.000.000 = 240×10^{12} (240tausend Milliarden = 240 Billionen) REs, welche sich gleichzeitig in Umlauf befinden können.
- Der Wert jedes RE errechnet sich aus (Summe der qualitativ bewerteten Ressourcen lt. obiger Rechnung aus Luft+Wasser+Land) dividiert durch 240 Billionen REs.

  1 RE entspricht dabei einem 240Billionstel der verfügbaren Ressourcen. Bei voranschreitender Umweltverschmutzung und Anhäufung ökologischer Schulden, wird jeder RE natürlich mit der Zeit weniger wert.

Nachhaltigkeit bei REs:

- REs werden anteilig nach dem Gleichheitsprinzip monatlich ausgegeben (jede Generationenlinie erhält pro Monat 10.000 REs)
- Jeder RE hat einen Zeitstempel und verliert nach einer Periode (12 Monate = ein Jahr) seinen Wert (dies ist nötig, um das Verhältnis von Geld 3.0 zu Ressourcen konstant zu halten und die zyklische Natur von Gebrauch bis Regeneration von Ressourcen abzubilden)

- REs sind nach diesem System unmittelbar gegen die entsprechende Menge der jeweiligen ökologischen Ressourcen eintauschbar
- Durch sinkende Qualität der Ressourcen (Umweltverschmutzung) sinkt natürlich auch der reale Wert der REs – somit ist es im Sinne des Werterhalts sinnvoll, die Ressourcen nachhaltig (also ohne dauerhafte Verschmutzung) zu bewirtschaften

Dieses Modell basiert auf der Annahme, die gesamte Weltbevölkerung würde auf das neue System umsteigen. Da dies nicht anzunehmen ist, kann man aber einfach die Anzahl der ausgegebenen REs auf die Anzahl tatsächlich auf das Alternativsystem umgestiegener Generationenlinien reduzieren – mit der Einschränkung von Maximal 2 Milliarden Generationenlinien, ansonsten hätte man wieder ein System, das auf „Schulden" und mit virtuellen, nicht real vorhandenen Ressourcen wirtschaftet.

Bei mehr als 8 Milliarden Menschen am Planeten steigt so einfach die Anzahl der Personen pro Generationenlinie – logischer Weise sinken die verfügbaren Ressourcen pro Person und damit die Lebensqualität pro Individuen bei steigender Bevölkerung.

Ich gebe zu, für mich als primärem Beobachter ist es schwierig, dieses an sich simple Konzept ausreichend transparent in Worte zu fassen.

Stellen Sie es sich einfach so vor: das Ökosystem (Planet Erde) ist fix, je nach „Qualität" (also wie gut es sich für höheres Leben eignet) ist es mehr oder weniger Wert. Jede Familie (wir meinen natürlich Generationenlinie) bekommt einen gleichen Anteil daran und muss damit über Generationen auskommen – diese Familie sollte also nicht mehr verbrauchen, als sich in ihrem Anteil am Ökosystem wieder regeneriert, sonst hat sie von Generation zu Generation weniger Lebensqualität.

Das Prinzip ist recht einfach und offensichtlich: ein Transfermedium für die zeitversetzte Abwicklung von ökonomischen Transaktionen muss auf tatsächlich vorhandenen, nachhaltig bewirtschafteten Ressourcen basieren.

Die Berechnungsbasis sollte eine Systemkonstante bilden um den verfügbaren Wert eindeutig zu fixieren – die nachhaltig verfügbare Gesamtenergie würde sich hier anbieten, ist aber schwerer emotional und intellektuell für Hominiden zu erfassen. Daher macht vielleicht die konkret fassbare Summe aus Land+Wasser+Luft mehr Sinn – davon hat jeder Mensch, der seinen Käfig schon mal verlassen hat oder über die Grenze seines Freiland-Geheges geblickt hat, eine konkrete Vorstellung.

Der Rest ist ein Formelwerk, wo einfach anno 2010 noch Wissen fehlt, um dieses vollständig hermetisch zu definieren. Eine Vereinfachung wie im obigen Beispiel wäre aber auch 2010 durchaus möglich gewesen und hätte ausreichend genau funktioniert.

In jedem Falle wäre ein solches System besser und sinnvoller, als das antiquierte Machtinstrument Geld 2.0, welches magisch-mystisch und glaubensbasiert funktioniert Konnex zur Realität vermissen lässt.

Da das Geld 2.0 aber vor allem den Herrschern nutzte und ihnen zur effektiven Unterjochung der Nutzmenschen als Sklaven diente, war hier natürlich eine Veränderung nicht in

Sicht, egal wie offensichtlich die Dysfunktionalität des Geldsystems war.

Die Herrscher hatten die Macht und ein ursächliches Interesse, dass Geld 2.0 das Leitmedium bleiben sollte, weil es ihnen erlaubte, die Nutzmenschen von der Kontrolle über reale Ressourcen fern zu halten.

Durch die Kontrolle über reale Ressourcen hatten die Herrscher das unumstrittene Machtmonopol.

Sogar für eine Gruppe von Pionieren in einer eigenen Community wären alle neophilen Konzepte, von einer optimierten Verfassung und damit einem Zugriff auf reale Ressourcen, nicht umsetzbar, ohne massiven, gewaltsamen Widerstand der etablierten Eliten (und eine Eliminierung von Geld 2.0).

Wie aber sollte eine an sich friedliche und harmoniesüchtige Gruppe von Neophilen jemals eine Verbesserung ihrer Lebenssituation durch die Etablierung eines Alternativsystems durchsetzen, wenn alle Macht und Gewalten von den Herrschern bestehender monopolistischer Feudalsystemen kontrolliert werden?

Das Alien hatte dafür eine Antwort.

Teil IIIi: Die Assassins Gilde

Vorausschickend muss bei diesem Kapitel gesagt werden, dass sich aufgrund der darin enthaltenen Gedankengänge wahrscheinlich allen Fundamental-Humanisten die Nackenhaare sträuben werden, so wie auch bei Genoveva Woferl.

Fakt ist, der Mehrheit der Menschen geht es mit dem Gedanken an Gewalt emotional nicht wirklich gut – Gewalt, egal ob physische oder psychische, ist eine der Dinge, die zu Recht Angst und Unbehagen verursachen.

Diese Angst vor Gewalt wird auch oft zur Kontrolle von Nutzmenschen genutzt, und zwar genau durch jene Mächtigen, welche über Gewalten- oder Machtmonopole diese Gewalt kontrollieren und instrumentalisieren.

Es wurde aber auch oft bemerkt, dass wirklich intelligente Menschen meist in der Lage sind, Konflikte auf sachlicher Ebene zu lösen, Kompromisse zu finden, womit es keinerlei Notwendigkeit für die Anwendung von Gewalt gibt. Die meisten Homo Vere-Sapiens, die wahrhaft verunftbegabten Menschen, träumen daher von einer gewaltfreien Gesellschaft – so wie auch unsere Protagonisten. Dies ist ein Traum, den sie mit den meisten Homo Quasi-Sapiens gemeinsam haben und der verbindet. Fast alle normalen Menschen würden gerne in einer friedlichen Welt leben.

Liebend gern hätten auch Kajetan und das Alien in einer gewaltfreien Realität gelebt und sich um das Thema Gewalt nicht kümmern müssen. Sie hätten gerne frei und unbehindert, ohne Bedrohung durch die Mächtigen ein alternatives, freies gesellschaftliches und politisches System geschaffen. Sie hätten es genossen, ohne Androhung von Gewalt und Zwang und Nötigung durch Monopolisten an freien Communities teilzunehmen.

Fakt ist aber, in der Vielfalt der menschlichen Individuen gibt es nicht nur die emotional stabilen und reifen, die menschlich gewachsenen, konsensfähigen, intelligenten, rationalen, kompromissbereiten Homo Vere-Sapiens, sondern auch jede Menge hochgradig gewaltbereite und gewalttätige andere Hominiden.

Zusätzlich gibt es Herrscher-Typen, denen jedes Mittel recht ist, Macht an sich zu bringen. Ein Gewaltmonopol und ständige Gewaltandrohung ist dafür ein probates Mittel und wird und wurde in offenen Diktaturen sehr offensichtlich und in den pseudodemokratischen Feudalstaaten eher versteckt angewendet.

Ein wesentlicher Mechanismus effektiver Nutzmenschhaltung ist es, das Gewalt(en)monopol in den Händen der Herrscher zu konzentrieren und so nicht nur die wirtschaftliche sondern auch die physische Gewalt über die Nutzmenschen zu behalten. Dies war für die Herrscher umso wichtiger, als sie ja zahlenmäßig den Nutzmenschen deutlich unterlegen waren.

Fast alle der monopolistischen Ansprüche der Herrscher wurden gewaltsam durchgesetzt. Staats-intern, gegenüber den eigenen Nutzmenschen, durch die sogenannte Exekutive, meist Polizei und Geheimdienste, oder gegenüber den anderen territorialen Nutzmenschfarmen mit ihren Herrschern durch Militär und andere, meist ähnliche Agenten des Terror, mit dem Ziel der Gewaltanwendung gegen fremde Ressourcen (menschliche und territoriale). Ersteres diente der Aufrechterhaltung der Ordnung aus Herrscher und Nutzmenschen im eigenen Territorium, Zweiteres war meist bedingt durch Ressourcenstreitigkeiten zwischen unterschiedlichen Herrscherhäusern.

Gemeinsam war beiden Ausprägungen, dass sich die Herrscher die Hände nicht selber schmutzig machten und sich gegenseitig auch weitestgehend im Einverständnis des Herrscherstatus das

Privileg der Immunität vor direkter physischer Gewalt zugestanden. Ein Herrscher tat einem anderen Herrscher normalerweise nicht weh, selbst wenn man um Ressourcen stritt. Eingesetzt wurden stattdessen eigene Ressourcen, um neue Ressourcen zu erschließen – also z.B. dumme Nutzmenschsoldaten, um Gebiete zu erobern. Ausnahmen gab es, wenn ein Herrscher drastisch unterlegen war und sich ein ausreichend großer Verbund anderer Herrscher fand, die diesen einen, unbeliebten, unterlegenen Herrscher zum historisch „Ur-Bösen" deklarierten, um sich dann seine Ressourcen untereinander aufzuteilen.

Die Herrscher waren also weitestgehend selbst vor Gewalt sicher, da sie auch zum Schutz der eigenen Person meist signifikanten Aufwand trieben und selbst möglichst großen Abstand zu direkten Gefahren hielten. Bodyguards, gepanzerte Fahrzeuge und der Rückzug in abgeschottete Luxusgefielde sicherten Ihnen Immunität von der Teilnahme an Gewalt. Stattdessen hetzten sie zur Durchsetzung ihrer Interessen, wie es so üblich war, billig herzustellende, leicht ersetzbare Nutzmenschen auf einander los.

Es war also unter den Herrschern Usus, die Vielen (Nutzmenschen) zu opfern, im Interesse der Wenigen (Herrscher).

Für Kajetan und das Alien war es absolut klar, dass jede neophile (R)Evolution und jede etablierte Alternative zu bestehenden Systemen unmittelbare Auswirkungen auf die Machtbereiche der Herrscher haben würde. Jede Alternative würde ja für die Herrscher die Abgabe von Macht und Ressourcen in ihrem Gewaltbereich bedeuten.

Es war daher mit an Sicherheit grenzender Wahrscheinlichkeit anzunehmen, dass die Herrscher ihre Machbereiche gewaltsam, durch ihre Stellvertreter in Form von Polizei und Militärs und Geheimdiensten, verteidigen würden, zumindest sobald die Behinderung alternativer Initiativen durch rein bürokratische Hürden nicht mehr ausreichten.

Diese Gewaltanwendung würde unter dem Argument der Sicherstellung von Stabilität (der herrschenden Herrschaftsordnung aus 5% Herrschern und 95% Nutzmenschen) via medialer Propaganda als rechtens und für die Sicherheit der Nutzmenschen notwendig verkauft werden. Die dabei notwendige weitere Einschränkung der Meinungs- und sonstiger Freiheit und der weitere Entzug jedweder Gleichheit in Bezug auf die vorhandenen Rechte war somit von den Herrschern leicht als „notwendig zur Sicherung der Stabilität" darzustellen.

Vor lauter Angst vor Veränderung würden die neophoben Nutzmenschen noch höhere Zäune und staatliche Gewalt gegen neophile Mitbürger gerne akzeptieren.

Alle Individuen, welche sich offen zum Wunsch nach Alternativen zum bestehenden, feudalistischen System bekennen würden, müssten schlussendlich um ihr wirtschaftliches Auskommen, aber auch um Leib und Leben fürchten müssen, spätestens, sobald sie laut genug gehört würden, um von den Herrschern als Bedrohung für ihr Machtmonopol wahrgenommen zu werden.

Für die Formung von Communities mit ausreichender Anzahl von Teilnehmern war ein Vorgehen rein im Untergrund nicht möglich. Eine offene Formierung von Communities würde von den Territorialmonopolisten gewaltsam (bürokratisch und militärisch) bekämpft werden.

Zusätzlich würde die effiziente Propaganda-Maschinerie der unfreien Medien sicherstellen, dass die Nutzmenschen ausreichend Desinformiert werden, um die Gewalt gegen jene, die den Wunsch nach Reform und Veränderung äußern, als notwendig für die eigene Sicherheit und die Stabilität des Landes zu akzeptieren.

Der Wunsch nach Reform, Gleichheit und Freiheit würde zur terroristischen Aufwiegelung zu Anarchie und Chaos uminterpretiert werden. Und der „war on terror", „Krieg gegen den Terror" war ohnedies ein etabliertes Instrument um den dummen Nutzmenschen die gewaltsame Durchsetzung von Eigeninteressen der Herrscher zu verkaufen.

Die meist angewandte Argumentation der Herrscher war ja an sich umso absurder, als Anarchie, das Feindbild von Zucht und Ordnung, ursächlich nichts mit Chaos zu tun hat.
Anarchie im eigentlichen Wortsinn, ist einfach nur die Abwesenheit von Herrschaft (und damit Herrschern). Anarchie ist nicht, die Abwesenheit von Regeln!

Demokratie, also die Gleich-Verteilung der Macht und damit die Herrschaft der Bürger als Gleiche, ist eine anarchistische Staatsform, nämlich eine, ohne dedizierte Herrschaft.

Anarchie hat per se nichts mit einem Zustand von Chaos zu tun. Chaos ist die Abwesenheit von Regeln. Anarchie, die Abwesenheit von Herrschaft, lässt sich durchaus mit (demokratischen) Regelsystemen ausgezeichnet kombinieren, sofern diese Regelsysteme nicht in der monopolistischen Kontrolle einer Elite sind und so wieder Herrschaft etablieren.

Anarchie ist also der natürliche Feind der Diktatur durch Eliten – und damit das Feindbild der Herrscher.

Um den Nutzmenschen Angst vor Anarchie zu machen, gibt es die Herrscherpropaganda, dass diese immer mit Chaos einhergehen würde.

Intelligente Menschen durchschauen diese Desinformation, die Mehrheit der tumben Nutzmenschen leider nicht.
Diese Herrscher streben danach, ihren Nutzmenschen so viel Angst wie möglich vor dem Zustand der Anarchie zu machen – denn er wäre das Ende ihrer Herrschaft über die Nutzmenschen.

Eine signifikante Anzahl von Nutzmenschen war über Jahrtausende zu perfekten Untertanen gezüchtet worden. Diese Nutzmenschen wollten Herrschaft, sie wollten ihre Eigenverantwortung an eine Autorität delegieren. Diese Nutzmenschen wollten weder frei, noch gleichberechtigt sein – sie wollten nur vorgegaukelt bekommen, sie wären frei und gleich und wichtig und ihres eigenen Glückes Schmied. Diese Nutzmenschen wollten belogen werden und würden den Herrschern deren Propaganda unhinterfragt glauben.

Bei einer alternativen Community würden die Mehrheit der wohlindoktrinierten Nutzmenschen nicht mitmachen wollen – und das war auch deren gutes Recht!

Jedwede auch nur irgendwie wachsende Initiative und Gemeinschaft von Neophilen musste also zwei Dinge absolut sicherstellen:

- Jedes alternative System musste sich klar ausschließlich an jene wenden, welche freiwillig dabei mitmachen wollten. Es sollte also eine frei wählbare Alternative darstellen, aber bestehende Systeme keinesfalls ersetzen. Wenn sich bestehende Systeme durch die bloße Existenz einer Alternative destabilisieren lassen, würde dies nur beweisen, dass diese Systeme an sich schon defekt sind – wie so oft wäre das Bessere des (mehr oder weniger) Guten Feind.

- Jede Durchsetzung der notwendigen Freiheiten zur Schaffung einer gleichwertigen Alternative für die freiwilligen Teilnehmer an einer solchen Initiative, würde in einen Konflikt mit den etablierten Herrschern treten. In diesem Zusammenhang muss die Initiative darauf vorbereitet sein, sich gegen die Gewalt der Herrscher gegen sie zu verteidigen um ihre eigenen Ansprüche durchzusetzen. Die zur Etablierung dieser Freiheit unter Umständen nötige Gegen-Gewalt dürfte aber niemals gegen die Nutzmenschen gerichtet werden, sondern ausschließlich gegen jene herrschenden Eliten, welche die alternative Initiative zu verhindern suchten. Gewalt gegen normale Bürger würde nicht stattfinden, es würde keine Akte des Terrorismus (oder einer anderen Form der Kriegsführung) gegen Bürger und deren Infrastrukturen und Ressourcen geben! Durch den Konflikt der Initiative mit den Herrschern, sollte den Nutzmenschen in den territorialmonopolistischen Nutzmenschfarmen der Herrscher, keinerlei Nachteil entstehen!

Eine neue, freie, alternative Gesellschaft zu den bestehenden territorial-monopolistischen Herrschaftsstaaten würde sich also das Recht vorbehalten, die in der eigenen, neuen Verfassung fixierten Rechte der freien und freiwilligen Bürger dieser Gemeinschaft gegenüber etablierten Herrschern und ihren Monopolen durchzusetzen.

Die Mittel dieser Durchsetzung eigener Rechte dürften aber ausschließlich gegen die Herrscher gerichteten sein, niemals gegen die Nutzmenschen.

Fürchten sollten sich die Herrscher, nicht die Nutzmenschen!

Sollte sich also zum Beispiel ein Bürger eines typischen, mittelgroßen, zentraleuropäischen Staates mit z.B. 10 Millionen Bürgern, unter Ausübung seines verfassungsmäßigen Rechtes auf Freiheit und Gleichheit dazu entschließen, lieber Bürger einer nicht territorialen Community zu sein, welche die Prinzipien von Freiheit und Gleichheit ernst nimmt, so hätte er damit Anspruch auf ein 10-Millionstel der Ressourcen jenes Territoriums, in dem er bislang Bürger war.

Die wachsende Anzahl der in unterschiedlichsten Weltgegenden lebenden Bürger dieser neuen Community würde also einen Anspruch auf die ihnen, respektive ihrer Generationenlinie, zustehenden Ressourcen in die neue Community mitbringen.

Es war daher notwendig, geeignete Mechanismen zu etablieren, um diese Ressourcen-Ansprüche gegenüber den herrschenden Monopolisten durchzusetzen.

Die Idee war es, sich innerhalb der Community eines historisch bewährten Konzeptes zu bedienen, welches mit quasi chirurgischer Präzision und ohne Kollateralschäden an „Zivilisten" wirken könnte, das frei von Gewalt gegen ganz normale Mitbürger war, und ausschließlich gegen die herrschenden Eliten effektiv war. Dieses historisch bewährte Konzept hatte viele Namen, der populärste war aber „Assassins" (Assassinen) – also die zielgerichtete

Einflussnahme auf Machtpositionen durch Infiltration und punktuelle Gewaltanwendung gegenüber den Herrschern selbst.

Zur Wiederholung: wir sprechen in diesem Zusammenhang immer von psychischer und physischer Gewalt – also auch die persönliche Übergabe eines offiziellen Schriftstückes der Community an einen Herrscher, vorbei an allen Sicherheitskräften, gepanzerten Fahrzeugen und Leibwächtern, könnte so eine Aktion der „Gewaltanwendung" sein.

Diese „psychische Gewaltanwendung" wurde von der überwältigende Mehrheit der Community jedweder physischer Gewalt gegenüber vorgezogen, denn niemand wurde durch das persönliche Überreichen einer Forderung physisch verletzt, auch wenn Inhalt dieser Forderung war, den gleichberechtigten Anspruch auf Ressourcen von nun freien Bürgern zu akzeptieren, selbst wenn diese zuvor leibeigene Nutzmenschen des Herrschers gewesen waren.

Es ging, wie so oft in der Geschichte der Menschheit darum, dass die Sklavenhalter akzeptieren mussten, wenn ihre Sklaven nun frei sein wollten und Anspruch auf ihren gerechten Anteil am Ressourcen-Kuchen erhoben.

Zu glauben, die herrschenden Sklavenhalter würden freiwillig, aus humanistischer Überzeugung, ihren Sklaven die Freiheit schenken, war zwar vielleicht bewundernswerter Idealismus, aber genauso hätte man sagen können, unglaublich naiv.

Die Assassinen der um ihre Freiheit kämpfenden Nutzmenschen würden also wohl nicht damit auskommen, den Herrschern gewaltfrei irgendwelche Pamphlete zu überreichen, dass diese ihren ehemaligen Nutzmenschen doch bitte die Freiheit schenken und auch noch den gerechten Anteil an ihren Ressourcen in eigene Kontrolle übergeben.

Es war damit zu rechnen, dass die Assassinen teilweise zu drastischeren Mitteln der Durchsetzung der Rechte sich selbst befreit habender Nutzmenschen gegenüber ihren ehemaligen Herrschern greifen müssten.

Die Herrscher wussten das und fürchteten sich davor. Daher wurde das Konzept der Assassinen, als nur auf die mächtigen direkt wirksame Gewalt, historisch mit negativer Propaganda zugeschüttet – die typische deutsche Übersetzung lautet „Meuchelmörder", also eine ständige Bedrohung aus dem Hintergrund, die lebensbedrohlich ist und vor der man sich ständig fürchten muss – allerdings im Falle der Community der freien Bürger musste man sich nur als Herrscher fürchten, nicht als normaler Bürger!

Fakt ist aber, eine punktuelle, gezielte, chirurgische Gewaltanwendung gegenüber Herrschern, die ihren Nutzmenschen das Recht auf Freiheit und Gleichheit verweigerten, war die minimalst mögliche Gewalt, die zur Durchsetzung einer freien Alternative nötig ist.

Sie betrifft nur maximal 5% der Gesamt-Bevölkerung, genau jene, welche durch permanente Gewaltausübung und Nötigung 95% der Bevölkerung unterdrücken.

Von diesen 5% sind auch nur jene betroffen, welche gewaltsam gegen die Ausübung des Rechtes auf Freiheit und Gleichheit ihrer (ehemaligen) Untertanen vorgehen – überraschender Weise finden sich auch unter den Herrschern einige echte Humanisten, die durchaus offen für Freiheit und Gleichheit sind. Es gibt sie noch, die echten Philanthropen, die ihre „Macht" auch heute schon durchaus im Interesse der Bürger und zu deren Wohl auszuüben versuchen. Sie sind selten, aber es gibt sie vereinzelt.

Von allen Konzepten unserer Protagonisten war dieses das utopischste, da die Herrscher bekanntlich 95% aller Ressourcen kontrollieren und effektiv damit auch ihre Machtmonopole durchsetzen und verteidigen können.

Spätestens hier, mit der Erkenntnis, dass in den auf Machterhalt optimierten Systemen anno 2010 keine reale Möglichkeit bestand, sich aus der zwangsweisen Umklammerung durch die Monopolisten zu befreien, hätten unsere Protagonisten jedwede weitere Aktivität ad acta legen können. Nutzmenschen hatten einfach zu wenige Ressourcen, um sich in ausreichender Menge zu einer Community zu organisieren und für eine kleine Pionier-Community war es unmöglich, die notwendigen, gleichen Ressourcenansprüche durchzusetzen.

(Ein kurzer Einschub: die Durchsetzung solcher Reformen innerhalb bürokratischer Systeme war, durch die Mechanismen der Bürokratien zur Be/Verhinderung der aktiven Teilnahme der Bürger an Entscheidungsprozessen, noch deutlich utopischer. Ebenso war die zutiefst humanistische Hoffnung auf einen unerwarteten Ausbruch höherer Intelligenz und damit der einfachen Mehrheitsbildung für eine Reformagenda bei weitem utopischer, als eine Methode zu finden, via eines Assassins-Konzeptes in der Sprache der Herrscher, also gewaltsam, das Recht auf Reformen durchzusetzen – zumindest für jene durchzusetzen, die sich Reformen wünschten und bereit waren, eigenverantwortlich deren Konsequenzen zu tragen.)

Hier würde also unsere Geschichte enden, wenn es sich um einen realen Bericht handelte. Eine praktische Befreiung einer Minderheit aus der Sklaverei und Fremdbestimmung durch Herrscher kann nur auf Basis weniger Mechanismen funktionieren:

- Mehrheitsbildung: bei ausreichender Masse an unzufriedenen Sklaven haben diese eine reale Chance, gegen ihre Herrscher zu rebellieren – dieses Szenario ist aufgrund des hohen Domestizierungsgrades der Nutzmenschen extrem unwahrscheinlich
- Eine Durchsetzung der Interessen der Bürger durch eine Gruppe tatsächlich demokratisch orientierter Herrscher mit ausreichend Ressourcen – ein ebenfalls höchstgradig unwahrscheinliches Szenario, da Herrscher normalerweise nicht zu solchen werden, wenn sie Humanisten wären und an Freiheit und vor allem Gleichheit glauben würden
- Das Durchbrechen des Machtmonopols der Herrscher durch eine Minderheit, welche die Trägheit der Herrschersysteme durch hohe Intelligenz und Geschwindigkeit ausnutzt

Damit unsere Utopie funktioniert, haben wir uns für das wahrscheinlichste dieser unwahrscheinlichen Szenarien entschieden. Und glücklicher Weise können wir uns sogar langmächtige Diskussionen zu ersparen, warum man nie zu den Herrschern direkt vordringen kann, aufgrund deren Machtmonopol und Sicherheitskräften und –Systemen, denn genau dieses Problem war für das Alien kein Problem, sondern nur eine mittelmäßige Herausforderung.

Wir brauchen uns nicht mit der langmächtigen Erklärung von Infiltrationsstrategien und dem dafür enormen

Ressourcenbedarf beschäftigen, wir verlassen uns einfach darauf, dass das Alien die Mittel dafür hatte, mit seinem Team jedweden Herrscher nach Belieben direkt besuchen zu können, um Nachrichten, egal in welcher Form, persönlich zu übermitteln.

Die Community hatte also den Mechanismus für die Durchsetzung ihrer Interessen etabliert, durch direkten Zugriff auf die Herrscher selbst. Die Art und Weise des jeweiligen Zugriffs wurde demokratisch innerhalb der Community gemanaged.

Nun ging es darum, diese durchzusetzenden Interessen noch genauer zu definieren und demokratisch abzustimmen.

Teil IIIj Die „Weltformel"

Die Mathematik ist anerkannter Weise das beliebteste Werkzeug für die wissenschaftliche Beschreibung der Welt – oder genauer gesagt, der von uns wahrnehmbaren oder zumindest beschreibbaren „Wirklichkeit".

Die Suche nach der „Weltformel" – der umfassenden wissenschaftlichen Beschreibung der Welt – hat ebenso historische Tradition, nur leider führte sie primär zu der Erkenntnis: wir wissen, dass wir nichts wissen (egal wie viel wir wissen).

Dennoch bedienten sich auch unsere Protagonisten der Methoden der Mathematik, um komplexere Zusammenhänge in einfache Formeln zu packen.

Ziel dabei war es, ein gemeinsames Verständnis zu erzeugen und eine gemeinsame Form der Darstellung spezifischer Funktionsweisen unserer Welt zu finden.

Nicht Ziel war es, das gesamte bekannte und theoretisch erfassbare Universum umfassend zu beschreiben – das bleibt Aufgabe der Wissenschaftler aus Fachbereichen wie Elementarphysik und Astronomie.

So interessant String-Theorie und die Physik von Elementarteilchen auch sein mögen, unsere Protagonisten interessierte mehr ein makroskopisches Modell des Öko²Systems Erde – Ökologie und Ökonomie unter dem Einfluss der Spezies Homo Sapiens.

Dies lässt sich im Gegensatz zur String-Theorie mathematisch extrem simpel abhandeln und setzt kaum mehr als Grundschulwissen voraus. Die Formeln sind weitestgehend trivial – die darin vorkommenden Variablen sind aber durchaus komplex, wenn man sie mit konkreten Werten bedaten möchte. Diese Bedatung ist nicht Teil dieser Publikation, sondern Inhalt spezifischer wissenschaftlicher Arbeiten (und eine potentielle Herausforderung für die Leser dieses Textes). Ein einfaches Beispiel für ein konkretes Modell der Bedatung wurde bereits im Kapitel über Transfermedien präsentiert.

Ziel unserer Protagonisten war es immer, durch ihre Konzepte selbständiges Denken anzuregen und den Anstoß für eine gemeinsame, demokratische Lösungsfindung als Community zu legen. Nicht Ziel war es, durch vollständige, hermetische Regelsysteme die geistige und kreative Freiheiten anderer zu beschränken, in dem man ihnen vorgefertigte Lösungen präsentiert.

Aus diesem Grund präsentiere ich hier oft nur Beispiele – um Sie, als kreative Leser anzuregen, selbst, gemeinsam mit anderen in einer Community, Lösungsvorschläge zu machen oder auf Basis der hier angeregten Ideen, diese zu optimieren und an Ihre persönlichen Bedürfnisse anzupassen.

So war und ist auch das konkrete Bedaten der Variablen in den folgenden Formeln ein substantieller, wissenschaftlicher und oft recht persönlicher Aufwand, welcher in der Chronologie der Ereignisse erst durch die massive Zusammenarbeit vieler kluger Köpfe in der Community gemeinsam möglich war.

Dies änderte aber nichts an der simplen Eleganz der wenigen, einfachen Formeln.

Formel 1: die ökologische und ökonomische Kapazität/Tragfähigkeit des Planeten

Zuerst die notwendigen „Variablen":

R_g .... Ressourcen (gesamt) = Summe aller verfügbaren Ressourcen im Ökosystem Erde

R_n .... Ressourcen (nachhaltig) = Summe aller nachhaltig verfügbaren Ressourcen (Sonnenenergie, dadurch erzeugte Biomasse und Windenergie, Geothermie, etc. ...)

R_{nn}........... Ressourcen (nicht nachhaltig) = Summe aller nicht nachhaltig verfügbaren Ressourcen (Erdöl, Erdgas, ...), bezogen auf die für uns relevanten Zeiträume von „mehreren Generationen"

Es folgt: $R_g = R_n + R_{nn}$, die Summe der verfügbaren Ressourcen besteht aus nachhaltigen und nicht nachhaltigen Ressourcen.

Um nochmal das Bewusstsein dafür zu schärfen: streng genommen gibt es natürlich in einem geschlossenen System wie der Erde (geschlossen innerhalb der für uns relevanten Zeiträume) keine „nicht nachhaltigen Ressourcen", da Energie nur umgewandelt werden kann, aber nicht verloren geht. Die Klassifizierung bezieht sich darauf, ob die Ressourcen innerhalb der relevanten Zeiträume (wenige Generationen) nachhaltig oder nicht nachhaltig genutzt werden kann.

Die meisten potentiell nachhaltigen Ressourcen (Wasser, Luft, Fisch, Holz, etc.) wurden anno 2010 nicht nachhaltig genutzt, aufgrund der Gier und Blödheit der Menschheit.

Ressourcen wie Erdöl, mit ihrem Entstehungs-Zyklus von mehreren Millionen Jahren, waren beim besten Willen nicht nachhaltig nutzbar, da die durch natürliche Prozesse pro Jahr neu produzierten Mengen minimal waren.

Der Zeitraum, auf den hier fokussiert wird, umfasst also mehrere Generationen, aber keine geologischen Zeiträume. Es geht also um Jahrzehnte, maximal ein bis zwei Jahrhunderte, nicht um Jahrmillionen.

Die Summe der (theoretisch, nachhaltig) verfügbaren Ressourcen ist in diesem Zeitraum annähernd konstant. Die vorhandene Materie ist konstant (es kommt durch Meteoriten nicht viel „Materie" dazu und es wird durch uns auch noch nicht relevant viel Materie von der Erde in den Weltraum geschossen). Die Energie (geothermisch, etc.), welche innerhalb des Planeten Erde vorhanden ist, können wir innerhalb dieser Zeit als ebenfalls als konstant betrachten, genauso wie die durch die Sonne oder in geringerem Maße die Gravitationskräfte eingebrachte „extra terrestrische" Energie von anderen Himmelskörpern.

Damit haben wir den für die Bedatung der Variablen großen Vorteil, die Summe der verfügbaren Ressourcen als konstant betrachten zu können (in den für uns relevanten Zeiträumen).

R_n - ist also in diesem Kontext eine Konstante.

Zu beachten ist nur, dass wir – angesichts der Menschheit anno 2010 leider - hier leider einen Faktor Qualität" nicht ignorieren können.

Ein Beispiel: die Summe der vorhandenen Ressourcen „Trinkwasser" + „Schwermetalle" ist konstant, dennoch macht es einen drastischen Unterschied, wo und wie diese vorkommen.
Trinkwasser + Schwermetall ergibt leider eine für uns „qualitativ" als Trinkwasser nicht mehr nutzbare Ressource „Giftbrühe". Dieser Qualitätsaspekt wird der Vereinfachung halber hier vorerst ignoriert – im Kapitel über Transfermedien

haben wir hier aber sehr wohl eine Qualifizierung der Ressourcen eingeführt.

Der „Lebensstandard" ist ein typisches Qualitätskriterium für biologische Organismen. Je höher der Lebensstandard, desto „angenehmer" das Leben. Typische Indikatoren für einen hohen Lebensstandard sind die ausreichende Verfügbarkeit toxikologisch und biochemisch nicht negativ belasteter Nahrung und Wasser, ausreichend Lebensraum, ausreichend Energie für Schutz vor den Elementen und klimatischen, jahreszeitlichen Veränderungen, et cetera.

Um nun den Lebensstandard in unseren Formeln abzubilden, benötigt man noch die Variable:

R_i........... Ressource (individual) = Summe der für ein Individuum vorgesehenen Ressourcen. Diese ist direkt proportional zum „Lebensstandard" pro Individuum. Je mehr Ressourcen pro Individuum zur Verfügung stehen, desto höher sein Lebensstandard.

Unsere erste Formel für $Kmax_{IpE}$ = maximale Kapazität (Individuen pro Erde), für die maximale Gesamtkapazität des Planeten Erde für Menschen ist also trivial:

$$Kmax_{IpE} = R_g / R_i$$

Die maximale Gesamtkapazität des Planeten errechnet sich aus den gesamt verfügbaren Ressourcen dividiert durch die pro Individuum notwendigen / allokierten / zur Verfügung stehenden Ressourcen.

Im Sinne unseres Verfassungsgrundsatzes „Gleichheit", hat natürlich in diesem Berechnungsmodell jedes Individuum einen identischen Anspruch auf Ressourcen.

Allein schon diese Formel macht zwei gravierende Probleme offensichtlich:

- Alle Ressourcen werden hier auf Menschen verteilt, für den Rest des Ökosystems bleibt nichts übrig; die reale Kapazität Kr müsste also kleiner sein, als Kmax, die Maximal mögliche Kapazität, mit nur Menschen und 0% nicht bewirtschafteter Wildnis und natürlicher Lebensräume
- Ressourcen haben andere „Lebenszyklen" (Regenerations-Zyklen) als Menschen

Ein gerodeter Wald benötigt mehrere Generationen um mit identischer Artenvielfalt nachzuwachsen, Gifte im Trinkwasser sammeln sich langsam über Generationen, bis die Toxizität so hoch wird, dass das ehemaliges Trinkwasser nicht mehr trinkbar ist.

Wir benötigen also eine anderen Bezug für die Variable „benötigte Ressourcen", der langlebiger (länger zyklisch) ist, als ein kurzes Menschenleben von ca. 100 Jahren. Hier kommt wieder das Konzept der Generationen-Linie zur Anwendung.

Sie erinnern sich: eine Generationen-Linie ist die lineare Abfolge von (verwandten oder freiwillig vernetzten) Individuen einer mütterlichen oder väterlichen Linie.

Auch dies lässt sich in Gleichungen und Variablen formulieren: t_{gw} .... Tempus / Zeit (Generationenwechsel), die durchschnittliche Lebenszeit, bis sich ein Individuum zum ersten mal fortpflanzt (statistisch gesehen, weltweit bei ca. 25 Jahren)

Starten wir zum Zeitpunkt t0 (Zeitpunkt null, jetzt), so haben wir zu diesem Zeitpunkt eine exakte Anzahl von Individuen im „ideal fortpflanzungsfähigen Alter", sagen wir zwischen 16 und 35 Jahren.

Dies könnte unsere Basis für die Anzahl der derzeit vorhandenen Generationslinien sein:

$N_{GL}(t0)$ .... Anzahl der Generationenlinien zum Zeitpunkt Null

In der Chronologie der Ereignisse war dieser Zeitpunkt t0 der 1.1.2011, oder 01.01.20X+1 wie dieser später genannt wurde. Anno 2010 betrug die Weltbevölkerung 6,93 Milliarden Menschen. Bei durchschnittlich 4 Generationen pro Generationenlinie (100 Jahre Lebenserwartung durch 25 Jahre bis zur Fortpflanzung). Dies entspricht also 1,7325 Milliarden Generationenlinien Weltweit.

Im Sinne des Gleichheitsgrundsatzes konnte man die verfügbaren Ressourcen auf alle vorhandenen Generationslinien gleich verteilen.

Die Anzahl der Individuen, welche sich dann in Zukunft diese Ressourcen teilen würden und damit die Lebensqualität pro Individuum, war natürlich abhängig davon, wie rasch und wie oft sich die Individuen der Generationslinie tatsächlich fortpflanzen würden – dennoch würde jede der 1,7325 Milliarden Generationenlinien immer den selben Ressourcenanteil wie zum Zeitpunkt t0 zur Verfügung haben, unabhängig von der Anzahl der Individuen der Generationenlinie.

Würde eine Generationenlinie abbrechen, mangels Nachwuchs, so sollte sich die Zahl der Generationenlinien reduzieren und womit sich die Ressourcen pro Generationenlinie (und damit die mögliche Lebensqualität) erhöhen.

Eine steigende Anzahl von Generationenlinien – und damit weniger Ressourcen pro Generationenlinie - war im Sinne der Nachhaltigkeit nicht zulässig.

Damit ist es möglich, ein nachhaltiges Bevölkerungskonzept formulieren: in einem nachhaltigen System wäre sinnvoller Weise die Anzahl der Individuen in einer Generationenlinie maximal konstant, keinesfalls aber steigend, da sonst die Lebensqualität pro Individuum sinkt.

Es wäre also im Interesse der Generationenlinie, nicht „wachset und vermehret euch" zu spielen. Falls doch, würde darunter genau diese eine Generationenlinie leiden, und zwar nur diese.

Somit läge die Ressourcenverantwortung bei den Menschen selbst – ein starker Motivator für jeden halbwegs intelligenten Menschen, mit diesen Ressourcen sorgsam umzugehen!

Bei gleichbleibender Bevölkerung wäre somit nicht nur eine gerechte Verteilung, sondern auch ein nachhaltig gleichbleibender Lebensstandard garantiert.

Bei sinkender Bevölkerung (ideal für den Planeten wären maximal 1-2 Milliarden Menschen), könnte der Lebensstandard so weit steigen, dass es niemandem auf dem Planeten schlechter ginge, wie den heutigen westlichen Staaten.

In der obigen Formel ist es also sinnvoll, R_i (Summe der für ein Individuum vorgesehenen Ressourcen) zu ersetzen durch:
R_{GL} .... Ressource (Generationenlinie) = Summe der für eine Generationen- Linie vorgesehenen Ressourcen, äquivalent zum „Lebensstandard" pro Generationenlinie

Trivial (und damit lösbar) ist also eine Gleichung mit nun nur mehr einer Variable und zwei Konstanten:

$$Kmax_{IpE} = R_g / R_{GL}$$

Dies erlaubt eine Festlegung eines gewünschten Lebensstandards durch R_{GL} (und in der Community ging man davon aus, dass niemand schlechter leben will, als die Menschen in den Überflussgesellschaften der westlichen Industrienationen). Damit konnte man eine maximale Kapazität an Generationenlinien für den Planeten zu berechnen.

Bis diese erreicht ist, sollte die für das Erreichen sinnvolle Fortpflanzungsstrategie (also mehr oder weniger Nachkommen pro Person), belohnt werden.

Fakt anno 2010 war, dass hier „weniger Nachkommen" die belohnenswertere Fortpflanzungsstrategie war, da man für den Lebensstandard der westlichen Industrienationen für alle Menschen bereits damals mindestens 4 Erden gebraucht hätte.

Aber halt – im Gegensatz zu heutigen Systemen mit Wachstum auf Gedeih und Verderben und von Herrschern kontrollierten Motivatoren wie „Kindergeld" und anderen Mechanismen, die zur Sicherstellung dieser Systeme dienen, haben wir in dem Alternativsystem die „Belohnung" automatisch: je weniger Individuen pro Generationenlinie, desto höher der Lebensstandard der einzelnen Individuen.

Aufgrund des ganz natürlichen Wunsches nach Kindern vernachlässigen wir hier bewusst die Gefahr, durch „Belohnung" ein Aussterben der Art wegen zu großer Gier auf Lebensqualität zu betrachten.

Für viele Menschen zählt das Leben als Familie, mit Kindern, zur höchst möglichen Lebensqualität. Es gibt also keinen Grund, sich hier Sorgen zu machen, die Menschheit würde aussterben.

Zusätzlich kann man einen Mechanismus vorsehen, die Anzahl der Generationenlinien absolut konstant zu halten (sofern die mögliche Lebensqualität mit der konstanten Anzahl und nachhaltiger Ressourcennutzung mehrheitlich für alle passt). Eine Generationenlinie ohne eigene Nachkommen könnte also ihre Generationenlinie an eine Person aus einer Generationenlinie mit mehr als 4 Personen weitergeben und so eine „Abspaltung", ohne Vergrößerung der Anzahl der Generationenlinien, ermöglichen.

Alternativ wäre genauso denkbar, verwaiste Generationenlinien unter jenen zu verlosen, welche gerne mehr Kinder hätten, zum Beispiel an Paare, wo ein Partner dann aus seiner ursprünglichen Elternlinie ausscheidet und die verwaiste Generationenlinie übernimmt.

So hätten diese Paare optimale Startbedingungen für die Familiengründung.

Wieder einmal wäre hier die Kreativität vieler gefragt, um eine menschliche, mehrheitlich akzeptable Lösung zu finden, anstatt zu versuchen, die perfekte Lösung vorgefertigt zu präsentieren. Die Formeln konnten aber helfen, die Randbedingungen für jede nachhaltig funktionsfähige Lösung genau zu definieren.

Welche Fragen blieben bei dieser Weltformel für das Hominide Öko²System noch offen?

- Wie groß ist die Summe der nachhaltig verfügbaren Ressourcen? (ein Thema für Wissenschaftler und andere Experten, ein mögliches Beispiel finden Sie, wie schon erwähnt, beim Kapitel zum Thema Transfermedium sowie bei vielen „Footprint" Initiativen)
- Welchen Anteil der Ressourcen wollen wir anderen Lebewesen zur Verfügung stellen? (Ein Thema der Ethik und der Moral. Hier die Antworten unserer Protagonisten:
Genoveva: mindestens 20% für Echte Wildnis, der Rest in der Verantwortung der Generationenlinien, mit einer Empfehlung, nochmal mindestens 20% „Natur" vorzusehen;
Kajetan: 50% Natur, davon mindestens die Hälfte, also mehr als 25% gesamt als echte Wildnis bis zu 25% als natürlicher Erholungsraum. Damit bleiben 50% für Menschen und intensive Nutzung (Wohnen, Landwirtschaft, Bergbau, Straßen, etc.);
Das Alien: mindestens 50% Natur, und zwar echte Wildnis, der Rest ist ihm egal;
Burnhard Honé, der Autor, in eigener Sache: schließe mich dem Mittelweg von Kajetan an;

- Wie hoch ist der Lebensstandard, den wir uns für eine Generationenlinie wünschen? (der Vorschlag unserer Protagonisten war, dass dieser in etwa dem eines typischen Mitteleuropäers entsprechen sollte, kein Mangel an relevanten Ressourcen und ausreichend „Luxus" zusätzlich, um am Leben auch Spaß haben zu können; somit wären die einzigen Leidtragenden des neuen Systems, die Herrscher und einige US-Amerikaner, da diese ihren Lebensstil hätten reduzieren müssen. Da sie aber auch primär Schuld am ausuferndem Ressourcenverbrauch hatten, war hier die einhellige Meinung, man könnte ihnen den ebenfalls nicht so üblen europäischen Lebensstandard durchaus zumuten!)

Die Weltformel für eine nachhaltige Nutzung des Ökosystems Erde ist also relativ trivial. Die Berechnungsgrundlagen (Variablen) werden sich durch technologische Fortschritte (Verfügbarkeit kalter Kernfusion, etc.) oder geänderte Randbedingungen (erhöhte/verminderte Vulkan-Aktivitäten, Sonnenflecken und andere Naturerscheinungen, etc.) sicherlich verändern, sind aber für relevante Zeiträume (Jahrzehnte) plausibel abschätzbar und quasi konstant.

Mit den mathematischen Methoden der Statistik, Stochastik und Ökonomie lassen sich hier (durchaus leicht verständliche) Modelle bilden, die Bürgern erlauben, die Arbeitsweise Ihrer Welt ganzheitlich zu verstehen und so die absichtlich geschürte Angst vor der anscheinenden Komplexität zu verlieren.

Auf Basis der Verfassung der Community, ist so eine gerechte Verteilung und nachhaltige Nutzung der vorhandenen Ressourcen realisierbar.

Natürlich ließen sich die Modelle auch beliebig verkomplizieren, sodass sich machtgierige Minderheiten wieder ein Expertensystem erschaffen könnten, zum eigenen Vorteil und zum Nachteil der Mehrheit.

Auch hier gilt: je „allgemeinverständlicher" die Modelle bleiben, desto geringer die Chance des (schwer kontrollierbaren) Missbrauchs durch eine Elite.

Daher war die Allgemeinverständlichkeit das wesentlichste Anliegen, vor allem von Genoveva, und wurde zur Maßzahl für die Tauglichkeit der Modelle.

Zumindest in der Zielgruppe dieses Buches sollte es niemanden geben, der nicht versteht, dass wir als Menschheit nicht mehr als die (nachhaltig) vorhandenen Ressourcen unseres Ökosystems verbrauchen können, wenn wir für kommende Generationen eine qualitativ brauchbare Zukunft sicherstellen wollen.

Mit dem Rest der Zeitgenossen, die glauben, ewiges Wachstum sein möglich, muss man sich irgendwie arrangieren.

Diese Skizze zu einer Weltformel für das Öko²System (Verfügbare Ressourcen pro Generationenlinie) = (Summe der nachhaltig verfügbaren Ressourcen) dividiert durch (Anzahl der Generationenlinien) zeigt aber vor allem eines: das System lässt sich sehr einfach und verständlich darstellen, wenn man die Prämisse der Nachhaltigkeit akzeptiert. Viele Dinge sind de facto konstant, wenn man sich entschließt, nicht auf Gedeih und Verderb Schulden zu machen und nur auf kurzfristigen Vorteil zu achten.

Die Welt ist gar nicht so kompliziert, wie die Herrscher den Nutzmenschen einzureden versuchen.

Bei ausreichend Ressourcen pro Generationenlinie und damit wegfallenden „Existenzsorgen", braucht man auch vor dem bisschen Eigenverantwortung bei der Fortpflanzung und dem Umgang mit den Ressourcen keine Angst zu haben.

Es gibt hier ausreichend „best practices", also Vorbild-Modelle, vorgelebt von wirklich vernunftbegabten Individuen, Pionieren, und Innovatoren.

Also keine Angst: es ist alles bei weitem nicht so kompliziert, wie es einem die selbsternannten Experten einreden wollen. Es gibt Ressourcen in diesem, unserem Ökosystem – und wenn wir als Spezies überleben wollen, dürfen wir diese nur nachhaltig nutzen.

Also auf zum nächsten Kapitel:

Teil IIIk Immunisierung gegen Desinformation

Bei Menschen gilt: Sprache formt Wirklichkeit. Zumindest formt sie maßgeblich die Wahrnehmung der Wirklichkeit. Damit ist Sprache und die damit transportierte Information das zentrale Thema, wenn es um die Etablierung von wahrgenommener Wirklichkeit geht.

Sprache dient dazu, Menschen zu informieren (oder desinformieren), Wissen und Bildung zu vermitteln (oder zu behindern), zu interagieren und kollaborieren (oder aufzuhetzen und zu trennen), Beziehungen und Netzwerke aufzubauen (oder sich abzugrenzen), Informationen zu entwickeln und zu speichern (oder Information zu unterdrücken) – Sprache ist ein extrem mächtiges und sehr universell einsetzbares Werkzeug.

Man kann sie leider auch dazu verwenden Menschen gezielt zu desinformieren und zu manipulieren.

Unsere Protagonisten verstanden unter Sprache im weitesten Sinne alle für die zwischenmenschliche Kommunikation oder die Interaktion mit Technologie verwendeten Typen von Sprache - Worte, Schriften, Zeichen, Bilder, Graphiken, Symbole, Gesten, etc. – als „Sprache" galt alles, was zur Speicherung und Kommunikation von Information Verwendung fand.

Im Zusammenhang mit Alternativen zu bestehenden, monopolistischen und feudalistischen Gesellschaftssystemen war natürlich vor allem interessant, wie Sprache dazu eingesetzt werden kann, Nutzmenschen von Herrschaft zu befreien – wobei die Nutzmenschen das Opfer einer permanenten, absichtlichen Manipulation ihrer Wahrnehmung der Realität durch eine bewusst falsche oder deformierte Sprache waren.

Um vom Opfer, vom manipulierten Nutzmenschen, zum freien, selbständig denkenden Bürger zu mutieren war also ein wesentlicher Schritt, sich selbst gegen Desinformation und Manipulation zu immunisieren.

Die meisten Homo VereSapiens erkennen selbst, dass sie sich gegen permanente Desinformation schützen müssen und hinterfragen jede Information kritisch, bevor sie diese glauben. Fast jeder wirklich intelligente Mensch entwickelt so selbständig und ohne besonderen Aufwand ein eigenes sprachliches Immunsystem, das ihn vor desinformativer Kommunikation schützt.

Memetik, also jene Wissenschaft, die sich mit der „Programmierung" durch sprachliche Information beschäftigt, war für alle unsere Protagonisten sowas wie „Grundschulwissen" – also die Basis für das Verständnis von Sprache.

Die Kunst zu erlernen, passende Meme zu generieren und so Information zu erzeugen, die sich für eine quasi virale Verbreitung im Mem-Pool menschlicher Kommunikation eignet, war das Ziel der sprachlichen Entwicklung jedes einzelnen unserer Protagonisten, genauso wie es ein Ziel war, die eigene Immunität gegen destruktive Meme anderer zu stärken.

Das menschliche System „Sprache" funktioniert im Prinzip genauso, wie das Stoffwechselsystem. Das Immunsystem des Körpers ist dazu da, gefährliche, potentiell tödliche, Proteine (Viren, Bakterien) zu identifizieren und eliminieren. Die

Stoffwechselprozesse sind dazu da, die Körperfunktionen durch Energieumwandlung aufrecht zu erhalten.

Bei sprachlicher Information ist es ähnlich: das intellektuelle „Immunsystem" sollte schädliche Meme aussortieren und durch den Austausch und die Verarbeitung von sinnvoller Information die intellektuelle Energie zu maximieren, um das (Über)Leben und die (Über)Lebensqualität zu sichern.

Für das Alien war die gesamte menschliche Kommunikation naturgemäß eine Fremdsprache. Anders als Genoveva, Kajetan und andere sprachbegabte Menschen benötigte das Alien also Hilfestellungen beim Umgang mit Sprache und der dadurch transportierten Information.

Daher ist es nicht verwunderlich, dass ausgerechnet das Alien seine konkreten Erkenntnisse zum Themenkreis „sprachliche Immunsysteme" zusammengefasst hat.

Für sprachbegabte, kritische Leser findet sich in dieser Information nichts, was sie nicht ohnedies im täglichen Umgang mit Sprache verinnerlicht haben.

Überraschender Weise waren die trivialen Erkenntnisse des Aliens in Bezug auf sprachliche Immunisierung gegen Desinformation und Manipulation aber bei vielen Hominiden durchaus etwas, über das sie sich noch nicht allzu viele Gedanken gemacht hatten.

Daher nun hier eine kurze Zusammenfassung der zwei wesentlichsten Immunisierungs-Strategien gegen sprachlichen Missbrauch, Manipulation und Desinformation:

Strategie 1: inhaltliche Evaluierung
Für jeden halbwegs intelligenten Menschen völlig logisch und daher hier nicht besonders erwähnenswert ist die inhaltliche

Evaluierung jeder Information, hinsichtlich Plausibilität, Nachweisbarkeit, Wahrscheinlichkeiten, Konsistenz mit bekannten (und bekanntermaßen richtigen) Informationen, etc.

Warum einige Menschen im sprachlichen Alltag Informationen einfach unhinterfragt akzeptieren, ohne diese Plausibilisierung, bleibt ein Rätsel – es dürfte sich aber im eine Auswirkung kognitiver Dissonanzen und eine gewisse Bequemlichkeit handeln (Sprichwort: „was ich nicht weiß, macht mich nicht heiß", auch als Vogel-Strauß Strategie bekannt).

Strategie 2: Quellen-Motivations Analyse
Der effektivste Desinformationssensor zusätzlich zur genauen Analyse des Informationsinhaltes selbst und jener Daten, auf welchen diese Information basiert, ist die Quellen-Motivations-Analyse.

Kommunikation findet im Allgemeinen nach dem Sender-Empfänger-Modell statt: eine Quelle sendet Information, ein Empfänger ist das Ziel dieser Information.

Als „Sender" verstehen wir also das System aus Informationsquelle (wo kommt die Information her?) und Informationsbereitstellung (wie wird die Information publiziert?).

„Empfänger" sind die Zielgruppe, die Rezipienten der Information.

Konkret: bei diesem Buch bin ich als Autor der Sender, der Ihnen als Leser eine Information bereitstellen möchte, in der Hoffnung, dass diese Sie interessiert und vielleicht sogar Ihr Weltbild bereichert – oder im unwahrscheinlichen aber besten

Falle sogar bei einigen ein Umdenken auslöst. Als Autor versuche ich also eindeutig, durch die Information bei Ihnen als Leser eine Reaktion zu verursachen, die über bloße „Unterhaltung" hinausgeht. Ich möchte Sie zu eigenen, hoffentlich spannenden, neuen und innovativen Gedanken inspirieren! Ein typisches Sender-Empfänger-Modell.

Interessant ist immer: was motiviert den „Sender" dazu, die Information an den Empfänger weiterzugeben?

Die Analyse umfasst wenige Standard-Fragen:

1. Informations-Quelle: Woher stammt die Information? Wer hat sie erzeugt? Wie ist sie belegt/bewiesen?
2. Informations-Sender: Wer ist der konkrete Absender, der Information?
3. Sender-Motivation: Was motiviert den Sender, die Information weiterzugeben?
4. Sender-Benefit: Welchen mittelbaren oder unmittelbaren Nutzen hat der Sender davon, die Information weiterzugeben? Welchen Nutzen hat er davon, dass Empfänger die Information haben oder sie „glauben"?

Diese Strategien lassen sich leicht auf jede Information anwenden und führen sehr oft zu einer hinreichend genauen Identifikation von Desinformation und damit automatisch zur Immunisierung dagegen.

Jede Information, wo der Sender einen eindeutigen Vorteil hat, wenn man sie glaubt, ist grundsätzlich verdächtig. Beispiel: dieses Buch. Als Autor und Teil der hier beschriebenen kleinen Community von neophilen Pionieren wünsche ich mir natürlich, dass Sie bald Teil dieser Community werden. Dies kann gelingen, wenn sie die Problemefelder ähnlich sehen und ich Sie von der Plausibilität der Lösungsstrategien überzeugen kann.

Aus diesem Grund sollten Sie als Leser jede Information in diesem Buch kritisch prüfen, hinterfragen und sich ein eigenes Bild machen – denn ich als Autor möchte eindeutig, dass Sie zu ähnlichen Schlüssen kommen, wie hier formuliert und wir so einen gemeinsamen Nenner finden und bei der Problemlösung zusammenarbeiten können. Je größer die Pionier-Community, desto wahrscheinlicher ist es, real etwas erreichen zu können! Wozu sonst dient dieses Buch?

(Um ehrlich zu sein: falls dieses Buch erfolgreich genug wäre, um damit ausreichend Geld zu verdienen das mir erlaubt, full-time in der Community mitarbeiten zu können, ohne Haupt-Job als Lohnsklave innerhalb des Feudalsystems, wäre das auch nicht so übel für mich! ;-) So, jetzt wissen Sie hoffentlich genug, über meine Motivation.).

Das Alien in seiner unkomplizierten Andersartigkeit hat einige typische Beispiele populärer Desinformationen anno 2010ff gesammelt, und diese bezüglich obiger Quell-Motivations-Analyse untersucht.

(Des-)Information 1: „Demokratie (also die pseudo demokratische Ausprägung des Freilandhaltungs-Feudalismus) ist nicht perfekt, aber die beste Staatsform, die wir haben.“

Der erste Teil ist eine reine Schutzbehauptung und selbstverständlich richtig (Perfektion existiert nur theoretisch aber in einer stochastischen Realität niemals praktisch). Relevant ist aber der zweite Teil dieser Information: „Demokratie ist die beste Staatsform, die wir haben.“

1. Quelle: die Quelle sind meist offizielle (staatliche) Propagandastellen, Parteien oder Personen die von dem System profitieren, oder gut indoktrinierte Nutzmenschen, welche diese nachplappern

2. Sender: öffentliche Publikationen, unfreie/unkritische Medien, Nachplapperer, etc.

3. Motivation: das Ziel der Propaganda ist es, den Nutzmenschen die Idee zu nehmen, eine andere Staatsform könnte für sie besser sein, als die Freilandhaltung durch einen Territorial-Monopolisten in Form der etablierten Pseudo-Demokratie;

4. Quell-Benefit: der Staat profitiert natürlich davon, dass die Nutzmenschen diesen Unsinn glauben; die Nutzmenschen bleiben friedlich, jeder Gedanke an Veränderung (und damit (R)Evolution) wird unterbunden, da das bestehende System ohnedies angeblich das „bestmögliche" ist, trotz aller Kompromisse. Die Nutzmenschen sind so effektiv ruhiggestellt.

Die Aussage ist keine Lüge – sie ist durchaus eine **korrekte Information im Sinne der Herrscher.** Für die Herrscher ist die (Pseudo-)Demokratie tatsächlich die beste Staatsform, weil die freilandgehaltenen Nutzmenschen durch diese friedlich und wenig aufmüpfig bleiben und so einfach zu bewirtschaften sind.

Die Aussage ist aber eindeutig **Desinformation** im Hinblick auf das Glück und die Freiheit von Nutzmenschen – sie werden in diesem System in Abhängigkeit als unfreie Sklaven gehalten, ohne echte Möglichkeit dieses mitzugestalten, was im Gegensatz zu den Prinzipien echter Demokratie oder echter Republiken steht.

Information / Desinformation – eine Frage der Perspektive. Des Herrschers Information ist des Nutzmenschen Desinformation – nicht nur in diesem Fall!

(Des-)Information 2: „Anarchie führt zu Gewalt und Chaos."
Rufen wir uns dazu in Erinnerung, was „Anarchie" ursprünglich bedeutet: Anarchie ist die Abwesenheit von Herrschaft.

Echte Demokratie, also die Gleichverteilung von Macht innerhalb einer Gemeinschaft und damit die Herrschaft von allen gemeinsam, bedeutet automatisch auch die Abwesenheit der Herrschaft von Einzelnen oder Eliten.

Die Herrschaft einer Minderheit über eine Mehrheit ist niemals demokratisch (außer die Mehrheit hätte sich demokratisch für dafür entschieden, was hochgradig unwahrscheinlich ist, wenn man die menschliche Psyche kennt).

Echte Demokratie ist also eine hochgradig anarchistische Staatsform – es gibt in einer solchen echten Demokratie keine Herrscher, da das Volk herrscht, also alle gemeinsam nach dem Gleichheitsprinzip.

In einer echten Republik ist der Staat Sache des Volkes. Das Volk kontrolliert den Staat, nicht der Staat das Volk. Die Macht und damit die Herrschaft ist wiederum gleich verteilt – auch eine Republik ist eine anarchistische Staatsform.

<u>Anarchie bedeutet allerdings nur die Abwesenheit von Herrschaft, nicht aber die Abwesenheit von Regeln!</u>

Eine demokratische Republik ist keinesfalls eine Gemeinschaftsform ohne Regeln – die Regeln werden nur gemeinsam von allen Bürgern festgelegt und nicht, so wie in Pseudo-Demokratien üblich, von einer herrschenden Elite diktiert.

Die Aussage ist also an sich schon Blödsinn, wenn man nur den Informations-Inhalt analysiert: Anarchie hat mit Chaos nichts zu tun! Anarchie ist die Abwesenheit von Herrschaft.

Die zusätzliche Quellen-Motivations-Analyse macht es noch deutlicher:

1. Quelle: die Quelle ist wiederum offizielle (staatliche) Propaganda oder, wie immer, die gut indoktrinierten Nutzmenschen, welche diese nachplappern, um sich bei den Herrschern anzubiedern
2. Sender: siehe oben – unfreie Medien und andere Kanäle staatlicher Propaganda, sowie Nachplapperer
3. Motivation: das Ziel der Propaganda ist es, die Selbst-Organisation der Nutzmenschen in echten Demokratien oder Republiken und damit ohne Herrscher zu unterbinden, indem völlig unlogisch die Abwesenheit von Herrschaft, also Anarchie, mit totalem Chaos als potentem Angstszenario in Zusammenhang gebracht wird
4. Quell-Benefit: der Staat profitiert natürlich davon, dass die Nutzmenschen diesen Unsinn glauben – er bleibt an der Macht und die Nutzmenschen fürchten sich vor dem Chaos, das angeblich kommt, wenn es diesen Staat nicht gäbe; die Nutzmenschen bleiben friedlich, jeder Gedanke an Veränderung, in diesem Falle der Eliminierung von Herrschaft, wird im Keim unterdrückt, aus Angst vor Chaos

Die Aussage, Anarchie führe zu Chaos ist also reinste Desinformation und absoluter Blödsinn. Genauso gut könnte man sagen, Wasser führt automatisch zum Ertrinken.

Anarchie ist schlicht und einfach jener Zustand, vor dem sich Herrscher am meisten fürchten – die Abwesenheit von Herrschaft. Für Herrscher, und nur für diese, wäre Anarchie das reinste Chaos, da sie die Kontrolle verlieren.

Für alle anderen Menschen, für die Mehrheit, ist Anarchie einfach jene Gesellschaftsform, die im Sinne echter Demokratie und Republik ohne herrschende Eliten auskommt. Gesellschaften können sehr wohl auch ohne „Big Brother", aufgrund gemeinsam vereinbarter und gemeinsam akzeptierter Regeln funktionieren.

Den Beweis erbringen täglich erfolgreiche Community Projekte wie Linux oder auch lokale Bürgerinitiativen mit gemeinsamen Interessen.

Weitere interessante (Des)-Informationen, welche spannende Ergebnisse bei der Quellen-Motivations-Analyse liefern, findet man jederzeit in den Medien, aber auch in Studienergebnissen und Meinungsumfragen – keinen der darin enthaltenen sogenannten Fakten sollte man unhinterfragt glauben, ohne sich genau mit der Quelle der Information auseinander zu setzen (zum Beispiel, wer die Umfrage/Studie eines angeblich unabhängigen Institutes bezahlt hat und was man damit erreichen möchte).

Ein weites Feld für teils spaßige Quellen-Motivations-Analysen bieten auch die Weltreligionen und andere irrationale, meist auf mystizistische Fantasiewesen gegründete Machtsysteme. Für fast alle Aussagen und heiligen Schriften dort kommt man zu folgendem, identischem Ergebnis:

1. Quelle: die Quelle ist offizielle, religiöse Propaganda der Mächtigen der jeweiligen Kirche oder Glaubensgemeinschaft, wird aber offiziell einer metaphysischen Entität zugeschrieben (Information wurde durch Visionen oder heilige Schriften vermittelt)
2. Sender: eine klerikale Elite und deren Handlanger
3. Motivation: das Ziel der Propaganda ist es, die Gläubigen (Glaubens-Nutzmenschen) gläubig zu halten und jeden Zweifel am Absolutheitsanspruch der Kirchen-Mächtigen zu unterbinden
4. Quell-Benefit: die Kirchen-Fürsten erhalten absolute Macht über die gläubigen Nutzmenschen und können davon wirtschaftlich profitieren, ohne jemals einer sinnvollen, wertschöpfenden Tätigkeit nachzugehen

Ähnliche Standard-Ergebnis Sets gibt es auch für staatliche Propaganda und andere Quellen permanenter Desinformation. Durch diese reduziert sich der Aufwand der Analyse von Fall zu Fall drastisch – man kann bestehende Antwortsets der Quellen-Motivations-Analyse meist recyceln und so ohne großen Aufwand alle Aussagen aus gewissen Quellen prüfen. Man braucht die Antworten nur mehr abhaken: trifft zu / trifft nicht zu.

Der Aufwand für eine kritische Evaluierung jeder einzelnen Information reduziert sich so drastisch und ist für jeden Homo VereSapiens leicht im Alltag schaffbar.

Für Homo VereSapiens gibt es also keine wirkliche Ausrede dafür, nicht kritisch, selbständig und mündig Information ständig zu hinterfragen – selbstverständlich sollten Sie das auch mit der Information in diesem Buch tun!

Um Ihnen als Leser dies zu erleichtern, hier auch noch die Haupt-Motivationen unserer Protagonisten:

- Im Interesse des Autors (und der Protagonisten dieses Buches) ist jeweils der individuelle Ausbruch aus der Sklaverei als Nutzmensch
- Dazu benötigt es eine ausreichend starke Community, um die Alternativszenarien gemeinsam realisieren zu können.
- Ziel ist die Erlangung eines Zustands echter Freiheit (von Herrschaft) und damit Selbstbestimmung und Eigenverantwortung (das damit einhergehende Risiko wird akzeptiert)
- Um diese Ziele zu erreichen, benötigen wir auch die Kontrolle über reale Ressourcen. Ziel ist also der Zugriff auf einen gerechten (gleichen) Anteil an echten Ressourcen innerhalb des Öko²Systems, ohne weiterhin die Haftung für die Fehler oder Schwächen der eigenen Vorfahren und deren Schulden übernehmen zu müssen
- Ziel ist die Etablierung einer Community, welche eine Alternative (oder mehrerer Alternativen) zu monopolistischen Nutzmenschhaltungssystemen am Leben erhält. So formieren sich Gemeinschaften jener, die ebenfalls aus den monopolistischen Systemen der Bewirtschaftung als Nutzmensch ausbrechen wollen (Abstreifen der Ketten der Sklaverei)

- Falls – was unwahrscheinlich ist – sich dafür sogar eine Mehrheit der Bürger des Planeten Erde begeistern lässt: Etablierung von Nachhaltigkeit als globalem Gesellschaftsprinzip, damit die Welt doch noch gerettet wird und wir als Menschheit eine Zukunft haben, auch ohne das Hoffen auf technologische Wunder und das Warten auf Rettung durch Aliens oder Götter oder andere nicht durch Menschen direkt kontrollierbare Faktoren
- Als Autor freue ich mich, über jeden der das Buch liest und besonders über jene, die dadurch für sich interessante Gedankenanstöße bekommen
- Als Autor freue ich mich auch, wenn meine Arbeit an diesem Buch honoriert wird, da mich das dem Entkommen aus meinem persönlichen Nutzmenschdasein näher bringt
- Besondere Motivation Genoveva: der Traum, unabhängig von Grenzen mit anderen gemeinsam Menschen aktiv die eigene Gesellschaft zu gestalten im Sinne echter Demokratie
- Besondere Motivation Kajetan: endlich Ruhe vor Unterdrückung, Zwang und Nötigung durch Monopolisten zu haben und unabhängig und frei leben zu können
- Besondere Motivation des Aliens: Durchführung eines interessanten soziologischen Experiments im Hinblick auf die kommunale Intelligenz der Spezies Mensch (und ob diese dafür Ausreicht, dass sich die Homo mehr-oder-weniger Sapiens nicht selbst vernichten)
- Zusätzliche Motivation aller: einfach Spaß haben, indem wir das tun, von dessen Sinnhaftigkeit wir überzeugt sind, statt nur brav im System zu

funktionieren, als angepasste Nutzmenschen (und Aliens)

Fast alles, was Sie in diesem Buch lesen, wurde in der Hoffnung geschrieben, Meme zu generieren, die ihr Bewusstsein für die Mechanismen der Nutzmenschhaltung schärfen, in der Hoffnung, dass Sie daraufhin den Entschluss fassen, kein Nutzmensch mehr sein zu wollen und daher ebenfalls nach Alternativen zu streben – ganz nach Ihrer eigenen Fasson.

Natürlich freuen wir uns, wenn Sie als Leser zur Minderheit der rebellischen, neophilen Pioniere gehören und die Informationen in diesen Texten nach kritischem Hinterfragen vielleicht sogar annehmen. Adaptieren / ergänzen / perfektionieren / erweitern / verändern Sie die Ideen in diesem Buch, vor allem aber haben Sie eigene Ideen – und keine Angst davor, diese mit anderen gemeinsam umzusetzen.

Das allgemeine Ziel ist es, gemeinsam frei wählbare Alternativen zur monopolistischen Nutzmenschhaltung zu schaffen.

Unser spezielles Ziel wäre dabei, dass es zumindest eine Alternative gibt, die auf den Prinzipien Freiheit, Gleichheit und Nachhaltigkeit basiert.

Teil IV: Ein paar der vielen externen Ideen

Natürlich waren unsere paar Protagonisten nicht die ultimativen Universal-Genies, die alle selbst erfanden und wussten. Selbstverständlich waren ihre Weltbilder auch geformt, durch die Rezeption von Bildern, Büchern, TV-Dokumentationen, Internetrecherchen, Fachmagazinen und anderen Informationen aus unterschiedlichsten Quellen. Daher macht es auch Sinn, ein paar besonders interessante Quellen hier direkt zu nennen, mit einer kurzen Information zu deren speziellem Beitrag.

Teil IVa: Hagbard Celine „Don't whistle while you're pissing", aus „Illuminatus Trilogy", Robert Anton Wilson & Robert Shea

Das Bewußtsein, daß „Freiheit" und „Gleichheit" in unserer Gesellschaft nicht wirklich real existent sind, gibt es seit langem. Eine besonders amüsante und treffende Darstellung gelang in dem Buch-im-Buch „Don't whistle while you're pissing" des fiktiven Charakters Hagbard Celine.

(Der Titel bezieht sich auf die Empfehlung, sich nur auf eine Sache gleichzeitig zu konzentrieren, was im Prinzip zwar oft sinnvoll ist, hier aber nichts zur Sache tut.)

Die Illuminatus Trilogie von Wilson und Shea ist sozusagen Basisliteratur für Neophile. Wer sich zu diesen zählt und das Buch noch nicht gelesen hat, sollte dies schnellstmöglich nachholen!

Die Zitate sind frei übersetzt und ergänzt durch den Autor auf Basis der Arbeiten und Konzepte unserer Protagonisten (Originalzitat inkludiert).

Originalzitate (Times New Roman – Schrift)

Übersetzung (Calibri)

Ergänzungen des Autors (kursiv)

Der freie Markt:
"**FREE MARKET:** that condition of society in which all economic transactions result from voluntary choice without coercion."
Freier Markt: jener Zustand einer Gesellschaft, in welchem alle ökonomischen Transaktionen von Ressourcen oder Dienstleistungen das Resultat freiwilliger Entscheidung ohne Nötigung sind

Ressourcen: jene Summe an Mitteln, welche in einem Wirtschaftsraum oder Markt der Summe der Teilnehmer an diesem Wirtschaftsraum/Markt zur Verfügung stehen

Dienstleistungen: jene Transaktionsinhalte, welche primär durch soziale Interaktion ohne Transfer von Ressourcen definiert sind (in einer erweiterten Definition von Ressourcen könnte man hier „Arbeit" beziehungsweise „Zeit" als dienstleistungsrelevante Ressourcen definieren)

Der Staat:
THE STATE: that institution which interferes with the Free Market through direct exercise of coercion or the granting of privileges (backed by coercion).
Der Staat: jene Institution, welche den Freien Markt durch direkte Ausübung von Nötigung oder die Gewähr von Privilegien (durgesetzt durch Nötigung) behindert.

Steuern:
TAX: that form of coercion or interference with the Free Market in which the State collects tribute (the tax), allowing it to hire armed forces to practice coercion in defense of privilege, and also to engage in such wars, adventures, experiments,

"reforms", etc., as it pleases, not at its own cost, but at the cost of "its" subjects.

Steuern: jene Form von Nötigung beziehungsweise Behinderung des freien Marktes, bei welcher der Staat einen Tribut (Steuern) einfordert, was ihm wiederum erlaubt bewaffnete Kräfte anzuheuern und diese im direkten Auftrage des Staates zu verwenden zur Nötigung der Bürger, Verteidigung von Privilegien und außerdem zur Beteiligung an Kriegen, Abenteuern, Experimenten, Einführen von „Reformen", *durchsetzen der Verwaltungen, Etablierung von Eliten, etc. nach Belieben der Repräsentanten* dieses Staates.

Diese Beteiligung erfolgt nicht auf eigene Kosten, sondern zu Lasten der „Untertanen" (Bürger), welchen durch Nötigung jene Ressourcen entzogen werden, *welche ihnen auf Basis des Prinzips „Gleichheit" zustehen würden. Diese durch Nötigung den Bürgern entzogenen Ressourcen (Steuern) werden nun durch die „Herrschaft" verwendet, um die Freiheit der Bürger zusätzlich zu beschränken.*

Privilegien:
PRIVILEGE: from the latin "privi", private, and "lege", law. An advantage granted by the state and protected by its powers of coercion. A law for private benefit.

Privilegien: vom lateinischen "privi", privat, und "lege", Gesetz. Ein staatliches Gesetz zur Gewährung privater/individueller Vorteile, welches durch Nötigung und mittels durch Nötigung erworbene Machtmittel durchgesetzt wird. Ein Gesetz zum privaten Vorteil.

Gesetze zum Nutzen der „Herrschaft" und zum Nachteil der Bürger. (Typisches Beispiel in westlichen Pseudo-Demokratien ist die „Immunität" von Politikern gegenüber allgemein geltendem Recht, welche aufgrund absurder Argumente beinahe in jedem Staat eingeführt wurde).

Wucherei:
USURY: that form of privilege or interference with the Free Market in which one State-supported group monopolizes the coinage and thereby takes tribute (interest), direct or indirect,

on all or most economic transactions.

Wucherei: jene Form von Privilegien oder Behinderung des Freien Marktes, durch welche eine staatliche oder vom Staat legitimierte Gruppe ein Währungsmonopol erhält und dadurch direkt oder indirekt Tribut (Steuern) auf alle ökonomischen Transaktionen einhebt.

Dadurch erfolgt eine effektive Wertminderung der realen Transaktion, die durch einen virtuellen Wertgewinn eines virtuellen Transfermediums (Geld) durch Zinsen virtuell kompensiert wird.

Nur durch dieses Währungsmonopol wird die Methode der „Zinsen" ermöglicht, also eine Wertsteigerung des rein virtuellen, durch keine realen Ressourcen wertgesicherten Transfermediums Geld, was einer magischen (rein virtuellen, nicht realen) Wertvermehrung zu Gunsten des Monopolisten (Bankster) und zu Lasten der Bürger (Nutzmenschen) entspricht.

Dies entspricht der Erzeugung von „Wert" aus dem Nichts. Es handelt sich um moderne Alchemie, Magie in reinster Form – und das tumbe Wahl- und Konsumvieh glaubt mehrheitlich an diesen Hokus-Pokus und richten sein Leben danach aus und ermöglicht den Herrschern so diesen Bluff, obwohl dieser nur zum Nachteil der Bürger dient.

Grundherrschaft:

LANDLORDISM: that form of privilege or interference with the Free Market in which one State-supported group "owns" the land and thereby takes tribute (rent) from those who live, work, or produce on the land.

Grundherrschaft: jene Form von Privilegien oder Behinderung des freien Marktes, durch welche eine staatliche oder vom Staat legitimierte Gruppe die Ressource „Land" besitzt und daher für die Benutzung (zwecks Wohnens, Bewirtschaftens, Produzierens, ...) dieses Landes einen Tribut (Miete, Grundsteuer, etc.) einhebt.

Territorialstaaten: jene Form von Staaten, welche durch Nötigung einen monopolistischen Anspruch auf ein Territorium und alle Ressourcen dieses Territoriums durchsetzen, inklusive des Anspruchs der Herrschaft über die auf diesem Territorium lebenden Nutmenschen.

Territorialstaatsgrenzen: willkürliche, meist durch historische Konflikte zwischen Herrscherhäusern motivierte Beschränkungen des freien Raumes, welche durch Nötigung, meist gewaltsam, zwischen Staaten festgelegt werden. Diese Grenzen sind in Zeiten globaler Vernetzung und der Bedeutungslosigkeit geographischer Grenzen (Berge, Flüsse, ...) ohne real relevanten Nutzen und dienen ausschließlich der Etablierung territorialer Ressourcen-Monopole.

Zoll:

TARIFF: that form of privilege or interference with the Free Market in which commodities produced outside the State are not allowed to compete equally with those produced inside the State.

Zoll: jene Form von Privilegien oder Behinderung des freien Marktes, welche Güter, Ressourcen oder Dienstleistungen die außerhalb eines Territorialstaates erzeugt wurden, durch zusätzliche Tribute (Zölle) am freien Wettbewerb mit innerhalb des Territorialstaates erzeugten hindert.

Kapitalismus:

CAPITALISM: that organization of society, incorporating elements of tax, usury, landlordism, and tariff, which thus denies the Free Market while pretending to exemplify it.

Kapitalismus: jene Gesellschaftsform, welche unter anderem unter Einsatz solcher Elemente wie Steuern, Wucherei, Grundherrschaft und Zöllen den Freien Markt unmöglich macht und gleichzeitig behauptet, diesen zu fördern.

Konservativismus:

CONSERVATISM: that school of capitalist philosophy which claims allegiance to the Free Market while actually supporting usury, landlordism, tariff, and sometimes tax.

Konservativismus: jene Schule des Kapitalismus, welche behauptet den freien Markt besonders zu fördern, speziell durch Privilegien, Wucherei, Grundherrschaft, Zölle, und meist auch Steuern.

Liberalismus:

LIBERALISM: that school of capitalist philosophy which attempts to correct the injustices of capitalism by adding new laws to the existing laws. Each time conservatives pass a law creating privilege, liberals pass a law to modify privilege, leading conservatives to pass a more subtle law recreating privilege, etc., until "everything not forbidden is compulsory" and "everything not compulsory is forbidden."

(Wirtschafts-)Liberalismus: jene Schule des Kapitalismus, welche die Ungerechtigkeiten des Kapitalismus durch zusätzliche Gesetze zu den existierenden Gesetzen auszumerzen versucht. Für jedes durch den Liberalismus aufgeweichte Privileg wird durch den Konservativismus ein neues, subtileres Gesetz erlassen, welches das Privileg umso fester zementiert. Dies führt zu einer Regulationsspirale, welche darin kulminiert, dass „alles, was nicht verboten ist, verpflichtend ist" und „alles, was nicht verpflichtend ist, verboten ist".

Das natürliche Ende jeder Freiheit.

Sozialismus:

SOCIALISM: The attempted abolition of all privilege by restoring power entirely to the coercive agent behind privilege, the State, thereby converting capitalist oligarchy into Statist monopoly. Whitewashing a wall by painting it black (or red for that matter)

Sozialismus: Der Versuch der Abschaffung aller Privilegien durch Zentralisierung aller Macht beim Agenten der Nötigung und der Privilegien, beim Staat. Dadurch wird die kapitalistische Oligarchie zu einem staatlichen Monopol.

Das Verdecken der dunklen Flecken auf einer weißen Weste, indem man diese rot färbt.

Anarchie:
ANARCHISM: That organization of society in which free market operates freely, without tax, usury, landlordism, tariffs or other forms of coercion or privilege.
Anarchismus: Jene Gesellschaftsordnung, in welcher der freie Markt frei operiert, ohne Steuern, Wucherei, Grundherrschaft, Zölle oder anderen Formen von Nötigung oder Privilegien

Rechte Anarchisten:
RIGHT ANARCHISTS predict that in the Free Market people will voluntarily choose to compete more often than cooperate.
Rechte Anarchisten sagen vorher, dass in einem freien Markt die Teilnehmer an diesem freiwillig öfter in Wettbewerb treten, als zu kooperieren.

Linke Anarchisten:
LEFT ANARCHISTS predict that in the Free Market people will voluntarily choose to cooperate more often than compete.
Linke Anarchisten sagen vorher, dass in einem freien Markt die Teilnehmer an diesem freiwillig öfter kooperieren als in Wettbewerb zu treten.

Ganzheitliche Anarchisten sagen vorher, dass es in einem freien Markt eine statistisch nivellierte Fluktuation von Kooperation und Wettbewerb geben wird, wodurch sich ein in Summe neutrales Gleichgewicht ergibt.

Bedingungen für einen Freien Markt:

Alle ökonomischen Transaktionen von Ressourcen oder Dienstleistungen sind das Resultat freiwilliger Entscheidung ohne Nötigung, Privilegien, oder Monopole.

Der Freie Markt basiert auf der Summe der verfügbaren realen Ressourcen. Virtuelle (magische) Ressourcen sind für Transaktionen nicht zulässig.

Sinnvoll und zulässig ist ein durch reale Ressourcen eindeutig wertbesichertes und damit wertkonstantes Transfermedium für zeitversetzte Transaktionen (Geld in Form von Ressourcen-Äquivalenten).

Nachhaltigkeit: jene Nutzung eines regenerierbaren Systems, wo dieses System in seinen wesentlichen Eigenschaften erhalten bleibt und sein Bestand auf natürliche Weise regeneriert werden kann.

Sinnvoller Weise sollte diese Nachhaltigkeit auf eine Generation der System-Nutzer betrachtet werden, im Falle der Menschheit entspricht dies einem Zeitraum von ~25 Jahren.

Das Konzept der Generationenlinien erlaubt es, die Nachhaltigkeit von längerzyklischen Ressourcen zu managen.

Teil IVb: Neil Stephensson "Snow Crash"

In seiner „Cyber Novel" <u>Snow Crash</u> beschreibt Neil Stephensson einen aufgrund der mangelnden Nachhaltigkeit und Überschuldung kollabierten „federal State", also Nationalstaat. Die ursprünglichen Services des Staates gegenüber den Bürger werden durch „Franchise States", also privatwirtschaftlich operierende Staats-Service-Anbieter wahr genommen.

Ähnlich dem „Franchise Konzept" von Firmen wie McDonalds steht es hier Franchise-Nehmern frei, ein entsprechendes Konsulat in Abstimmung mit dem Hauptsitz des Franchise zu gründen und am freien Markt nach Bürgern zu suchen um diesen staatliche Services anzubieten.

Der Gedanke der Fanchise States weitergedacht führte zum Konzept der „Online-Nations", wo neben den lokalen Kommunen für lokale Infrastruktur ein völlig vom Wohnort unabhängiger Bezug der Services eines Staates möglich wird und die Idee noch weiter auf den eigentlichen Kern reduziert wird: Staat als Service Provider, der nur wenige Services verpflichtend anbietet (rechtliche Repräsentanz, Verwaltung der juristischen „Identität"), aber optional viele anbieten kann (Sozialsysteme, Schutz und Sicherheit, Interessensvertretungen, etc).

Einer Online-Nation stünde es natürlich frei, im Sinne von Franchises lokale Konsulate zu betreiben um dort ihren Bürgern vor Ort die jeweiligen Services anzubieten. Dies ist aber ein relativ kostspieliger Luxus, welcher nicht zwingend notwendig ist. Konsulate als lokales Service kosten Geld, welches das angebotene Service „Staat" verteuert.

Das Vorhandensein von lokalen Konsulaten (Online State Franchises) kann aber durchaus für Online-Staaten von Vorteil sein, um Bürger zu gewinnen, welche auf Vor-Ort Service und persönlichen Kontakt Wert legen.

Teil IVc: Neil Stephensson "The Baroque Cycle"

Es gibt kaum eine bessere, amüsanter zu lesende Abhandlung darüber, wie das heutige virtuelle Geld funktioniert - eingebettet in Geschichten und Geschichte.

Teil IVd: Dirk von Bock "Wie funktioniert Geld"

Animierte, witzige und treffende Erklärung zum Thema "Geld" auf youtube für jedermann einsehbar. Geniale

Darreichungsform, die auch für die dümmsten Nutzmenschen verständlich sein sollte (sogar Aliens kommen vor!).

Teil IVe: GWTY - google or wikipedia this yourself

Bei vielen Themen haben unsere Protagonisten auch Quellen aus den Weiten des Internets herangezogen. Diese sollten auch jetzt noch dort zu finden sein, sofern nicht die voranschreitende Zensur dieses Mediums (natürlich nur zum Schutz der Nutz(er)menschen) auch das unterbunden hat.

- **"kognitive Dissonanz"**: der Schutzreflex neophober Hominiden, welcher ihre Wahrnehmung der Wirklichkeit so stark verzerrt, dass sich diese private Wirklichkeit ihren eigenen, oft abstrusen Vorstellungen anpasst – der Konnex zur Realität geht dabei verloren

- **"Mem", "Memplex", "Memetik", "Meme"**: die Mechanik und Methodik viraler Information und deren Fortpflanzung durch eine menschliche Population - Memetik wird unter anderem von Herrschern angewandt, um Desinformation in der Population ihrer Nutzmenschen zu etablieren. Dieses Buch ist voll von "gegen Memen", welche unsere Protagonisten entwickelt haben, um damit möglichst große Communities gegen die Herrschaft-Propaganda zu immunisieren. Auch der Begriff "Nutzmensch" ist so ein Mem - sobald sich dieses etabliert, erfolgt automatisch im Gehirn des mit diesem Mem „Infizierten" eine Etablierung dieser Kategorie. Da kaum ein Individuum in die Kategorie „Nutzmenschen" gehören will, erlaubt diese Bewusstmachung der Status Nutzmensch dem Individuum potentiell, Gegenstrategien zum Nutzmenschsein anzuwenden und sich so aus der Bewirtschaftung durch Herrscher geistig und physisch zu befreien.

- **"Nachhaltigkeit"**: für diesen Begriff gibt es mehrere, gängige Definitionen. Die für diese Texte relevante lautet: "Nachhaltigkeit innerhalb eines Systems bedeutet, dass dieses System nicht in seinen wesentlichen Eigenschaften verändert wird". Beim Planeten Erde und seinem Öko²System ist die für die Menschheit wesentlichste Eigenschaft wohl die, dass höher entwickeltes Leben darauf überleben kann.

- **"Hauptsätze der Thermodynamik"**: um die kognitive Dissonanz zu überwinden, ein System könnte funktionieren, obwohl es auf dem logisch absurden Dogma ewigen Wachstums beruht, ist es hilfreich sich die Prinzipien des Energieerhalts und der Entropie zu Gemüte zu führen - zumindest wenn man über einen derartigen Mangel an gesundem Menschenverstand verfügt, dass einem solche trivialen, logischen Zusammenhänge nicht ohnedies klar sind.

- **„Resilience Theory"**: die wissenschaftliche Beschreibung und Erfassung der Fähigkeit von Systemen, auf Störgrößen zu reagieren; es zeigt sich, dass evolutionäre Systeme (also unser ganzer sich natürlich entwickelt habende Kosmos) **Mechanismen der Störresistenz entwickelt haben**. Ab dem überschreiten einer kritischen Grenze gehen diese Systeme aber von einem stabilen Zustand in einen anderen, ebenfalls stabilen Zustand über. Beispiele: ein Wirtschafts-Wachstums-System, welches auf Blasen, Schulden, und heiße Luft aufgebaut wurde, funktioniert so lange, bis die Blase platzt – danach geht es in den Zustand der Rezession über; ein rein auf Glauben an seinen Wert aufgebautes, an sich

wertloses Transfermedium Geld funktioniert, solange
eine signifikante Anzahl von Benutzern an diesen Wert
glaubt – danach wird es völlig wertlos (siehe
Hyperinflationen der Vergangenheit); ein Öko²System
eines Planeten wie der Erde funktioniert so lange als
Lebensraum für höhere Organismen, bis eine
Katastrophe (z.B. eine extrem wenig vorausschauende
Spezies mit hohem Technologiegrad namens
Menschheit) das quasi-stabile Öko²System aufgrund
ökologischer und ökonomischer Überlastung zerstört,
womit der Planet in einen Zustand versetzt wird, wo
kein höheres Leben mehr möglich ist (Bakterien und
Algen, vielleicht Insekten werden dann wieder den
Planeten „beherrschen").

Teil IVf: "Freakonomics" und "Superfreakonomics" von Steven D. Levitt und Stephen J. Dubner

Die Quintessenz dieser beiden amüsant zu lesenden Werke im
Zusammenhang mit unserer Geschichte, ist das Verständnis
von Motivatoren (Incentives).

Was motiviert Menschen und wie kann man sie motivieren?
Die Kunst, eine freiheitsliebende, innovative, neugierige
Spezies wie Homo Sapiens durch Bequemlichkeiten und vor
allem dem Ausnutzen ihrer angeborenen Angst zu einem
Dasein als brav funktionierende Nutzmenschen zu motivieren,
ist die hohe Schule des Herrschens und der Domestizierung.

Wie aber sollte man ebenso effiziente Motivatoren für
Freiheit, Eigenständigkeit, Unabhängigkeit etablieren, um die
Menschen von der Angst zu befreien? Dies war eines der
Hauptthemen unserer Protagonisten.

Teil IVg: "Wikinomics" von Don Tapscott und Anthony D. Williams

Das Konzept des Internets erlaubt die direkte Vernetzung von Individuen zu Communities - ohne Mittelsmänner zur "Verwaltung" und "Kontrolle".

Damit wurde das Internet zu jenem Medium, das Menschen den Ausbruch aus dem beherrschten Nutzmenschendasein ermöglicht - solange es weitestgehend frei und unzensiert bleibt.

Einige Skizzen, wie diese Vernetzung abseits vorgegebener Strukturen und Monopole funktioniert, finden sich in diesem Buch (mit dem Fokus auf ökonomische Vernetzung).

Ebenso gut würden diese Mechanismen für die soziale und gesellschaftliche (= politische) Vernetzung funktionieren. Genauso, wie ein Online-Shop eines Herstellers die Mittelsmänner und Zwischenhändler obsolet machen kann, kann ein Online-Staat die Territorialmonopolisten obsolet machen.

Teil IVg: Evolution

Die wohl wesentlichste Wissensbasis für das Verständnis aller Konzepte unserer Protagonisten findet sich im Fachgebiet der Evolutionstheorie und in den Konzepten natürlicher und gerichteter Selektion wieder.

Für all jene, die es sich zu diesem Thema leicht machen wollen, empfehle ich die Werke von Richard Dawkins. In „The selfish gene", „The blind watchmaker", „The greatest show on earth", aber auch „The god delusion" finden sich verständlich dargestellt wesentliche, allgemeingültige Prinzipien die Auswirkungen auf die Entwicklung aller Organismen, auch des Menschen, haben.

Die Darstellung entspricht dabei dem von Homo VereSapiens mehrheitlich favorisierten Realitätsbild, absurde

Konzepte der Homo QuasiSapiens (metaphysische Erklärungsmodelle wie Götter, Kreationismus, etc.) werden mehr als deutlich widerlegt.

"Evolution", "Evolutionstheorie": angefangen mit Charles Darwin, der durch sein Konzept der "natural selection" (natürlichen Selektion) den Grundstein für das Verständnis gelegt hat, wie aus einfachen Regeln komplexeste Strukturen (und Lebewesen) entstehen können, war das Konzept der Evolution als "Naturgewalt" ein essentieller Bestandteil jeden modernen Verständnis der Welt (und damit Feindbild all jener, die sich diesem Verweigern, wie Kreationisten und andere geistig im dunklen Mittelalter verhaftete Individuen). Auch die Konzepte unserer Protagonisten streben nach evolutionärer "Fitness" - auch sie versuchen, durch einfache Konzepte und Rezepte, eine komplexe, lebendige, erfolgreiche Gegenstrategie zur globalen Sklaverei zu initiieren. Der Mechanismus ist identisch – einfache Regeln, die zur evolutionären Bildung komplexer (Gesellschafts-)Strukturen führen. Selektion als Mechanismus, erfolgreiche Regeln weiterzuentwickeln und weniger erfolgreiche auszusortieren. Die Evolution war das Vorbild.

Teil IVh: (Pop)-Kultur Zitate

Es gibt viele geniale Aussprüche, die zitierenswert sind. Allen gemeinsam ist das Faktum, dass sie in wenigen Worten komplexe Zusammenhänge oder fundamentale Wahrheiten auf den Punkt bringen. Hier nur einige wenige der Lieblingszitate unserer Protagonisten, die ich ihnen nicht vorenthalten möchte.

"Wir sitzen alle im selben Boot, aber definitiv nicht auf dem selben Deck."

(Quelle: Orange Wisdom 5.0)

„Nothing to fear, but fear itself."
(Original: "The only thing we have to fear, is fear itself.",
Franklin D. Roosevelt)

"We're the beaten generation. Reared on a diet of prejudice
and disinformation."
(Quelle: Matt Johnson, The The)

"We are animals. From the prehistoric seas we came. We are
animals, by another name."
(Quelle: Roisin Murphy)

"Human beings, who are almost unique in having the ability to
learn from the experience of others, are also remarkable for
their apparent disinclination to do so."
"Anyone who is capable of getting themselves made President
should on no account be allowed to do the job."
(Quelle: Douglas Adams)

"A monopoly on the means of communication may define a
ruling elite more precisely than the celebrated Marxian
formula of monopoly in the means of production."
"An Enlightened Master is ideal only if your goal is to become a
Benighted Slave."
"Animals outline their territories with their excretions, humans
outline their territories by ink excretions on paper."
"Belief is the death of intelligence."
"On a planet that increasingly resembles one huge Maximum
Security prison, the only intelligent choice is to plan a jail
break."
(Quelle: Robert Anton Wilson)

Teil IVi: Menschliche Hybris (Selbstüberschätzung)

Für all jene, welche sich selbst, ihre Nation, ihren Club, die Menschheit, etc. viel zu ernst nehmen, sollte eine Liste der Lieblingswerke unserer Protagonisten nicht fehlen, welche sich allesamt dadurch auszeichnen, die Menschheit zu durchschauen, ohne sie todernst zu nehmen.

„The Hitchhickers Guide to the Galaxy" (alle 5 Bücker der Trilogie) von Douglas Adams

„The Life of Brian", "Monty Python and the Holy Grail" und der Rest der Werke von "Monty Pythons Flying Circus"

„Calvin and Hobbes" von Bill Waterson

"The Illuminatus Trilogy" von Robert Anton Wilson and Robert Shea

Die Liste ließe sich beinahe beliebig fortsetzen. Belassen wir es bei diesen wenigen Highlights, um endlich mit der eigentlichen Geschichte zu beginnen.

Teil V: Eine Chronologie mehr oder weniger utopischer Ereignisse

Einige relevante Auszüge meiner über die Jahre entstandenen Notizen. In Summe stellen diese, rückblickend betrachtet, einen „Projektplan" für die Umsetzung innovativer Gesellschafts-Szenarien dar.

2005
Kajetan Woferl publiziert das Konzept www.online-nations.net als Startpunkt einer Diskussion und als Plattform für einen freien Markt für das Service „Staat". Wie nicht anders zu erwarten, ohne professionelle WebSite und entsprechendes Site-Marketing geht diese Initiative im weißen Rauschen des Internets weitestgehend unbemerkt unter.

2010 – April:
Der motivierte „Hausmeister" eines populären, lokalen Internet-Forums überredet Genoveva Woferl zum Selbstversuch in Sachen Politik – Genoveva gibt ihre Kandidatur für das Amt des Präsidenten in einem kleinen, mitteleuropäischen Staat bekannt und versucht dafür, unterstützt von der Community des Forums, Aufmerksamkeit zu bekommen.

Als einzige der Präsidentschafts-Kandidaten publiziert sie ein konkretes Programm, nämlich den Präsidenten als direkt demokratisches Sprachrohr der Bürger zu etablieren um so die Funktion als Gegenpols zur Parteipolitik im direkten, demokratischen Auftrag der Bürger aktiv auszuüben.

Das Budget für diese Kandidatur besteht in der Bewirtung von Journalisten bei zwei Pressekonferenzen, sowie der Anmeldung von vier Internet-Domains. Für die notwendigen Gebühren im Falle des Erreichens der notwendigen Anzahl an Unterstützungserklärungen wird ein Spendenkonto eingerichtet.

Das Ergebnis des Selbstversuches ist ernüchternd:

- Die Initiative wird von der Presse weitestgehend ignoriert, bzw. als Scherzkandidatur abgetan (trotz des einzigen ausformulierten, konkreten Programmes aller Kandidatenanwärter)
- Mangels Support durch die angeblich freien, angeblich kritischen Medien (die sich gleichzeitig in Artikeln über den Mangel an wählbaren Kandidaten mit Reformagenden beschweren) werden die notwendigen Unterstützungserklärungen nicht erreicht (da kein Geld und keine Ressourcen für ein aktives Eintreiben solcher vorhanden war)
- In keinem einzigen der populären Massenmedien findet auch nur in Ansätzen eine Diskussion des Programmes der Kandidatur von Genoveva statt. Qualitätsjournalismus? Fehlanzeige.
- Die Kosten für eine tatsächliche Kandidatur im Falle des Erreichens der notwendigen Unterstützungserklärungen wären schwer bis unmöglich aufzubringen (Kosten für die Listung ~3.600 €, Kosten für „Wahlwerbung" ~3 Millionen €)
- Folgende bürokratisch etablierte demokratieerschwerende Maßnahmen wurden im Zuge des Selbstversuches parktisch erprobt:
  - Unterstützungserklärungen: um einen Kandidaten zu unterstützen müssen potentielle Unterstützer auf ein Gemeindeamt pilgern, dort vor den Augen der Beamten die Unterstützungserklärung unterzeichen um diese dann postalisch via Snail-Mail an den Kandidaten zu senden. Ginge es noch komplizierter? Möglicherweise schon. Mit dem Ziel eine Teilnahme der Bürger am demokratischen Prozess ergonomischer und einfach zu machen, ginge es auf jeden Fall signifikant besser und effizienter (siehe Telebanking). Dies ist aber nicht gewünscht.

- o Bei Erreichen der notwendigen Anzahl von Unterstützungserklärungen gibt es die nächste Hürde: die Listung als Kandidat kostet €3.600.- an Verwaltungsgebühren. Dies entspricht über eineinhalb durchschnittlichen Monatsgehältern eines normalen Bürgers.
- o Die durchschnittlichen Kosten für Wahlwerbung und Wahlkampf liegen im Bereich von mehreren hunderttausend bis zu 3 Millionen €. Welcher Bürger kann sich dies leisten? „Chancengleichheit" gibt es hier nur theoretisch, aber nicht praktisch.

Der Nachweis wurde somit erbracht, dass es für einen normalen Durchschnittsbürger trotz guten, ausformulierten Programmes, mit konkretem Umsetzungsplan für das Programm fast unmöglich ist, innerhalb des auf Machterhalt optimierten, pseudo-demokratischen Systems realistisch etwas zu erreichen (ohne signifikante Investitionen, die das Budget normaler, erwerbstätiger Nutzmenschen massiv übersteigen).

Basisdemokratie existiert nicht. Mechanismen, welche die aktive, gestalterische Teilnahme am demokratischen Prozess durch Bürger fördern, gibt es ebensowenig. Dies zeigt, wie notwendig eine Präsidentin wie Genoveva, die genau hier Reformen einfordern und umsetzen wollte, für eine echte Demokratie gewesen wäre. Das Experiment beweist auch: aktive Beteiligung der Bürger ist nicht Ziel des Systems der feudalistischen, sogenannten repräsentativen Demokratien. Diese repräsentieren Parteien, Lobbies und Großkonzerne, aber nicht die Bürger.

2010-Juni
Das Alien erbringt auf Basis öffentlich zugänglicher demoskopischer Daten den plausiblen statistischen Nachweis von De-Zivilisation (oder De-Evolution?) der globalen Population der Nutzmenschen.

Die Wahrscheinlichkeit von mehr als einem Nachkommen pro Person war anno 2010 global und lokal umso höher, je niedriger der soziale Status beziehungsweise das Bildungsniveau der Eltern war.

Jene Menschen, welche innerhalb der Gesellschaft der Nutzmenschen also am wenigsten erfolgreich waren – statistisch gesehen meist jene mit geringerer Intelligenz - pflanzten sich häufiger und zahlreicher fort, als erfolgreichere Nutzmenschen.

Die Analogie aus dem Tierreich – im Zusammenhang mit der Domestizierung von Wildtieren - lies hier den Schluss einer negativen Selektion der Eigenschaft „Intelligenz" zu, welche über Zeit zu einer genetischen Evolution der freien Menschen hin zu einer optimalen Anpassung an das Dasein als domestizierter Nutzmensch führt.

Um als Nutzmensch in einer völlig kontrollierten, organisierten und manipulierten Gesellschaft, also quasi innerhalb eines geschützten Käfigs zu funktionieren, benötigt man weniger Intelligenz als in einer offenen, freien Gesellschaft, die mehr Gestaltungsfreiraum, aber auch mehr Eigenverantwortung und mehr Risiken bietet.

Hohe Intelligenz unter Nutzmenschen ist ein nicht erwünschtes Kriterium, da diese potentiell zu selbständigem, kritischem Denken und damit zu Aufmüpfigkeit gegen die Obrigkeit führt.

Nutzmenschen sind domestizierte Menschen, das bedeutet, eine auf wirtschaftliche Nutzung hin gezüchtete, abhängige Variante einer ursprünglich eigenständig überlebensfähigen, frei lebenden Spezies.

Die hohe kognitive Intelligenz der Homo Sapiens war in einem freien Lebensraum mit starkem Wettbewerb um Ressourcen über Jahrtausende ein evolutionärer Vorteil gewesen.

Für die Funktion als Nutzmensch in einem überbevölkerten, engen Lebensraum war diese hohe Intelligenz eher hinderlich.

So wie domestizierte Schafe minimale, theoretisch für sie leicht überwindbare Abspannungen als Grenzen ihrer Gatter akzeptieren, sind auch die Nutzmenschen daraufhin trainiert, die ihnen durch die Herrscher vorgegebenen Grenzen als unüberschreitbar zu akzeptieren.

Die Anpassungsfähigkeit und der enorme Erfindungsreichtum, welche in der Vergangenheit für freie Menschen wichtig gewesen waren, zu jenen Zeiten, als es noch neue Lebensräume zu erobern galt, hatten einst zur Evolution von neophil veranlagten, hochintelligenten Individuen geführt. Über lange Zeit in der Geschichte der Menschheit waren hochintelligente Neophile als Pioniere überaus erfolgreich gewesen.

Für Nutzmenschen anno 2010 war aber Neophilie tabu. Gefragt für brav funktionierende Nutzmenschen war kritikfreie Angepasstheit, Angst vor jeder Veränderung, nicht zu hohe Intelligenz um sicherzustellen, dass diese Nutzmenschen das feudalistische System nicht hinterfragen oder gegen die ihnen vorgegebenen Grenzen aufbegehren – kurz, die gesellschaftliche Selektion erfolgte hin zu neophoben, domestizierten Nutzmenschen.

Dies wurde auch dadurch sichergestellt, dass es eine völlige Umkehr des Fortpflanzungsverhaltens auf gesamtgesellschaftlichem Niveau gab. In vergangenen Epochen hatten gesellschaftliche erfolgreichere Individuen, welchen durch ihren Erfolg mehr Ressourcen zur Verfügung standen, eher die Chance, gesunden Nachwuchs bis ins fortpflanzungsfähige Alter heranzuziehen.

Anno 2010 wurde das Überleben des Nachwuchs auch ohne viel Zutun oder gesellschaftlichen Erfolg der Eltern sichergestellt. Für die meisten Menschen in den sogenannten Industrienationen gab es mehr als ausreichend Nahrung und gerade ausreichende medizinische Versorgung, um alle am

Leben zu erhalten – unabhängig von genetischen Einflüssen oder dem Erfolg der Eltern.

So wurde der Nachschub an Nutzmenschen sichergestellt um das ewige, quantitative Wachstum zu garantieren. Die Menschheit wuchs anno 2010 nur mehr quantitativ und degenerierte qualitativ.

Im System erfolgreichere Nutzmenschen der oberen Mittelschicht und der unteren Oberschichten hatten im Vergleich deutlich weniger Zeit für Fortpflanzung und Aufzucht von Nachwuchs als weniger erfolgreiche Nutzmenschen, da sie zum Erwerb und Erhalt ihres sozialen Status massiv Zeit und persönliche Energie in ihren Karrieren investieren mussten.

Von ihrem erwirtschafteten Sozialprodukt, plus der Aufnahme von Schulden, wurde es den unteren Schichten ermöglicht, sich auf Konsum und Fortpflanzung zu konzentrieren.

Daher hatten im Schnitt die Erfolgreicheren auch weniger Nachkommen. Sie wurden in der Gesellschaft von den Nachkommen der weniger Erfolgreichen genetisch langsam verdrängt.

Mangels Zeit für den eigenen Nachwuchs wurden die Kinder der vom Erfolgszwang gestressten Eltern verstärkt in Kinderkrippen oder andere öffentliche Betreuungseinrichtungen abgeschoben. Dort wurde durch ausgebildete Betreuer sichergestellt, dass auch diese Kinder so effektiv wie möglich zu angepassten Nutzmenschen erzogen wurden.

Bei den Herrschern gab es diesen Trend natürlich nicht, Nannies kümmerten sich um den Nachwuchs, die Notwendigkeit einer Selbstaufzucht von Jungmenschen war für die meisten Herrscher nicht gegeben.

Die Umkehr weg vom riskanteren freien Leben mit positiver, natürlicher Selektion hin zu höherer Intelligenz, Kreativität,

Problemlösungsfähigkeit aber damit auch zu größerer Bereitschaft zu Reform/Rebellion/Veränderung, hin zur Domestizierung und einer Selektion die geringere Intelligenz und Kreativität und dafür sture Obrigkeitsgläubigkeit favorisierte wurde ermöglicht, durch die „Industrielle Revolution". Ihr Beginn konnte somit auf die zweiten Hälfte des 19.Jahrhunderts datiert werden.

Der Trend beruhte auf flächendeckenden Verfügbarkeit medizinischer Versorgung, vor allem Penizillin, sowie industriell erzeugter, billiger, dafür meist qualitativ minderwertiger Lebensmittel. Überleben war damit keine Herausforderung mehr – die pure Anwesenheit am Planeten genügte, um gute Chancen für ein Überleben zu haben.

Aufgrund der relativ kurzen Zeit und wenigen Generationen seit dem 19. Jahrhundert, war anno 2010 genetisch noch keine völlige Domestizierung erfolgt. Die neophilen Gene waren noch nicht vollständig aus dem Genpool verschwunden.

Es gab also 2010, genetisch gesehen, durchaus noch Potential und Hoffnung, die Menschheit vor völliger Domestizierung und genetischer Degeneration zu Nutzmenschen zu bewahren – falls das gewünscht wäre.

Die meisten wohlindoktrinierten Nutzmenschen, welche mit solchen Aussagen konfrontiert wurden, reagierten natürlich mit extremer Ablehnung. Sofort wurden die technologischen Errungenschaften der Menschheit ins Feld geführt, Super-Computer, Space-Shuttles, etcetera.

Und das war auch richtig! Sichtbare Effekte der intelligenzbezogenen De-Evolution der einzelnen Nutzmenschen wurden anno 2010 noch durch die positiven Auswirkungen technologischer und memetischer Evolution verdeckt.
Technologie und Wissen entwickelten sich durch die pure Masse der gesamten Menschheit noch quantitativ und

qualitativ weiter. Die einzelnen Nutzmenschen selbst, statistisch gesehen, verdummten aber zusehends.

Um hier wiedermal eine teilweise brauchbare Metapher zu bemühen, vergleichen wir Intelligenz mit der Prozessorleistung von Computerchips: die Menschheit wurde zu einem Viel-Prozessor-System, welches in Summe mehr Rechenleistung hatte, als frühere Systeme.

In einem solchen System ist jeder Prozessor für sich nicht mehr so wichtig und kann durchaus geringere Leistung haben, als ein allein verantwortlicher Einzelprozessor. Die Parallelschaltung der vielen Prozessoren bringt die Leistung. Ein Mensch in einer hochgradig domestizierten und parallelisierten Gesellschaft musste somit als Einzelner weniger „Prozessorleistung" besitzen um zu „überleben".

Wie alle Vergleiche, hinkt auch dieser – zur bildhafteren Darstellung des Sachverhalts sollte er allerdings ausreichen. Das ausufernde Elaborat zu diesem Thema ist ja auch nur notwendig, falls neophobe Nutzmenschen mit extremer kognitiver Dissonanz über diesen Text stolpern und sich in ihrem Selbstverständnis als „Krone der Schöpfung" und „Hochintelligent" angegriffen fühlen.

Es stimmt also, die Menschheit war in der Lage Supercomputer und Spaceshuttles zu bauen, der durchschnittliche Nutzmensch an sich war aber mit dem nachhaltigen Ressourcenmanagement und damit der Sicherstellung des Überlebens der eigenen Spezies bereits restlos überfordert.

Für alle anderen Leser reicht es, sich in ihrem eigenen sozialen Umfeld umzusehen und zu beobachten, wie sich das Verhältnis von hochgradig intelligenten, kreativen, geistreichen, innovativen Menschen zu angepassten, intellektuell extrem unauffälligen Nutzmenschen verhält.

Umso mehr eine Motivation für Neophile, mit gleichgesinnten, intelligenten Individuen eine eigene Community zu bilden, statt sich in zufällig im selben Territorium lebende Massen zu integrieren.

Typische Indikatoren für die De-Zivilisation (De-Evolution von Intelligenz?) waren die Zunahme von religiösem Fundamentalismus und steigendes politisches Desinteresse der Massen.
Die Flucht in mystizistische, simplifizierte Glaubenssysteme und die Verweigerung der Teilnahme an der Gestaltung der eigenen Gesellschaft und damit des eigenen Lebens war ein eindeutiges Zeichen für schrumpfende Intelligenz. Wie blöd muss ein an sich intelligenzbegabtes Wesen sein, damit es aufhört, sich für die aktive Gestaltung des eigenen Lebensumfeldes zu interessieren? Die Antwort der Neophilen-Community dazu war einfach, aber nicht exakt quantifiziert: „ziemlich blöd".

Der logische Schluss aus der wissenschaftlichen Erkenntnis, dass die Mehrheit durch Selektion immer mehr zu domestizierten, neophoben, besser kontrollierbaren Nutzmenschen degenerierte, war klar: gesamtgesellschaftlichen Initiativen der Weltverbesserer die von „demokratischen Mehrheiten" träumten, waren zum Scheitern verurteilt. Ein „Aufwachen" einer signifikanten Mehrheit von Nutzmenschen aus dem Zustand der Domestizierung, ein Aufbegehren gegen ihre Herrscher und damit eine Übernahme von Eigenverantwortung schien hochgradig unwahrscheinlich.

Aktivitäten politischer Betätigung innerhalb der Pseudo-Demokratien wurden daraufhin weitestgehend reduziert – der Fokus verschob sich auf die Etablierung einer Alternative, die maßgeschneidert, speziell für die Minderheit der Neophilen designed wurde.

Dass sich in späterer Folge, nachdem die Pioniere den Nachweis erbracht hatten, dass es auch anders geht, sogar die Möglichkeit eröffnete, durch Parteiinitiativen und politische Betätigung innerhalb bestehender, feudalistischer Systeme Veränderung herbeizuführen zeigte, dass die Mehrheit Menschen doch nicht so dämlich war, wie es sich die Herrscher wünschten.

In fast jedem domestizierten Nutzmenschen schlummert noch die genetische Information seiner frei lebenden Vorfahren. Menschen können sich ändern und spontan selbständig zu denken beginnen, wenn sie Pioniere als Vorbilder haben, welche damit erfolgreich sind oder ausreichend motiviert werden – und sei es nur durch die eigene Unzufriedenheit mit der Existenz als Nutzmensch.

Im ersten Schritt verschob sich das Ziel der Neophilen-Initiative dennoch weg vom unrealistischen Plan, die ganze Menschheit und die Welt zu retten, hin zu realistischeren Zielen. Es ging um die Schaffung einer passenden Niesche, einer passenden Gemeinschaft für die Neophilen, damit auch diese Zeit ihres Lebens nach ihrer neophilen, freiheitsliebenden Fasson glücklich sein konnten – frei, gleich, und, soweit möglich selbst wenn nicht alle mitmachen, sogar nachhaltig.

Das Ziel war – man kann es nicht oft genug wiederholen - für jene, die dies aus freien Stücken wollten, den Ausbruch aus dem goldenen Käfig des monopolistisch beherrschten Nutzmenschentums zu ermöglichen.

Es ging um greifbare und realisierbaren Alternativen für die eigene, neophile Community – nicht um die Sissiphos-Aufgabe, die neophoben Nutzmenschen gegen deren Willen zum (Um)Denken zu bringen.

Befreit vom Zwang der Weltverbesserung lösten sich diesbezügliche gedankliche Blockaden bei unseren

Protagonisten und es ging bei der Umsetzung der Konzepte viel leichter und schneller voran.

2011-April
Die Community der Neophilen publiziert unter der Creative Commons Lizenz ihre „Erklärung zu den Mechanismen der effizienten Massen-Nutzmensch-Haltung durch eine Elite und Konzepte zu möglichen Alternativen für Neophile, Pioniere, und freiheitsliebende Menschen" auf der Domain www.nutzmensch.org .

Der Titel wurde später vielfach geändert, da er viel zu sperrig und kompliziert war. „Industrielle Massen-Nutzmensch-Haltung (und mögliche Alternativen)" hielt sich relativ lange als Arbeitstitel und wurde daher auch zum Titel dieses Buches.

Die Publikation blieb weitestgehend unbemerkt von der breiten Öffentlichkeit. Ein wenig Mundpropaganda sorgte für die schleichende Verbreitung (und heftige Diskussion) unter den hard-core Neophilen im deutschsprachigen Raum.

2011-Mai
Die Arbeit an der Übersetzung der Konzepte in andere Sprachen, vor allem auch Englisch beginnt. Erste Feedbacks und sogar Spenden an die Autoren der Texte gehen ein. Durch persönliche Weiterempfehlung der Leser und deren soziale Netzwerke auf entsprechenden Plattformen beginnt die Community der Neophilen langsam ein wenig zu wachsen. Immer mehr neophile Individuen unterstützen die Konzepte, bringen ihre eigenen Ideen ein und arbeiten an ihrer Umsetzung mit. Ende Juli 2011 umfasste die dafür gegründete Gruppe innerhalb des größten Social-Networks des Internets immerhin schon über 100 Personen.

Alle Aktivitäten finanzieren sich ausschließlich aus kleineren Spenden aber vor allem dem persönlichen Einsatz (Einbringung der Ressource Arbeitsleistung) der interessierten Personen. Die „Initiative für Alternativen zur Nutzmenschhaltung" wird offiziell gegründet.

2011-August

Im Gegensatz zur Realität gibt es in fiktiven Chronologien
Raum für sogenannte „Wunder", also Ereignissen mit extrem
geringer Wahrscheinlichkeit, die nicht plausibel planbar sind.
Im August 2011 lassen wir daher zwei solcher Wunder
passieren:

- Kajetan Woferl gewinnt im Lotto einen Solo-Tripple-
  Jackpot-Sechser, welcher ihm ökonomische
  Unabhängigkeit erlaubt und ihn vom bisherigen Zwang
  zur Lohnsklaverei befreit. Somit ist der Grundstein
  gelegt, für seinen persönlichen Ausbruch aus dem
  Nutzmenschen-Daseins. Kajetan wurde so zum Pionier
  unter Pionieren und lebte den Ausbruch aus dem
  System vor (was nur möglich war, weil er es sich nun
  leisten konnte). Er tauschte umgehend die
  gewonnene, virtuelle Ressource Geld gegen echte
  Ressourcen ein und begann diese nachhaltig zu
  bewirtschaften und managen.
- Unabhängig voneinander werden einige der
  erfolgreichsten und charismatischsten Charaktere der
  „new economy" auf das Projekt aufmerksam und
  entschließen sich, dieses Initiative aktiv zu
  unterstützen. So tritt der Initiator und Miteigentümer
  des global erfolgreichsten Social Networks der
  „Neophilen-Gruppe" in seinem Netzwerk bei und
  bekennt sich öffentlich zu seiner eigenen Neophilie. Er
  beginnt aktiv Werbung für die Initiative zu machen.
  Zeitgleich und davon unabhängig beginnt auch einer
  der Gründer der weltweit erfolgreichen Search-Engine
  sowie der Erfinder und charismatische Leitfigur einer
  bekannten Online-Enzyklopädie die Community zu
  unterstützen. Auch der Sponsor eines freien
  Betriebssystems auf Linux-Basis tritt der Community

bei. Ohne diese Prominenten Mentoren hätte es die Initiative wahrscheinlich nicht ins Bewusstsein so vieler Menschen geschafft.

Durch die aktive Unterstützung bekannter Persönlichkeiten und damit die erhöhte öffentliche Aufmerksamkeit werden die Initiative der Neophilen und ihre Konzepte sogar in den Medien immer präsenter. Immer mehr Menschen beginnen sich für das Thema zu interessieren – die Vorbildwirkung bekannter Personen zieht andere mit.

Warum hatten sich diese Pioniere des Internets und der Open Source Bewegung entschlossen, mitzumachen? Natürlich aufgrund passender Incentives – persönlicher Motivatoren! Welcher erfolgreiche Unternehmer der New-Economy träumt nicht davon, von den Limitierungen, Nötigung, Zensur und Besteuerung durch lokale und globale Lobbies und ihre Handlanger, die Regierungen der territorialmonopolistischen Staaten befreit zu werden?

Die meisten erfolgreichen, kollaborations-basierten Internet Initiativen haben de facto als Alternativen zu etablierten, monopolistischen Systemen begonnen und tragen somit den Geist der anarchistischen (herrschaftslosen) Basis-Demokratie schon in sich.

Ihre Gründer wollten mit ihren Projekten freien, offenen, unlimitierten Zugang zu allen Menschen, ohne Konzessionen an Monopolisten und Lobbies.

Eine Teilnahme an der Initiative unserer freiheitsliebenden, subversiven Pioniere war also ein logischer Schritt, die im System erfolgreichen Web-Projekte ein für alle Mal von den Versuchen der Kontrolle und Zensur durch die Herrscher zu befreien.

Nicht Altruismus oder Philanthropie waren die Motive – sondern das Faktum, dass die Initiative mehr Freiheit versprach, für die Umsetzung ihrer eigenen, innovativen, meinungsbildenden, gesellschaftsrelevanten Projekte.

Die Texte „Industrial Mass-Breeding of Human Lifestock (and potential alternatives)" und „Industrielle Massen-Nutzmensch-Haltung (und mögliche Alternativen)" werden zu Untergrund-Bestsellern. Viele der Leser der frei verfügbaren E-Books begannen selbst, sich in der Initiative zu engagieren und sich aktiv an der demokratischen Formierung von Pioniergesellschaften – neophiler Communities - zu beteiligen. Die Anzahl der Mitglieder der „Alternative Systems for Neophile Communities (AS4NC)" Online Community wächst sprunghaft. Wie in neophilen Systemen üblich verändern sich diese rasch und dynamisch – die Abkürzung AS4NC bleibt dabei überraschender Weise über längere Zeit in Verwendung.

Aufgrund der steigenden Popularität der Initiative folgen erste Interviews durch die etablierten Medien mit unseren Protagonisten, welche sogar publiziert/gesendet werden. Zeitgleich starten erste öffentliche Verunglimpfungen der Initiative durch Agenten der etablierten Herrscher, mit dem Grundtenor, diese als Anarchisten, Chaoten und Terroristen zu bezeichnen um so den Nutzmenschen Angst davor zu machen und das eigene Vorgehen gegen die Initiative zu rechtfertigen.

2011-Oktober
Kajetan Woferl sendet eine e-mail folgenden Inhalts an die Regierung von Tuvalu:

Via e-mail to
Consulat général de Tuvalu
Elisabethenstrasse 42
4010 Bâle

Dear Ladies/Sirs,

I would like to become a citizen of Tuvalu. Specifically I want to purchase following two services from you (and only those):

- Providing and maintaining my official legal identity as a citizen (passport)
- International representation as a citizen of Tuvalu via your consulates or, embassies, if so necessary

Background: national states today are territorial monopolists. In a globalized world with people moving from place to place (often due to economic reasons), this concept is a severe limitation – like all monopolies. For the people in the market for the service "citizenship", a free market for statist (state offered) services would be a significant improvement over today's monopolistic service landscape.

Why Tuvalu?
For us, the small online community who is behind this initiative, it is next to impossible to get acceptance as a nation and hence be able to provide above mentioned to minimum services.
Tuvalu already is an internationally accepted nation and has that right.
Tuvalu will more sooner than not be a nation without territory, due to global warming and rising sea levels.
For Tuvalu this might be a chance for a successful future as a nation (even though your territory is consumed by the rising sea levels) and for us working with you might be a dramatic shortcut.

Benefit for Tuvalu:
Tuvalu as a shrinking nation with shrinking territory can establish a mechanism, to allow it to grow in population (maybe eventually territory, if the service is successful and closed local communities of citizens are established in areas around the world).

By providing the above minimum set of services, Tuvalu can generate additional income from citizens who want, for the time being, to complement their existing citizenships at a territorial monopolist with a new, international, free (non territorial) citizenship of Tuvalu. (I personally know at least a dozen people, who would like to obtain this service, were it available. Depending on the success of a viral marketing campaign and the number of dissatisfied citizens who are not happy with their local monopolistic bureaucracies and are open for alternatives, we estimate that the market for such services is around 4-5% of the population in typical western countries.)

Benefit for us/me:
If Tuvalu decided to furnish me with above mentioned non-resident citizenship (limited to two services, no rights as a Tuvalu resident, hopefully reasonable cost for the services provided), a "proof of concept" for a free market for statist services is established.

A partnership with an existing, internationally accepted nation like yours will allow us to take a shortcut to a free market for state services, like citizenships, avoiding the necessity for lengthy red-tape and legal battles to establish the same without a controlled territory.

Additional benefit for Tuvalu:
By this step and a respective communication of the concept, you can send a signal to the world to get more awareness for the problems you are facing due to global warning caused by industrialized nations.

It now only remains for me to hope, that this letter is received and read by someone with visionary foresight to realize the potential of this simple request. I am offering you a concept for a successful future for a nation of Tuvalu, which is otherwise in danger of becoming eradicated by a natural disaster brought about by other nations and way beyond your control.

Please be so kind as to inform me, whether there is any chance that the territory-wise endangered nation of Tuvalu might decide to become the first "non territorial nation" and provide me (and others) with a basic non-resident citizenship?

I'm looking forward to hearing from you and am at your service, in case you want to learn more about the concepts for non territorial states, online-nations, etc. which are the base of this request.

Thank you in advance for your trouble.

Best regards,

Kajetan Woferl

Zusammenfassung des Inhalts der Mail:
Kajetan möchte ein „non resident", ein nicht im Land lebender Staatsbürger von Tuvalu werden und von Tuvalu die zwei mindestens notwendigen Services kaufen, die ein Staat anbieten kann (Verwaltung der Identität, Internationale Repräsentanz).
     Da Tuvalu als Inselstaat flacker Atolle aufgrund der Klimaerwärmung und steigenden Meeresniveaus in absehbarer Zeit ohnedies ein Staat ohne Territorium sein wird, wäre es für die Regierung von Tuvalu sinnvoll, als erster Staat ein solches Service anzubieten.

Es gäbe somit eine für beide Seiten vorteilhafte Situation bei dieser wirtschaftlichen Vernetzung zwischen Service Provider und Kunden.

2011- immer noch Oktober

Sabrina und Kajetan Woferl ziehen in ihr schuldenfrei auf eigenem Grund und Boden errichtetes Haus und fragen bei den lokalen und EU Behörden an, welche Schritte (Formulare, etc.) notwendig sind, um ihren eigenen Grund und Boden als unabhängige, echt demokratische Republik vom lokalen Territorialmonopolisten abzuspalten. 100% der Einwohner des Territoriums (Sabrina und Kajetan) hatten in einer demokratischen Abstimmung diesem Schritt zugestimmt.

Gleichzeitig verhandeln sie mit der lokalen Gemeinde bezüglich der Kosten für Infrastrukturbereitstellung im Falle einer Ausgliederung. Von den jungen, motivierten Beamten der Gemeinde werden sie darin unterstützt, der recht moderne Bürgermeister sieht hier sogar eine Chance für seine Gemeinde, das Gemeindebudget zu sanieren, wenn die staatlichen Abgaben an den Territorialmonopolisten wegfallen und die Infrastrukturkosten durch die Nutzer direkt getragen werden. Gemeinden hatten aufgrund der enormen Einflussnahme durch Landes- und Staatspolitik kaum eine Chance, kostendeckend und schuldenfrei zu wirtschaften. Hier bot sich nun eine Chance, dies zu ändern – durch das ganz normale Modell eines freien Marktes, bestehend aus Infrastruktur-Bereitstellung als Service der Gemeinde und den Nutzern dieser Infrastruktur, den Einwohnern der Gemeinde.

Es war in jenem Land ein bekanntes Problem, dass Gemeinden mit ihren Einnahmen zur Sanierung des Staatshaushaltes beitragen sollten und ihrerseits, als bürgernächste, unterste bürokratische Ebene kaum ausreichend Gelder aus den staatlichen Steuereinnahmen erhielten.

Ein kostendeckendes Modell eines freien Marktes zwischen ihnen und ihren Kunden für z.b. Infrastruktur-Services wie Energie, Kanalisation/Wasser, Müllabfuhr, etc. war also absolut im Sinne einer Gemeinde, logisch und wirtschaftlich denkende Gemeindebeamte vorausgesetzt.

Der Weg zu einer Umsetzung des Plans von Sabrina und Kajaten war zwar gepflastert mit bürokratischen Hürden, aufgrund der motivierten Leute im Gemeindeamt scheint es aber nicht völlig aussichtslos zu sein.

2011- nochmal Oktober

Genoveva Woferl als designierte Front-Frau und Sprecherin der Initiative unserer Protagonisten beginnt verstärkt Interviewtermine in den Medien wahr zu nehmen. Der subversive Erfolg des Textes „Industrielle Massen-Nutzmensch-Haltung (und mögliche Alternativen)" und der AS4NC-Initiative wird, mangels berichtenswerter globaler Naturkatastrophen und Kriege im Oktober 2011, von den Massenmedien als momentaner Quotenbringer benötigt. Es beginnt die flächendeckend die Ausschlachtung des Themas aufgrund einer Spätsommer/Herbst Flaute auf dem Nachrichten-Markt.

Dabei beginnen sich viele Medien gegenseitig aufzuschaukeln im Wettbewerb um die polarisierendste Darstellung. Besonders spannend ist es, wenn quotengierige Medien versuchen, beide Gruppen – die Neophopen und die Neophilen – gleichzeitig zu bedienen und so völlig widersprüchliche Darstellungen abwechselnd publizieren, in welchen die Initiative einmal als anarchistische Chaoten verunglimpft und gleich darauf als willkommene Alternative zu den feudalistischen Herrschaftssystemen gefeiert werden.

Die offizielle Gegenpropaganda der etablierten Eliten versucht zu verhindern, dass Nutzmenschen vielleicht doch beginnen, umzudenken, indem massiv die „anarchistische Chaoten" Nachrichten forciert. Vor allem versucht man zu verhindern, dass sich die Meme der Community im allgemeinen Sprachgebrauch festsetzen und vor allem der Begriff „Nutzmensch" allgegenwärtig wird. Folgende bewährte Methoden kommen dabei im Sinne der Desinformation und Propaganda zum Einsatz:

- Diskreditierung der Neophilen als Spinner
- Diskreditierung der Neophilen als Anarchisten, welche die Welt ins Chaos stürzen wollen
- Diskreditierung einzelner Neohphiler durch individuell erfundene Anschuldigungen (im Speziellen wurde Genoveva Steuerbertrug in einem Ausmaß unterstellt, welches ihre bisherigen Lebenseinkünfte um ein Vielfaches überstieg; Kajetan wurde mit Vorwürfen sexueller Nötigung konfrontiert, da sich dies auch schon bei Julian Assange, dem Mitbegründer von WikiLeaks bewährt hatte; mir selbst, als dem Chronisten der Initiative, wurde gezielte Verfälschung von Tatsachen und Mitgliedschaft in terroristischen Vereinigungen angedichtet und dem Alien wurde mehrfache terroristische Betätigung nachgesagt – pure Verleumdungen, welche aber über die von den Herrschern kontrollierten Medien weit und lauthals verbreitet wurden und so natürlich von vielen obrigkeitshörigen Nutzmenschen brav geglaubt wurden
- Die Bezeichnung „Nutzmensch" wurde als menschenverachtend und beleidigend tituliert um so die Verwendung des Mems zu tabuisieren

- Abstruse Berechnungsmodelle wurden präsentiert, um das Faktum der Kontrolle von 95% aller Ressourcen durch 5% Herrscher so darzustellen, als würden die Herrscher alle von ihnen kontrollierten Ressourcen nur zum Wohle der Nutzmenschen einsetzen

Dies und viele andere bewährte Techniken der Propaganda und Desinformation wurden flächendeckend eingesetzt, um die Nutzmenschen von aufkeimendem selbständigem, kritischen Denken abzuhalten, welches dazu führen könnte, dass sie selbst auch die Erkenntnis ihres eigenen Nutzmenschendaseins ereilt und damit der Wunsch, aus diesem auszubrechen.

Ziel der Herrscher war es, die Nutzmenschen weiterhin vollständig unter Kontrolle zu halten, ansonsten würde das globale System des Feudalismus nicht mehr funktionieren. Ein Nebeneffekt dieser Hetze gegen die Neophilen war die Vorbereitung der Nutzmenschen auf ein gewaltsames Vorgehen, via Justiz, Exekutive und Militär, gegen die Minderheit der Neophilen – dazu war es nötig, diese als „Terroristen" zu etablieren.

So wurde die geplante gewaltsame Unterdrückung der Initiative bereits frühzeitig vorbereitet, da die Herrscher der AS4NC sicher nicht kampflos gestatten würde, eine Alternative zu den etablierten Feudalsystemen zu etablieren. Der offizielle Grund für die gewaltsame Unterdrückung würde natürlich lauten: „Kampf gegen Terror, Anarchie und Chaos zum Schutz der Bürger und der Demokratie und Freiheit" (eine offensichtliche Lüge – aber für tumbe Nutzmenschen tauglich).

Vereinzelte wirklich freie Journalisten hielten hier massiv, auch im Angesicht direkter Drohungen gegen ihre Person, dagegen und zeigten, dass die AS4NC als einzige Interesse an echter

Demokratie und Freiheit (und Gleichheit, und Nachhaltigkeit) hatten.

Es begann ein „Information War" zwischen „Die Nutzmenschenlüge" (offizielle Herrscherpropaganda) und „Alternativen zum Nutzmenschdasein können funktionieren – befreit Euch von den Ketten der Sklaverei!" (freier, kritischer Journalismus).

Es wurde Zeit für die erste große, offizielle, internationale Aktion der Assassins-Community. Als Reaktion auf die wachsende Propaganda und Desinformation besuchte das Alien persönlich, die an den Schalthebeln der größten globalen Medien sitzenden Mächtigen.

Er überreichte jedem einzelnen dieser mächtigen Herrscher-Handlanger und Meinungsmacher eine öffentliche Botschaft folgenden Wortlauts (als Video-Botschaft, Brief, auf digitalen Datenträgern, und – als Running-Gag der Neophilen Community – in eine Steintafel gemeißelt)

Dies ist ein offizielles Schreiben der „AS4NC Alternative System for Neophile Communities" an Sie, Frau/Herr <jeweiliger Name des Herrschers oder der Herrscherin>, überbracht durch einen Repräsentanten der Assassins-Community.

Wir weisen Sie höflichst darauf hin, dass Sie ab heute 5 Tage Zeit haben sicherzustellen, dass in den von Ihnen kontrollierten Massenmedien folgende Art der Berichterstattung eingestellt wird:

- *Verbreitung von Verleumdungen oder nachweislichen Fehlinformation, speziell betreffend der Ziele unserer Community / Initiative, sowie der beteiligten Personen*

- *einseitiger Propaganda und Desinformation zur laufenden Diskussion über Alternativen zum Nutzmenschdasein und den derzeitigen realen Status der Welt und der menschlichen Gesellschaft*

Wir erwarten von Ihnen nach Kräften für eine neutrale Berichterstattung auf Basis verifizierbarer Informationen zu sorgen. Bei den genannten Informationen sind jeweils anzugeben:

- *Basis der Information (woher stammen die Daten?)*
- *Nachweis der Richtigkeit der Information (Angabe der wissenschaftlichen Methode zur Nachweisführung)*
- *Methode der Erstellung der Information (z.B. bei Umfragen die genaue Fragestellung sowie Daten zur befragten Gruppe und deren Repräsentativität, etc.)*
- *Quelle der Information*
- *Auftraggeber/Geldgeber für die Aktivitäten im Rahmen der Informationserstellung*

Diese Informationen sind bei wissenschaftlicher Beweisführung üblich, daher sollte es kein Aufwand für Sie sein, diese jeweils bereitzustellen.

Subjektive Meinungen und Kommentare ohne wissenschaftliche Nachweisbarkeit sind als solche eindeutig zu kennzeichnen.

Wie Sie an diesem Besuch sehen können, sind Ihre Sicherheitsmaßnahmen kein Hindernis für uns Assassins, Sie nach Belieben zu besuchen um Ihnen gegebenenfalls diese Nachricht noch deutlicher zu kommunizieren und verständlich zu machen.

Hochachtungsvoll

Das Alien
Repräsentant der Assassins-Community
Im demokratischen Auftrag der „AS4NC Alternative System for
Neophile Communities"

Durch das spezielle Auftreten des Alien und seiner Begabung überaus überzeugend zu wirken, konnte man in den Medien durchaus steigendes Bemühen um mehr Neutralität in der Berichterstattung bemerken und ebenso einen Fokus auf nachweisbare Fakten statt propagandistischer Desinformation.

So erhielten die freien, unabhängigen Journalisten nun auch verstärkt eine Plattform für ihre Berichte in den etablierten Massenmedien.
    Einige beliebte Zeitungen und TV-Sender taten sich diesbezüglich sogar besonders hervor. Offensichtlich war der Stab der dort tätigen Redakteure im Herzen doch dem freien, objektiven Journalismus verbunden und sie hatten sich zuvor nur aus wirtschaftlichen Zwängen der Beeinflussung durch ihre Herrschern – meist die Eigentümer der Medien-Multis - gebeugt.

Es war aber auch zu bemerken, dass bei den Herrschern über jene Medien, welche sich weiterhin primär der Propaganda widmeten, in den nächsten Wochen eine hohe Anzahl von „Unfällen" mit Permanent-Markern oder Tätowierungsnadeln, sowie Empfindlichkeit bei Berührungen auftraten – bei einem besonders obrigkeitstreuen Medien-Mogul wurde das mehrfach durch Lasereinsatz seiner Ärzte wieder abgeschwächte „Propagandist" auf seiner Nase ebenso mehrfach durch die Assassins neu tätowiert.

Es bleibt zu betonen, dass über jede einzelne Aktion der Assassins-Community zuvor innerhalb der Neophilen Community demokratisch abgestimmt wurde. Nur bei einer absoluten Mehrheit wurde ein Auftrag erteilt und durch das Team des Alien ausgeführt. Auch die genaue Art der „Motivation" zu neutraler Berichterstattung wurde individuell für jeden Medien-Mogul demokratisch festgelegt.

Weiters ist zu erwähnen, dass auch ein Verleger politischer Bücher vom Alien besucht wurde, welcher übertrieben in die Gegenrichtung zum Herrscher-Mainstream – also eigentlich im Sinne der Prinzipien der AS4NC – agierte. Aber auch Propaganda für die Initiative war kontraproduktiv, da sie falsche oder übertriebene Informationen verbreitete. Auch ihm wurde daher höflich aber bestimmt mitgeteilt, er möge sich bitte um neutrale, möglichst korrekte Berichterstattung bemühen, da die Fakten des Zustands des Planeten und der Gesellschaft an sich bereits laut genug für die Initiative sprechen und eine zu euphorische, überzogene Propaganda dafür nicht zielführend war.

Schließlich ging es darum, kritische, selbständig denkende Menschen zu erreichen, nicht für irgendwelchen bedingt vernunftbegabten Fundamentalisten einen neuen Götzen zu errichten.

Die Initiative brauchte keine einseitige Berichterstattung oder wahrheitsverzerrende Propaganda – eine neutrale Aufzählung nachweislich richtiger Fakten reichte völlig.

Ausgenommen von dieser Medien-Mogul-Motivations-Aktion (M³A) der Assassins-Community waren dedizierte Boulevard-Medien, welche zwar von den dümmsten der Nutzmenschen ernst genommen wurden, aber für die Homo VereSapiens, die Zielgruppe der Initiative, nicht relevant waren. Für alle, die sich primär für die letzte Shopping-Tour von IT-Girls oder die aktuellste Sichtung von Elvis P. interessierten, war die Initiative für Alternativen zur Nutzmenschhaltung ohnedies uninteressant.

Einzig das Alien übte auf diese Klientel, in gewisser Weise eine Faszination aus und wurde trotz absolut nicht vorhandener Ähnlichkeit mit Elvis Presley in Verbindung gebracht und als Reinkarnation des King gefeiert. Aber lassen wir diese Art der „Information" beiseite, da es sich dabei eher um Fiktion und Unterhaltung handelt, denn um relevantes Wissen.

Es reicht, zu bemerken, dass es auch viele Nutzmenschen gab, denen der Unterschied nicht immer vollends bewusst war.

2011-Dezember

Durch das bereits erwähnte Engagement prominenter Vertreter großer Online-Communities und das mediale Tamtam um die Berichterstattung über Community wurde diese bereits von vielen Nutzmenschen bemerkt. Der Bekanntheitsgrad stieg, unabhängig vom inhaltlichen Interesse.

Überraschend viele Bürger begannen umgehend, mit den Konzepten, oder mit Teilen daraus, zu kokettieren und die Community begann immer rascher zu wachsen. Ende Dezember 2011 zählte die Community bereits über 150.000 aktive Mitglieder.

Um den Zeitpunkt dieses Neuanfangs als nun skalierende Gemeinschaft mit signifikanter Anzahl von Mitgliedern gebührend zu würdigen, wurde in Tradition anderer großer gesellschaftlicher (R)Evolutionen eine neue Schreibweise für Jahreszahlen eingeführt, beginnend im Jahr 2010 – oder 20X wie es in der Community genannt wurde.

Die ZeitrechnungNEU, das Symbol für den Neuanfang einer freien Pioniergesellschaft in einer neophoben Welt von Herrschern und Nutzmenschen, begann also mit 20x am 1.1.20x (sprich 20-ix – der 1.1.20x entspricht dem 1.1.2010). Die Jahreszahlen wurden mathematisch hochgezählt, also 20x+1, 20x+2, etc.

Später wurde oft auch das „20" weggelassen. Die Zeitrechnung neu startete bei X, das Jahr war x+n. 20x markiert dabei den offiziellen Wechsel, weg vom ewigen Wachstumsdogma hin zur nachhaltigen Nutzung des Öko²Systems – zumindest innerhalb der Community. Dies entsprach der Gründung einer völlig neuen und andersartigen Wirtschaftsgemeinschaft – auch wenn diese zu Beginn noch winzig klein und ohne substantielle Mittel war.

In etlichen Posts und offiziellen Aussendungen wurde (die offiziell von den Herrschern noch nicht anerkannte) Unabhängigkeitserklärung der Community von Territorialmonopolisten erklärt. Als Basis diente die gemeinsame Verfassung aus den drei Prinzipien: Freiheit, Gleichheit, Nachhaltigkeit.

Die neue Zeitrechnung sollte außerdem bewusst den Bruch mit religiös (mystizistisch) motivierten Zeitrechnungen auf Basis fiktiver oder realer historischer Ereignisse im Zusammenhang mit irgendwelchen Religionen darstellen. Es war der Aufbruch (zumindest der kleinen Minderheit der Neophilen) in ein rationaleres und auf den Gesetzen der Natur und Realität basierendes Zeitalter.

Auch dies war völlig analog zu den (gescheiterten) Versuchen diesbezüglich während der französischen Revolution, wo am Ende doch nur eine neue Kaste von Herrschern statt der alten etabliert wurde.

Man merkt, auch hier dominierte am Anfang die Euphorie und der Idealismus. Man plante, es besser zu machen, als Gesellschaften bisher.

20x+2 Juni
Genoveva Woferl lanciert ein neues Web Service, gemeinsam mit mehreren prominenten Vorreitern des Web 2.0 (ebenfalls freie Bürger der Community): **d-cide.org**
D-cide.org ist ein Entscheidungs-Netzwerk, welches für bestehende Sozialnetzwerke aber auch andere Sites Plugins zur Verfügung stellt, welche die Entscheidungsfindung durch Abstimmungen als professionelles Service anbietet.

D-cide.org bietet vier „Sicherheitsstufen".

Sicherheits-Stufe 1: die einfache, anonyme Befragung – hier reicht die Anmeldung via eines Online-Alias um entweder innerhalb einer geschlossenen Gruppe (Sub-Community, Friends, Groups, ...) eine Meinung oder einen Trend abzufragen, oder triviale Events wie ein gemeinsames Essen oder einen Kinobesuch zu koordinieren.
Jemand lädt zu einer Abstimmung ein. Wer will, nimmt teil. Viele auf Werbung basierte System-Dienste bieten die Option an, sich Alternativvorschläge anzeigen zu lassen (z.B. bei einer Umfrage im Freundeskreis „Wo gehen wir heute essen? Wer kommt mit?" können alternative Restaurantvorschläge angezeigt werden).

Sicherheits-Stufe 2: personalisierte Befragung von konkreten Zielgruppen. Hier wird bereits über das d-cide.org-System mit einfachen Sicherheitsmechanismen sichergestellt, dass es zu keiner Mehrfachabstimmung einzelner kommen kann, womit die Befragung garantiert „repräsentativ" ist.

Die Stufe 2 kommt vor allem bei Rankings zum Einsatz (z.B. von Restaurants wo man etwa nach einer via Stufe 1 organisierten „Abstimmung" gemeinsam Essen war), aber auch bei der Bewertung ökonomischer Transaktionen (ähnlich wie der Händler-Bewertung auf ebay oder Produkt-Bewertungen wie bei amazon).

Sicherheits-Stufe 3: eindeutig identifizierte, personenbezogene Abstimmungen mit hohem Sicherheitsstandard, ähnlich Telebanking.

Relevant vor allem für mittlere wirtschaftliche Transaktionen bis zu einem Transaktionswert von 50.000 RE.

An dieser Stelle möchte ich einen kurzen Vorgriff auf ein erst später in der Community etabliertes Konzept machen, das RE – Ressourcen Äquivalent als neues, zu 100% real wertbesichertes, nachhaltiges Transfermedium. Bei seiner Einführung im Jahr 20x+4 entspricht 1 RE in etwa 1 € oder 1,3 US$ der antiquierten, dysfunktionalen, nicht real wertbesicherten Systeme.

Der Unterschied ist aber, dass REs einen langzeit-konstanten Wert darstellen, da es in einem zu 100% real wertbesicherten, nachhaltigen System natürlich keine Inflation geben kann. Während also die € und $ jährlich weniger wert werden, bleibt der Wert der RE konstant.

Zurück nach 20x+2 – zu Transaktionen mit signifikantem Wert bis zu 50.000 RE:

Die typische „Umfrage" bei einer wirtschaftlichen Transaktion ist immer „Die Tauschpartner stimmen der folgenden Transaktion <Beschreibung> zu".

Die „Transaktion" ist dabei meist ein Tausch. Typischer Weise wird ein aufwendiges Produkte, eine arbeitsintensive Dienstleistung oder die zeitweilige Überlassung der Nutzungsrechte an einer Ressource gegen einen entsprechenden Betrag von Res getauscht – Ware gegen Geld (in diesem Falle Geld 3.0).

Bei 100% Ja in der „Abstimmung" – das bedeutet Anbieter und Käufer (beide Tauschpartner) sind sich einig - ist die Transaktion gültig und der Tausch findet statt.

Das D-cide.org Service ist dabei kostenlos. Die Transaktion findet ohne Wertminderung durch Partizipation Dritter statt (ohne Steuern, Abgaben, Taxen - ohne Nötigung durch einen Monopolisten)!

Der Erhalt der Serviceplattform d-cide.org wird durch einen eigenen, getrennten Vertrag mit den Nutzern durch diese finanziert – aufgrund der hohen Anzahl der Nutzer und der hohen Automatisierbarkeit eines solchen Online-Services entstehen so Kosten von 1.53 RE pro Jahr, pro Nutzer. Vergleichen Sie dies mit 10% bis über 20% an Taxen oder (Mehrwert-) Steuern bei jeder Transaktion in den Wirtschaftssystemen der Territorialmonopolisten – das freie Commnunity-System d-cide.org spart seinen Teilnehmern jährlich deutlich mehr, als die 1,53 REs, welches es im Jahr pro Person kostet.

Das d-cide.org Service entwickelt sich über die Jahre zur Basis für wirtschaftliche Transaktionen innerhalb des Wirtschaftssystems der AS4NC.

Die Sicherheitsstufe 3 – also analoge Sicherheit zu state-of-the-art Telebanking – ist dabei für fast alle mittleren und größeren Transaktionen ausreichend sicher.

Sicherheits-Stufe 4: Top Security – für wirtschaftlich in großem Rahmen oder gesellschaftlich relevante, demokratische Abstimmungen. Der Sicherheitslevel wird durch die Kombination der besten Systeme des Online-Banking und der ID-Verifizierung, sowie diverse Redundanzen und multiple Plausibilitäts-Checks in der Serverarchitektur sichergestellt. Freie Bürger können sich über ihr Bürger-D-Cide-Konto (unique AS4NC-Identity) anmelden, und via Unique-Transaction-ID, Bürgerkarte, iTAN und e-Signature an offenen oder anonymisierten Abstimmungen teilnehmen. Ob die Abstimmung anonym oder offen erfolgt, kann der Abstimmende selbst entscheiden.

Eingebaut in die Systemredundanzen und Anonymisierungs-Mechanismen sind Mechaniken, welche sicherstellen, dass ein Bürger selbst volle Kontrolle über seine Abstimmungs-Beiträge und deren korrektem Beitrag zu den Abstimmungsergebnissen hat, aber gleichzeitig, bei Bedarf, eine vollständige Anonymisierung des eigenen Abstimmungsverhaltens gegenüber anderen sichergestellt ist.

Diese Stufe kommt zum Einsatz, bei (gesellschafts-)politischen Entscheidungen, also dem gemeinsamen, echt demokratischen Treffen von Entscheidungen durch die Bürger einer Gemeinschaft, oder auch, wenn es um Geschäftsentscheidungen der Firmenleitungen in größeren Unternehmen geht.

Direkt ressourcenrelevante Geschäfte größeren Umfangs oder größerer Dauer(zum Beispiel die Nutzung von Land als Bauland für bis zu 100 Jahre zur Errichtung überregionaler Infrastruktur) können so ebenfalls sicher abgewickelt werden.

Auch über Änderungen der Verfassung der AS4NC, der Online-Nations.net – Plattform und der darauf aufbauenden Verfassungen und Regelsysteme der einzelnen Online Nations werden demokratisch von den betroffenen Bürgern via Stufe 4 entschieden.

Für die jeweiligen „Rechtssysteme" aus Judikative und Exekutiver in den unterschiedlichen Sub-Communities wurden über die Jahre verschiedenste Mechanismen etabliert – jedoch setzt sich im Laufe der Zeit ein Modell durch, welches am ehrlichsten echte Demokratie repräsentiert und durch ein System wie d-cide.org ermöglicht wurde:

- Jeder Bürger darf auf einer offenen Gesetzes-Plattform Vorschläge publizieren.
- Andere Bürger können diese (via D-cide.org Stufe 4 Mechanismen) wahlweise offen oder anonym unterstützen oder ablehnen.
- Bei einer ausreichenden Anzahl von Unterstützungserklärungen wird über den Vorschlag demokratisch abgestimmt (ebenfalls Sicherheits-Stufe 4). Im Zuge dieser Abstimmung gibt es jeweils mehrere Fragen:
  1. Der Vorschlag ist verständlich und weitestgehend eindeutig formuliert. (Ja/Nein – 75% Ja ist für eine Akzeptanz notwendig)
  2. Der Vorschlag entspricht den Prinzipien der Verfassung. (Ja / Nein – 66,6% Ja, entspricht Zwei-Drittel-Mehrheit, ist für eine Akzeptanz notwendig)
  3. Ich stimme dem Vorschlag zu. (Ja/Nein - >50% Ja, einfache Mehrheit ist für eine Akzeptanz notwendig)

In einer Community mündiger, kritischer freier Bürger
funktioniert dieses selbstnivellierende, freie System
hervorragend. Es kommen kaum unnötige neue Regeln zu
Stande – weil sich dafür keine Mehrheit oder keine
ausreichende Unterstützung findet.

Die Etablierung einer Elite, welche die Regeln kontrolliert,
wird ebenso effektiv verhindert, da auch für Regeln, welche
Privilegien oder Monopole festschreiben wollen keine
Mehrheiten zu erreichen sind.

Die rechtliche Festschreibung von Monopole und Privilegien
wird quasi unmöglich, da diese niemals mehrheitsfähig sind.
Das entstehende Rechtssystem ist ein System von Bürgern, für
Bürger.

Bürger, deren Vorschläge mit hohen Mehrheiten angenommen
werden, oder Bürger, welche durch gezielte Hinweise auf
Verfassungsbrüche die Versuche von Möchtegern-Herrschern
verhindern, das System zu korrumpieren, genießen in der
Community hohes Ansehen.

Der Ehrentitel „politischer Mentor" wird als persönliches
„Ranking", als kommunal verbrieftes Kompliment, eingeführt,
ist aber nicht mit speziellen Rechten verbunden.

In Online-Nations, wo „liquid democracy" gepflegt wurde,
also das Rechtes, seine Stimme für gewisse Abstimmungen an
selbst ausgewählte Experten zu delegieren (Ich stimme wie
<Namen+ID>, wurden oft diese Mentoren für die Delegation
der Stimme von politisch (oder thematisch) weniger
interessierten Individuen gewählt.

Über die Etablierung der Mechanismen einer Liquid
Democracy war in der Community lange diskutiert worden –
allerdings sprach nach mehrheitlicher Meinung nichts
dagegen, dass diese sanfte Form der repräsentativen

Demokratie durchaus brauchbar war. Ein Bürger hat das Recht über seine demokratische Stimme frei zu verfügen. Wenn sich ein Bürger dazu entschließt, seine Stimme für ein spezielles Thema zu delegieren, so ist dies sein gutes Recht.

Anders als in den Feudalsystemen anno 2010 wurde die Teilnahme am politischen Prozess, dem gemeinsamen Treffen von Entscheidungen, Teil des normalen täglichen Lebens der Neophilen.

Das demokratische Treffen von politischen Entscheidungen war genau so normal und alltäglich, wie die Abwicklung wirtschaftlicher Transaktionen. Als System stand dafür beide Male d-cide.org zur Verfügung.

Versuche diverser Herrscher, das public-domain-System d-cide.org durch monopolistische Konkurrenz abzulösen, scheiterten an der Wachsamkeit der Community.

d-cide.org wurde als Community Projekt demokratisch geführt, gemeinsam weiterentwickelt und um viele Features erweitert. Seine innovativen Sicherheitskonzepte waren in den Jahren 20x+10 weltweit „state oft he art" und behielten über viele Jahrzehnte diesen technischen Vorsprung.

Sichere, gemeinsame, demokratische Entscheidungen gehörten damit genauso zum Alltag, wie Überweisungen via Telebanking oder andere wirtschaftliche Transaktionen.

Der persönliche Fokus von Genoveva als Mentorin der Site d-cide.org, lag dabei auf einer stetigen Verbesserung des Sicherheitslevels bei gleichzeitiger Optimierung der Ergonomie für die Benutzer.

Im Grunde wurde die Teilnahme am direkt demokratischen Prozess genauso einfach, wie Twittern, Bloggen, oder Posten auf Social-Networks. Von Politikverdrossenheit war in der Community keine Spur – jeder machte mit jedem Politik und traf gemeinsam Entscheidungen.

20x+2 wurde damit zu einem wichtigen Jahr. D-cide.org war nicht nur als freies Entscheidungs-Service bei den sozial vernetzten Neophoben beliebt und diente für viele kleine Koordinationen und Entscheidungsfindungen des Alltags, sondern es wurde mit seinen höheren Sicherheitslevels und ohne monopolistische Kontrolle durch eine Elite auch als „freier Markt" für die Neophilen-Community die führende Plattform, für wirtschaftliche Transaktionen und Politik. Der freie Markt war endlich Realität geworden – zumindest in der noch kleinen, aber stetig wachsenden Community.

Das alles geschah, auf Basis eines kleinen Internet-Projektes mit dem Ziel, gemeinsame Entscheidungsfindung durch demokratische Abstimmung effizient und ergonomisch zu etablieren. Ein kleiner Schritte, mit großer Auswirkung – auch in diesem Fall.

20X+3 (2013)-April
Zur allgemeinen Überraschung, kaum eineinhalb Jahre nach seinem Ansuchen (das sind gerade mal zwei Wochen in Bürokratie-Jahren) und knapp nach einem Tsunami, welcher 70% der Landfläche von Tuvalu überflutet hat, erhält Kajetan Woferl ein Schreiben des Außenministers der Regierung von Tuvalu – nach zwei persönlichen Gesprächen werden er und Sabrina Woferl die ersten „non resident citizens of Tuvalu" und schaffen so einen Präzedenzfall mit Relevanz für die gesamte AS4NC.

Im selben Atemzug erklären Sabrina und Kajetan ihre bescheidenes Stück Land, samt Haus, zur exterritorialen Enklave und ersten Botschaft der ex-territorialen Bürger von Tuvalu in Europa. Umgehend schließen sie mit den lokalen Infrastruktur-Providern (Strom, Trinkwasser, Kanal, Müllbeseitigung, ...) und der Gemeinde eigene Verträge, um die Nutzung dieser Infrastrukturen weiter möglich zu machen und die Gemeindegebühren für diese Services ohne Aufschläge für überregionale Verwaltung lokal abzuführen.

Es beginnt ein langer Kampf mit der Bürokratie des herrschenden Territorialmonopolisten, welcher auf das umliegende Gebiet (und auch auf das Land von Sabrina und Kajetan) Anspruch erhebt. Da sich unsere Protagonisten aber auf die Verfassung der Online-Community berufen und diese als auf dem Territorium mehrheitlich anerkanntes Recht erklären ... aber wozu viele Worte verlieren und den Diskurs mit der Bürokratie als langweiliges Elaborat hier wiederholen?

Kajetan schaffte es als rhetorisch brillanter Formulierungskünstler mit dem Support der ganzen Community, die diversen Ebenen der Bürokratie des Territorialmonopolisten gegen sich selber auszuspielen und den Konflikt mit selbigen Bürokratien schlussendlich auf europäische und dann sogar internationale Ebene zu heben. Dies ging recht schnell, innerhalb weniger Bürokratie-Monate (beziehungsweise Jahrzehnte in realer Zeitrechnung).

Tuvalu nutzte den ganzen Rummel, um verstärkt auf die prekäre Lage ihres Inselstaates hinzuweisen und unterstützte so die Agenda von Kajetan intensiv.

Sabrina und Kajetan hatten dabei den Vorteil, in einer kleinen, europäischen, international völlig irrelevanten, pseudodemokratischen Feudal-Republik in den Alpen zu leben, einem sogenannten Operettenstaat, der recht hilflos dabei war, mit der plötzlichen internationalen Beachtung umzugehen, die über den Besuch von Botschaftern am Opernball und Spott über die einheimische Fußballmannschaft hinausging.

Wären die beiden zum Beispiel amerikanische Staatsbürger gewesen, dann hätte eine sofortige Aktion diverser Geheimdienste ihrem Bemühen um Freiheit und Gleichheit ein rasches Ende gesetzt. Sabrina und Kajetan wären, ähnlich wie der Gründer von Wikileaks, Hr. Julien Assange, gegenseitiger Vergewaltigung durch das Nicht-Verwenden von Kondomen angeklagt worden – oder etwas in der Art und wären dann in einem Militärgefängnis außerhalb der USA verschwunden.

Daheim im Operettenstaat, konnten sie damit allerdings irgendwie durchkommen. Eine freie, echt demokratische Enklave von Tuvalu mitten in den Alpen – wer hätte das gedacht?!

20x+3-August

Die AS4NC Community zählt über 1 Million Mitglieder – oder „freie Bürger" (free citizens), wie sich diese selbst bezeichnen. Der Name der Community wurde weiterhin vielfach diskutiert, ein interessanter Vorschlag war „Free Online-Nations Commonwealth", ein Name, der zum Ausdruck bringen sollte, dass es sich um eine frei Community im Sinne einer globalen Gesellschaft im Staatenrang handelt, welche auch durch einen gemeinsamen Wirtschaftsraum verbunden ist.

In einer Neophilen-Community ist stetige Veränderung und das permanente Hinterfragen von allem – auch des Namens - ganz normal. ;-)

Es gab unterschiedlichste Versuche, die an sich einfache Verfassung zu relativieren und verkomplizieren, um dadurch wieder einen Zustand zu schaffen, der es erlaubt, Eliten zu etablieren und für diese Monopole, Privilegien, etc. durchzusetzen. Alle diese Versuche scheiterten am sofortigen gegensteuern der demokratischen Basis der Bürger. Es formen sich aber aufbauend auf der einfachen Grundverfassung viele Sub-Communities (Online-Nationen), mit erweiterten Verfassungen, welche mehr oder weniger weit die Lücke zu den historischen Feudalsystemen überbrücken, sei es durch mehr Regeln oder die Etablierung von zusätzlichen Verwaltungsinstanzen.

Das Angebot an Online-Nations wurde somit breiter und bot für immer mehr Menschen eine genau passende Option zur Auswahl am freien Markt der Staats-Service-Provider.

Überraschend war rückblickend betrachtet die recht hohe Konvergenz der Systeme. Manche Pessimisten hatten befürchtet, dass sich im Endeffekt eine „eine Person – ein Staat"-Gesellschaft aus lauter individuellen Königreichen bildet. Dies war nicht der Fall. Vielmehr entstand ein dynamisches Geflecht unterschiedlichster Communities auf Basis des gemeinsamen Nenners der Basisverfassung:

- Soziale Communities: mit einem starken Fokus auf ein Miteinander und sozialen Ausgleich innerhalb der Community (ca. 43% der freien Bürger)

- Kompetitive Communities: mit hohem Anteil von Wettbewerb und dementsprechenden Wettbewerbsregeln (ca. 15% der freien Bürger)
- Freie Communities: diese übernehmen quasi ohne Änderung die Basisverfassung, setzen aber bei der Implementierung der drei Prinzipien Freiheit, Gleichheit, Nachhaltigkeit auf teilweise unterschiedliche Strategien (die wirklich freien Bürger)

Diese Verteilung ist keinesfalls für die Gesamtbevölkerung des Planeten repräsentativ. In der Community der freien Bürger dominieren weiterhin die Neophilen und Neophobe, die sich vom Nutzmenschdasein befreien wollten, wenn auch vorsichtig und langsam.

Religionen und andere offen repressive, absolutistische Systeme sind in der Community kein Thema, da die überwältigende Mehrheit der freien Bürger auch frei vom Glauben an Kirchen oder absolute Autoritäten sind. Eine signifikante Mehrheit der freien Bürger sind sogar echte Atheisten, also Menschen, die frei vom Glauben an metaphysische Instanzen wie Götter sind und stattdessen lieber im realen Hier und Jetzt leben.

Vor allem letzteres ist für die Mehrheit der verbleibenden Nutzmenschen erschreckend, da diese seit Generationen auf die Anerkennung von Obrigkeiten und Autoritäten hin gezüchtet wurden und ihr Hier und Jetzt ja aus Sklaverei, Desinformation und kognitiver Dissonanz besteht. Absurder Weise, aber durchaus typisch für das Mindset perfekt funktionierender Nutzmenschen, ist die Gegenpropaganda durch die Herrscher vor allem dadurch erfolgreich, dass die Community der freien Bürger als „gottlos" oder „ohne echte Werte" dargestellt wird – ein völlig Unfug, da die „Werte" dieser Gesellschaft ja in der Verfassung offensichtlich sind: „Freiheit", „Gleichheit", „Nachhaltigkeit".

De facto funktioniert die Gemeinschaft freier Bürger ethischer, moralischer und kooperativer, als die ewig untereinander verfeindeten und sich bekriegenden, absolutistischen Glaubensgemeinschaften religiöser oder doktrinärer Provenience.

Doch auch dieses Faktum kümmert die wohlindoktrinierten Nutzmenschen wenig. Hauptsache sie können ihre Eigenverantwortung an irgendeine Autorität delegieren, die ihnen wortreich versichert, dass diese jeweils die einzig wahre und richtige Autorität ist, was alle anderen bequemer Weise zu Feinden und Lügnern macht.

Die Spannungen zwischen den Herrschern und den durch sie aufgehetzten und somit aggressiven Nutzmenschen und der Gemeinschaft der Freien Bürger AS4NC steigen, können aber durch die häufigen, freundlichen Erinnerungs-Besuche der Assassins-Community bei den Herrschern weitestgehend deeskaliert werden.

Offene Gewalt gegenüber den Menschen in der Community bleibt so weitestgehend aus.

20x+4
Das Jahr 2014 (20x+4) war geprägt durch ein wachsendes Angebot an unterschiedlichsten Online-Staaten welche zu kompetitiven Preisen auf den freien Markt für unterschiedlichste Bürger maßgeschneiderte staatliche Services anboten.

Eine Gruppe von freien Bürgern stellt, analog zu dem in diesem Buches zitierten Modell, mehrere Konzepte für eine eigene, zu 100% real wertbesicherte Währung vor. Noch

Intensiver werden in diesen Modellen, hinsichtlich der Wert-Entwicklung des Transfermediums über die Zeit, die Zyklen realer, nachhaltig genutzter Ressourcen abgebildet. Eines dieser Modelle wird durch die Community mehrheitlich als das führende System der AS4NC gewählt. Die Berechnungsgrundlage für das RE, das Ressourcen Äquivalent, wurde an dieses neue, optimierte System angepasst. Eine optimierte Synchronisation zwischen realen Ressourcen und REs war somit sichergestellt.

Ein RE entspricht zu diesem Zeitpunkt einem Mix aus 256 relevanten Ressourcen, zum Beispiel 1cm³ Trinkwasser, 1cm³ Holz, aber auch CO_2, Methan und NO_x und viele mehr. Der Preis in RE entspricht einem realen Öko²System-Footprint des jeweiligen Produktes bis zum jeweiligen Zeitpunkt in seinem Lebenslauf, von der Entstehung, über die Verteilung, via des Gebrauchs bis hin zum Recycling.

Die Kosten für etwaigen Zwischenhandel, Transport, Verpackung, etc. sind somit bei jedem Produkt transparent, ebenso die eingesetzten Ressourcen zur Erbringung einer Dienstleistung.

Diese „Ehrlichkeit" hinsichtlich der Auswirkungen von Produkten und Dienstleistungen auf das Öko²System verändert signifikant das Konsumverhalten der Bürger des AS4NC Wirtschaftsraumes.

Detail am Rande: der Begriff AS4NC² - Alternative Systems for Neophile Communities Commonwealth wurde häufig als Abkürzung für die Bezeichnung dieses Wirtschaftsraumes benutzt. Es geht in dieser Community wirklich um „common wealth", also den gemeinsamen Wohlstand von Individuen, über mehrere Generationen, in einem intakten Öko²System, welcher nach den Prinzipien Freiheit, Gleichheit und Nachhaltigkeit erzeugt und verteilt wird.

Ein triviales Beispiel der auch für Außenstehende offensichtlichsten Effekte dieser Strategie, ist eine drastische Veränderung der Umverpackungen von Produkten sowie eine komplette Verschiebung innerhalb des Preisgefüges. Nicht nachhaltige Materialien, Produkte aus intensiver, industrieller Landwirtschaft, oder Übergrößen bei der Verpackung verschwinden aufgrund signifikanter Preisnachteile gegenüber vergleichbaren, nachhaltig produzierten Produkten mit minimierter Verpackung.

Die verpflichtende Auspreisung des Warenwertes an sich (Inhalt) getrennt vom parallel anzugebenden Preisanteil der Verpackung- und der Bereitstellung (Transport, Handelsspannen, etc.) verändert das Kaufverhalten und damit das Produktangebot innerhalb des AS4NC² am deutlichsten.

Die Verpackungs-Müllproduktion im Online-Commonwealth wird innerhalb weniger Monate um 70% reduziert – kein Kunde ist bereit, für Überverpackung, und damit in der Entsorgung oder im Recycling teuren Verpackungsmüll, mehr als nötig zu bezahlen. Produktmehrkosten ohne Nutzwert durch „hübsche, große Verpackungen" sind für mündige Konsumenten nicht akzeptabel.

Bei werbetechnisch dauerberieselten Nutzmenschen, welche auf die Blendung durch bunt bedruckte, aufwendige und überdimensionierte Verpackungen oft hereinfallen, würde so etwas wahrscheinlich nicht funktionieren – auch hier ist der Grad des Umweltbewusstseins und des Selbstbewusstseins ausschlaggebend. Menschen, die sich ihrer Selbst bewusst sind und auch ihre Interaktion mit der Umwelt in der sie leben, verhalten sich meist weitaus sapienter (vernünftiger), als in einem permanenten Konsumrausch gehaltene Nutzmenschen ohne echtes Bewusstsein für sich selbst und den realen Zustand der Welt.

20x+4 Februar/März
Die Community wächst weiterhin – es gibt weltweit mittlerweile über 3 Millionen freie Bürger. Fast flächendeckend wird in der Community das RE als Transfermedium akzeptiert. Die d-cide.org Plattform, als „Public Domain", wird gemeinschaftliche verwaltet. Die Betriebskosten des Service können auf 1 RE pro Person pro Jahr gesenkt werden.

Aufgrund der Überzeugungsarbeit durch die Assassins-Community lassen fast alle Staaten mittlerweile zu, dass jene ihrer Nutzmenschen, die dies aus freien Stücken wollen, freie Bürger der Community werden können.

Trotz mehr oder weniger aktivem Widerstand sind die alten Territorialmonopolisten auch gezwungen, den in die freie Community wechselnden Bürgern deren rechtmäßigen Anspruch auf die Ressourcen des Territoriums zuzugestehen – zumal das Prinzip der „Gleichheit" sich ja auch in vielen Verfassungen von territorialmonopolistischen Staaten findet. Zum Glück der Herrscher und ihrer territorialmonopolistischen Systeme ist die Anzahl jener Bürger, die nach Eigenverantwortung und Freiheit streben, in Summe verhältnismäßig gering.

Abhängig von der Kultur der jeweiligen Staaten beträgt die maximale Rate von neophilen freien Bürgern, die aus dem Nutzmenschdasein ausbrechen wollen, zwischen 2% und 8% der gesamten Nutzmenschbevölkerung. Unter den Herrschern selbst sind es überraschender Weise mehr als 10%, welche aktiv das neue System unterstützen.

Eine Abwanderung von zwischen 2% und 8% Nutzmenschen ist für die Herrscher der meisten Staaten gerade noch verkraftbar – der Preis, die potentiellen Rebellen und Revolutionäre und Konkurrenten damit los zu werden, rechnet sich auch für die Territorialmonopolisten – er verliert zwar dadurch 2%-8% seiner Ressourcen, behält aber über den Rest zu 95% die Kontrolle. Gleichzeitig können die Herrscher aber so jene Nutzmenschen aus ihrem Herrschaftsbereich los werden, welche das höchste Revolutionspotential innerhalb des feudalen Systems repräsentieren.

Die schlaueren Herrscher erkennen somit die Alternative für freie Bürger durchaus auch als etwas an, das ihnen hilft, noch besser ihre Nutzmenschen hin zu totaler Obrigkeitshörigkeit zu selektieren, indem potentielle Aufbegehrer und Revoluzzer freiwillig zum AS4NC wechseln.

Die meisten Herrscher beginnen auf den Zuchterfolg bei der Domestizierung der Nutzmenschen zu vertrauen. So wie nur wenige Hühner oder Schafe oder Rinder – auch ohne Zaun – in die Wildnis aufbrechen, solange sie vom Bauern Futter und Unterstände erhalten, so sind auch nur wenige Nutzmenschen gewillt, Eigenverantwortung zu übernehmen in einem neuen System, das voll ist, mit kreativen Spinnern, Pionieren, Vordenkern, Innovatoren und anderen neophilen Geistern.

Es entstehen so erste internationale Vereinbarungen, im Einvernehmen zwischen dem neuen, freien und den alten, feudalistischen Systemen. Den Bürgern der Territorialmonopolisten wird der Wechsel in das freie System ermöglicht, unter anteiliger Mitnahme der ihnen nach dem Gleichheitsprinzip zustehenden Ressourcen des Territoriums. Am ehesten dagegen wehren sich multinationale Konzerne und Großgrundbesitzer, sowie die religiös fundamentalistisch geführte Gottesstaaten und andere Diktaturen.

Als Propagandamaßnahme innerhalb des Feudalsystems wird natürlich die Mitnahme von Ressourcen beim Wechsel in die freie Community als Schädigung der verbleibenden Bürger über die Medien postuliert. Jene die wechseln wollen werden so einem sozialen Druck ausgesetzt, da sie als „Volkswirtschaftsschädlinge" bezeichnet werden – obwohl der Schaden primär zu Lasten der Herrscher geht (leider legen diese ihn soweit möglich auf die Nutzmenschen um, erhöhen Steuern und Preise und geben dafür den freien Bürgern die Schuld).

Die Existenz der freien Community wird so von den Herrschern dazu missbraucht, die verbleibenden, bestens angepassten und domestizierten Nutzmenschen mehr auszubeuten, als in der Vergangenheit, da jene Bürger, die diese Vorgänge in der Vergangenheit durchschaut und gebremst hatten, nun in die AS4NC auswandern.

Für die verbleibenden Nutzmenschen bedeutet dies: mehr arbeiten und geringere Lebensqualität. Eine sozialpsychologisch interessante Zeit beginnt: wie hoch ist die „Resilience", also die System-Stabilitäts-Schwelle der Nutzmenschhaltung? Wie schlecht dürfen die Zustände sein, damit das quasi-stabile System friedlicher Nutzmenschen nicht in ein System „aufgebrachter Mob / Revolution" übergeht?

Als intelligenter Leser können Sie vielleicht nicht glauben, dass Nutzmenschen so dumm sein könnten, auf so offensichtliche Desinformation hereinzufallen und immer weiter sinkende Lebensqualität und von Generation zu Generation zunehmende Schulden zu akzeptieren – aber denken Sie nur an die Situation anno 2010: es gibt genug von diesen Nutzmenschen, die fast alles glauben, sonst hätte sich das flächendeckende Feudalsystem nie etablieren können!

Der Ressourcen-Anteil, welcher einem vom Territorialmonopol in die freie Community wechselnden Bürger zustand, wurde nach der Verfassung der Online-Nations berechnet, also via Generationenlinienmodell und dem Gleichheitsprinzip.

Nicht nur territorialmonopolistische Feudalstaaten, auch multinationale Konzerne mit Monopolstellungen, Konsortien und starken Lobbies werden schließlich motiviert (das Alien ist sehr überzeugend), hier die rechtmäßig den Bürgern gehörenden Ressourcen-Anteile zur Verfügung zu stellen oder eine Kompensation durch andere, gleichwertige Ressourcen für die temporäre Abtretung der Nutzungsrechte zu tätigen.

Die smarteren Konzerne gründen eigene Communities oder Online-Nations – deren Angestellte haben oft eine recht hohe Motivation, diesen beizutreten. Viele Konzerne sehen hier eine Chance, die lästigen Bürokratien lokaler Territorialmonopolisten endlich los zu werden und die Kosten durch Lobbying und Schmiergelder zu reduzieren um den eigenen Gewinn zu maximieren.

Wie immer nutzen die smarteren Konzerne politische Entwicklungen zum eigenen Vorteil aus. Dies ist eine der schwierigsten Prüfungen für das „System" der Freiheit, Gleichheit, und Nachhaltigkeit, da alle diese Prinzipien diametral zu den Interessen profit- und wachstumsorientierter Konzerne stehen.

Einige wenige Konzerne, meist solche, die von der
Eigentümerstruktur in der Hand von humanistisch und
philanthropisch veranlagten Individuen sind, integrieren sich
voll in das System des freien Marktes der AS4NC und bringen
ihre Ressourcen ein. Sie profitieren von dem neuen System
durch eine nachhaltige Etablierung in der neuen „Full Earth
Economy".

(Die anno 2010 populäre, auf dem Dogma ewigen
Wachstums basierende Wirtschaft wurde oft auch als „empty
earth economy" bezeichnet, weil sie in einer Zeit erfunden
wurde, als die Erde noch größtenteils aus weißen Flecken auf
der Landkarte bestand, also unentdeckten, unbewirtschafteten
Gebieten. Anno 2010 war die Welt vollständig erschlossen und
beinahe vollständig bewirtschaftet – eine „full earth economy"
war also zwingend notwendig.)

Typische, ausschließlich wachstumsorientierte Großkonzerne
scheitern am Prinzip der Nachhaltigkeit in einer „full earth
economy", da eine Teilnahme am neuen System eine Abkehr
vom Wachstumsdogma bedeutet hätte.

Erfolgreiche Unternehmen des AS3NC² erkannte man an
einer wachsenden Anzahl freier Bürger, welche Abonnenten
der Services dieser Unternehmen wurden – die Größe der
jeweiligen Sub-Community war also auch hier
ausschlaggebend, für den Erfolg (allerdings war Gesamtgröße
konstant – es ging also um Marktanteile, nicht mehr um
Marktwachstum und damit ging es um ein qualitatives
Wachstum statt des quantitativen der „empty earth
economy").

Freiheit war nicht wirklich gewünscht, bei Unternehmen, die
Monopolstatus anstrebten, Gleichheit war nie ein Thema und
Nachhaltigkeit nur störend für kurzfristigen Profit. Moderne

Unternehmen passten sich an und waren auch in einer „full earth economy" nachhaltig erfolgreich. Traditionelle Unternehmen der Wachstums-Ära waren die Verlierer dieses Systems.

Solche traditionell operierenden Unternehmen wurden in der Community rasch enttarnt und ihr Engagement ebendort war meist nur von kurzer Dauer und wenig erfolgreich. Danach zogen sie sich in die „full earth economy" der feudalistischen Territorialmonopolisten zurück und machten mit diesen den logischen, unausweichlichen Untergang des Systems durch Überschuldung (erschöpfte Ressourcen) mit.

Der Pool der innerhalb der Community verfügbaren Ressourcen wuchs dennoch kontinuierlich durch die wachsende Anzahl jener ehemaligen Nutzmenschen und Herrscher, die mitmachen wollen.

Diese Ressourcen flossen in den Commonwealth ein – und obwohl es in der Community kein absurdes, nicht nachhaltiges Wachstumsdogma gibt, wächst diese in den ersten Jahren stetig – nur ist dieses Wachstum nicht dauerhaft nötig, damit das System funktioniert.

Die „kritische Masse" für die alternative Community wird mit ca. 250 Millionen freien Bürgern berechnet. Um trotz nicht nachhaltiger Ausbeutung ein nachhaltiges Wirtschaften dieser Community zu ermöglichen, benötigt sie zur Kompensation der extern erzeugten Schulden ca. 25% der Ressourcen. Dies bedeutet anno 20x+4 bei einer Weltbevölkerung von weit über 8 Milliarden, dass 2 Milliarden Menschen (mit ihren Ressourcenansprüchen) mitmachen müssten, obwohl für ein funktionierendes System eigentlich nur 250 Millionen notwendig wären.

Durch die weiterhin global mehrheitlich gelebte Strategie der „empty earth economy" mit ihrem Wachstumsdogma und dem weiteren, ungebremsten Aufbau von Schulden im Öko²System war anno 20x+4 noch kein eingeschwungener Zustand in Sicht, wie die AS4NC oder der AS4NC² hätten dauerhaft funktionieren können.

Dennoch wurde – mit dem für Pioniere typischen Optimismus - innerhalb der Community mit der nachhaltigen Nutzung der jeweils vorhandenen Ressourcen (für nicht nachhaltige Nutzung gibt es strenge Pönale) gewirtschaftet. Für die einzelnen Bürger wird immer mehr offensichtlich, dass fast alle freien Bürger im Commonwealth in Summe mehr Ressourcen zu ihrer Verfügung haben, als durchschnittliche Nutzmenschen. Die Lebensqualität innerhalb der Community und innerhalb der neuen, nachhaltigen „full earth economy" ist also signifikant höher, als die für den Rest der Menschheit.

Ein gleicher Anteil an allen Ressourcen, auch wenn diese nachhaltig und damit weniger verschwenderisch genutzt werden müssen, ist meist mehr, als ein winziger Anteil an den 5% aller Ressourcen, welche den Nutzmenschen in Feudalsystemen zur Verfügung stehen.

20x+4-Juli
Das Alien postet nach demokratischer Abstimmung in der Community das offizielle „Assassins Konzept", ein Regelwerk für die Assassins-Community, die als demokratisch geführte „Exekutive" der Gemeinschaft der Neophilen weiterhin mehrheitlich anerkannt bleibt.

Der Wettbewerb mit den Feudalsystemen der „empty earth economy" steigt. Damit steigt auch der Bedarf an Aktionen der

Assassins. Es reicht nicht mehr aus, so wie bis dato, auf direkt demokratischen Zuruf zu reagieren. Ein Set von klaren Regeln soll daher die Randbedingungen für die Aktivitäten der Assassins festschreiben, sodass diese zeitnah reagieren und auch vorausschauend agieren können.

Wie in anarchistischen Systemen üblich, einigt sich die Gemeinschaft durch echte, direkte Demokratie auf gemeinsam anerkannte Regeln.

Folgende Prinzipien für die Assassins werden so demokratisch festgeschrieben:

Der wesentlichste Grundsatz der Assassins ist das Persönlichkeitssystem, also die exakte Fokussierung jedweder Aktion auf die Verursacher, also auf jene Individuen, welche direkt für die Aggression gegen die Community verantwortlich zeichnen.

Die „Strafen" durch die Assassins Community kamen daher ausschließlich bei Herrschern und deren direkten Handlangern zum Einsatz, niemals bei den einfachen Bürgern, der Zivilbevölkerung.

Daher gab es auch keine Aktionen der Assassins innerhalb der Community – denn dort gab es keine Herrscher.

Nochmal: es wurden durch die Assassins nur einzelne Individuen bedroht, und zwar jene, welche unmittelbar verantwortlich zeichnen (Befehlshaber, Auftraggeber, sowie deren unmittelbare Handlanger).

Damit steht das Assassins-Prinzip im klaren Gegensatz zu gewohnten Kriegshandlungen, Machtausübung durch eine interne Exekutive, oder anderen terroristischen Aktionen, welche Stellvertreter-Kriegsführung von Herrschern durch abhängige Nutzmenschen darstellt und wo die ausgeübte Gewalt gegen die Masse der Nutzmenschen oder gegen Ressourcen oder gegen gemeinsame Infrastruktur gerichtet ist. Es wurden durch die Assassins keine Brücken gesprengt, keine Flugzeuge in Gebäude gecrasht, keine Bomben gelegt und keine Zivilpersonen gefährdet.

Es gab prinzipiell seitens der Assassins-Community keine Aktionen gegen nicht direkt beteiligte Personen und auch keine Aktionen, die Schäden an Ressourcen, Infrastruktur oder Besitz verursachen.

Ressourcen, damit auch Infrastruktur gehören ja laut der Verfassung der Community der Gemeinschaft der Zivilpersonen. Diese zu beschädigen wäre also ein Akt der Gewalt gegen die Bürger – und damit verboten für die Assassins.

Normale Bürger wurden durch die Assassins-Community und deren Aktionen in keiner Form geschädigt!

Normale Bürger, Nutzmenschen, Leute wie Sie und ich, waren also sicher und brauchten vor den Assassins (und damit der Community der Neophilen) keine Angst zu haben, egal was ihnen die Desinformation und Propaganda der Herrscher diesbezüglich an Lügen auftischte!

Die Aktionen der Assassins-Community wurden ausschließlich demokratisch durch die Gemeinschaft der Neophilen in ihrer Art festgelegt und ausgelöst.

Die Art der möglichen Aktionen wurde dabei durch einen eindeutigen „Strafkatalog" geregelt.

Es gab in Summe zwei Typen von Aktionen, **Information** und **Aggressionserwiderung**.

Die Methode der **Information** umfasst vor allem persönlich überbrachte Schriftstücke oder Datenträger, welche durch den beauftragten Assassin dem Empfänger ausgehändigt wurden. Proaktive Assassins Aktionen waren immer reine Informationsübermittlungen.

Bei der Reaktion auf Aggression und Gewalt gegen die Community, gab es zwei Ausprägungen. Beide waren reine Verteidigungs-Reaktion der Community auf direkte Angriffe, Behinderung, Nötigung, oder Gewalt gegen Mitglieder der Gemeinschaft, oder gegen jene Individuen, welche gerne der Gemeinschaft beitreten wollten aber noch von den Herrschern kontrolliert wurden.

Herrscher, welche aktiv, gewaltsam oder mit Mitteln der Nötigung gegen die Community vorgingen, liefen also Gefahr, mit folgenden Mechanismen in direkten Kontakt zu kommen:

Das Schandmal:
Eine Form der sozialen Bestrafung, wie sie historisch in vielen Gesellschaften vorgekommen war (z.B. Pranger, ...). Ein Schandmal diente dazu, einen Übeltäter durch eine offensichtliche Kennzeichnung zu bestrafen, die für andere deutlich sichtbar war.

Dabei gab es 10 Levels von Schandmalen. Level 1-5 waren Markierungen durch unterschiedlich schwer abwaschbare Permanent-Marker, welche im Bereich von wenigen Tagen bis hin zu mehreren Wochen Hände oder Gesicht der jeweilig betroffenen Person zierten.

Meist wurden konkrete Begriffe als Schandmale verwendet, welche die Art des Vergehens bezeichneten.

Level 6-10 Schandmale funktionierten identisch, nur dass statt Permanent-Marker dauerhaftere Male zum Einsatz kamen, meist Tattoos oder Brandmale – diese gab es aber nur in besonders schweren Fällen oder bei Widerholungstätern.

Gleichzeitig wurden diese Schandmale durch eine Foto/Video-Dokumentation der jeweiligen Aktion ergänzt, welche auf der Assassins-Community Homepage publiziert wurde, zusammen mit der Dokumentation der demokratischen Legitimierung der Aktion durch die Community, welche der Aktion vorausgegangen war.

Die Zweite aggressive Aktion war die Erinnerung.

Die Erinnerung:
Das Alien entwickelte sogenannte Erinnerungs-Naniten (RN – reminder nanites, benannt nach dem englischen Begriff dafür). RNs waren nanotechnologische Maschinen-Organismen, welche die Eigenschaft hatten, sich mit organischen Proteinen als körpereigene Stoffe zu tarnen. Dies ermöglichte den RNs, ohne Abwehrreize im Immunsystem auszulösen, sich an den Nervenknoten einer Person anzulagern, vor allem an jenen, die für Schmerzreizleitung zuständig waren. RNs konnten so den Schmerzreiz-Signaltransfer manipulieren, also verstärken oder abschwächen.
Diese RNs konnten via Spritze verabreicht werden.

Es gab dabei ebenfalls 10 Levels von RNs.
Level 1: Verstärkung von Berührungsreizen zu leichtem Kitzeln
Level 2: Verstärkung von Berührungsreizen zu starkem Kitzeln
Level 3: Verstärkung von Berührungsreizen zu leichtem Jucken

Level 4: Verstärkung von Berührungsreizen zu starkem Jucken
Level 5 – 10: Eindeutiges Schmerzempfinden bei Berührungen, je nach Level von einem harmlosen Nadelstich bis hin zu massiven Schmerzen

Die Empfindungen der Bestraften wurden dadurch so modifiziert, dass es weitestgehend der Krankheit Epidermolysis bullosa (sogenannte „Schmetterlingskinder") entsprach.
Es gab keine dauerhaften, organischen Schäden bei den Betroffenen. Die subjektive Reizwahrnehmung wurde nur so verändert, dass diese dem Level der Strafe entsprach.

Die Naniten konnten außerdem so programmiert werden, dass sie für einen exakten Zeitraum aktiv waren, um sich dann zu deaktivieren und über normale Stoffwechselprozesse als unverdauliches Material aus dem Körper ausgeschieden zu werden.

Ein Erinnerungs-Level mittels RNs wurde also immer von einer Zeitdauer mit Einheit 1 begleitet, die RNs waren also einen Tag, eine Woche, ein Monat, ein Jahr, ein Jahrzehnt, oder ein Leben lang aktiv.

Das Thema „Assassins-Community" und damit das Konzept einer Verteidigung der Neophilen-Community gegen etablierte Machthaber und das Durchsetzen von den Interessen der Individuen der Community gegenüber den Interessen der Herrscher wurde natürlich extrem emotional diskutiert, ging es doch um Gewaltanwendung, was den humanistischen Idealen der Mehrheit der Individuen in der Community extrem widersprach.

Die echten Humanisten sträubten sich verständlicher Weise gegen jede Form von Bestrafung oder Gewalt gegen Individuen. Fast alle Mitglieder der Community waren in tiefstem Herzen Pazifisten und respektierten alles Leben und jedes Individuum.

(Eine extreme Ausnahme war nur das Alien: ihm waren Hominiden, die seine Freiheit einschränken wollten, ziemlich egal, daher hatte es auch keine Hemmungen, diesen RNs zu injizieren, wenn dies mehrheitlich so gewünscht wurde.)

Leider hatten auch die extremsten Humanisten kein funktionsfähiges Alternativ-Konzept zur Assassins-Community, das die etablierten Herrscher hätte motivieren können, freiwillig der Community die Etablierung eines alternativen Systems zu erlauben und damit die Kontrolle über Ressourcen abzugeben.

Daher wurde schlussendlich demokratisch für die Etablierung der Assassins-Community gestimmt, mangels Alternative, als „Exekutive" der Neophilen-Community gegenüber dem Rest der Welt. (Die Entscheidung fiel mit 83,9% der Stimmen, also überwältigender Mehrheit).

Wie bei jeder „Versicherung" wünschte sich auch fast die gesamte Community, dass die Assassins nie zum Einsatz kommen würden (das Alien war diesbezüglich neutral, einige andere zogen ebenfalls eine agnostische Position vor).

Innerhalb der Community selbst wurde weiterhin direkt demokratisch entschieden, auch bei Konflikten – eine Notwendigkeit für eine interne Exekutive, die gemeinsame demokratische Entscheidungen durchsetzte, erwuchs in der gesamten Geschichte dieser Initiative nie.

Dies war offensichtlich dem Faktum geschuldet, dass die Mitglieder der Community sich alle individuell bewusst für dieses alternative System auf Basis von Freiheit, Gleichheit und Nachhaltigkeit entschieden hatten und so in der Gemeinschaft und in den Untergruppen derselben jeweils bereits ein gemeinsames Grundverständnis herrschte.

Außerdem hatten die freien Bürger jederzeit die Möglichkeit, bei Unzufriedenheit mit dem System in ein anderes zu wechseln. Es gab keinen Zwang und keine Nötigung für einen Verbleib in der AS4NC oder als Bürger in einem speziellen Online-Staat.

Diskrepanzen gab es fallweise bei der Auslegung der Grundprinzipien – diese konnten aber immer friedlich gelöst werden, meist durch demokratische Abstimmung und Mehrheitsentscheid, oder fallweise durch eine Aufspaltung in unterschiedliche Sub-Interessensgruppen, also die Gründung neuer Online-Nations.

Anstatt intern zu streiten, formte man lieber Gemeinschaften, wo sich Gleichgesinnte vernetzten um das gemeinsam umzusetzen, wovon sie überzeugt waren.
Es war ein sehr dynamisches und freies und friedliches System, das Zwang und Druck auf die Mitglieder vermied und so die Freiheit jedes Einzelnen maximal respektierte.

Die Assassins wurden also nur gebraucht, wenn es um externe Konflikte ging, nicht bei internen Unstimmigkeiten.

20x+4-ebenfalls Juli
Neben allen hochgradig bedeutsamen und ernsthaften Aktivitäten wie Verfassungen und Assassins und Ressourcen Äquivalenten, war aber vor allem eines für die Gemeinschaft

bezeichnend: ein unbändiger Drang zu Kreativität und ein erfinderischer Elan auf allen Ebenen.

Im Juli 20x+4 veröffentlicht die Gruppe **Atecoo Ba'Na Weta** (ein Acronym für: „All the cool band names were taken" – die collen Band-Namen waren alle schon besetzt) ihr Doppel-Album „The Cages" (die Käfige) mit CD1 „In your life" (in deinem Leben) und CD2 „In your mind" (in deinem Kopf).

Die Veröffentlichung unter der Creative Commons Lizenz folgte auf ein Community Projekt mehrerer Musiker unterschiedlicher Kontinente, welches über Online-Kollaboration und ein paar Studio-Sessions entstanden war. Das Album und diverse Remixes durch kreative freie Bürger der Community führte über mehrere Monate die Download- und Internet-Charts an.

Sogar die etablierten Kommerz-Medien und Radio-Sender konnten sich dem Hype nicht entziehen. Der Song „Freequality" führte in über 45 Staaten die Charts an, teilweise bis zu 5 Wochen lang. Die Einnahmen aus dem Projekt, die nicht zur Abdeckung der Produktions-Kosten benötigt wurden, wurden durch die Bandmitglieder einstimmig dem Kauf von Urwaldregionen auf Sumatra und im Amazonas für die Community gespendet. Auch solche Aktionen trugen zum Wachsen der Ressourcen der Community bei.

Projekte des $AS4NC^2$, die auch in der alten, monopolistischen Wirtschaft (empty earth economy) erfolgreich waren, nutzten das dort erwirtschaftete virtuelle Geld dazu, möglichst viele reale Ressourcen aus dem wachstumsbasierten System vor deren Zerstörung durch ökonomische Ausbeutung auszukaufen. Das erwirtschaftete virtuelle Geld wurde also umgehend für reale Ressourcen eingetauscht.

Dieser Trend erfasste auch immer mehr Nutzmenschen und begann das System des virtuellen Geldes immer mehr zu schwächen.

Auch psychologisch war der Erfolg von **Atecoo Ba'Na Weta** bedeutsam. Durch die Musik erreichte die Message der offensichtlichen Käfige in der Nutzmenschhaltung viele Menschen, welche den Zugang über die publizierten Texte nur bedingt oder gar nicht gefunden hatten. Die Initiative wurde damit auch zu einem Pop-Culture Phänomen.

Dieses und ähnliche Pop-Culture Projekte ebneten den Weg für eine breite Akzeptanz der Ideen und Konzepte der Community, auch bei weniger leicht für „Politik" zu begeisternde Nutzmenschen. Die Initiative wurde zunehmend als kreativ, innovativ, hip, modern und interessant wahrgenommen – trotz aller Gegenpropaganda der etablierten Herrscher, die weiterhin das Bild der chaotischen Anarchisten schüren wollten.

Das Mem „Nutzmensch" („human livestock") wurde Teil der Alltagssprache und die Interpretationen von „Freiheit", „Gleichheit" und „Nachhaltigkeit" konnten ebenfalls im populären Mem-Pool verankert werden – ein wesentlicher Erfolg, der das Überleben und den Erfolg der Initiative sicherstellte.

Atecoo Ba'Na Weta begründete eine multi-kulturelle Musikrichtung, über alle Genre-Grenzen hinweg, und repräsentierte die legitime Nachfolger der rebellischen Aspekte von Populärmusik, wie sie vor der Kommerzialisierung durch die Musikindustrie auch Teil von Rock&Roll, Punk, R&B

und anderen Musikrichtungen gewesen waren. Musik war immer schon ein Mittel der Auflehnung von Sklaven gegen ihre Meister gewesen.

Atecoo Ba'Na Weta war nur das erste global erfolgreiche, von vielen Kreativprojekten der Community. Viele hatten neben der puren Freude an der Kreativität auch immer die Auflehnung gegen etablierte Machtstrukturen als Inspiration. Man hatte nun eigene Tunes und Moves und Bilder und begann, dem kommerzialisierten Mainstream der Herrscher im wahrsten Sinne des Wortes auf der Nase herumzutanzen, durch eine anarchistische (frei von monopolistisch dominanten Medienkonzernen), kreative Szene voll Energie und Schaffenskraft.

20x+4 August

Auf einem Treffen des weltweiten Nutzmenschzüchter-Verbandes (G20 Gipfel) in Barcelona, bei einem abendlichen Gala-Dinner der Herrscher mit ihren politischen Handlangern, vermerkte die Präsidentin der Vereinigten Staaten von Amerika, Frau Sarah Palin, zur Außenministerin jenes europäischen Mini-Operetten-Staates, von welchem Kajetans Haus (und damit die Botschaft der unabhängigen, demokratische Republik Online-Tuvalu) umgeben war, dass Sie in den USA derartiges nicht dulden würde und solche Anarchisten und Staatsfeinde geheimdienstlich „bearbeiten" lassen würde.

Nach ihrer Rückkehr vom Treffen der Nutzmenschzüchter erzählte die Außenministerin dem Stabschef ihrer Sicherheitskräfte, einem General, bei einem informellen gemeinsamen Frühstück von dieser Bemerkung. Der Hr. General seinerseits plauderte darüber in seinem Stabs-Meeting mit seinen Untergebenen.

Die Reaktion durch einen übereifrigen Generalmajor der Sondereinsatzkräfte der Operettenrepublik erfolgte postwendend im August.

20x+4, 12.August
04:15
Unter dem direkten Befehl des übereifrigen Generalmajors dringt eine Truppe der Sondereinheit der Polizei (Viper) gewaltsam in das Haus von Sabrina und Kajetan Woferl ein.

Ein automatischer Alarm wird ausgelöst und erreicht das Alien um 04:15:30.

04:15
Die aus acht übereifrigen „freiwilligen", vermummten Patridioten bestehende Einsatztruppe beginnt mit der Verwüstung der Einrichtung des Hauses und sorgt auch an der Bausubstanz wie Wänden und Böden und der technischen Infrastruktur für signifikante Schäden.

Die schlaftrunken aus dem Bett steigenden Bewohner, Sabrina und Kajetan Woferl, werden von jeweils drei Beamten gewaltsam „fixiert" und mit Kabelbindern an Händen und Füssen gefesselt, sowie mittels Klebeband geknebelt (für den leicht asthmatischen Kajetan ein überaus unangenehmer Zustand der Atemnot verursachte).

04:23
Ein besonders eifriger Oberinspektor der Einsatztruppe beginnt, Kajetan mit Schlägen und Tritten zu bearbeiten, während er diesen als „Chaoten", „Anarchisten",

„Scheißterroristen", „Vaterlandsverräter" und mit anderen unflätigen Ausdrücken beschimpft.

Im Zuge dieses Gewaltausbruchs werden Kajetan schwere Verletzungen zugefügt.

04:25

Das Alien (Alien-Technologie macht es möglich) trifft am Bett der Außenministerin ein, weckt sie unsanft, zeigt ihr via Life-Video-Feed der versteckt montierten Sicherheitskameras, was im Haus der Woferls, der lokalen Botschaft von Online-Tuvalu und damit außerhalb des lokalen Staatsgebietes, vor sich geht und ersucht sie höflich aber durchaus nachdrücklich das Einsatzteam umgehend zurückzupfeifen – nicht nur dass dieses Vorgehen grundsätzlich inakzeptabel ist, es handelt sich zusätzlich um eine kriegerische Handlung gegen eine andere Nation!

04:26

Die Außenministerin erreicht via Notfall-Telefon ihren Stabschef.

04:30

Der Stabschef erreicht nach mehrmaligen Versuchen den Generalmajor via dessen Dienst-Handy vor Ort und fordert ihn auf, unverzüglich die Aktion abzubrechen.

04:35

Der noch immer auf Kajetan einschlagende und -tretende Beamter wird von seinen Kollegen, nach mehrmaliger halbherziger Intervention des Generalmajors, endlich unter Kontrolle gebracht. Aus Wut der Beamten über die Eskalation zur Ministerin bekommt nun auch die völlig unbeteiligte

Sabrina einige Tritte und Hiebe ab. Um 04:40 verlässt das Einsatzteam das Haus von Sabrina und Kajetan.

20x+4-August/September
Hier eine Liste der „Nachwehen" des Angriffes auf Sabrina und Kajetan Woferl:

Um internationale Verwicklungen zu vermeiden wird in einem offiziellen Statement das Bedauern der Regierung über diesen Zwischenfall zum Ausdruck gebracht. Laut offizieller Erklären war die Aktion durch die handelnden Beamten eine private Initiative. Diese werden dafür umgehend zur Rechenschaft gezogen (da die Rechtsprechung des lokalen Territorialmonopolisten aber nicht für das Ausland – also das Gebiet von Tuvalu – gilt, können die Beamten laut gängigem Recht nicht wirklich effizient verfolgt werden, wenn es sich um eine private Aktion handelt.)

Die verantwortliche pseudodemokratische Republik versichert weiters, in voller Höhe für alle entstandenen Schäden an Hab und Gut der Woferls aufzukommen und verpflichtet sich zu adäquatem Schmerzensgeld und einer Invalidenrente für die entstandenen Personenschäden – da diese Zusicherung, aus der Perspektive von Sabrina und Kajetan bedeutet, dass Bürger des kleinen europäischen Landes via ihrer Steuern für die Fehler ihrer Herrscher und dadurch notwendige Reparationszahlungen aufgrund kriegerischer Handlungen aufkommen sollen, wird dies von Sabrina und Kajetan nicht akzeptiert.

Statt dessen setzen sie mit Hilfe des Aliens durch, dass die entstandenen Schäden aus den Privatvermögen der involvierten und handelnden Personen zu decken sind, ohne Schaden für die Steuerzahler der Operettenrepublik.

Kajetan Woferls Rekonvaleszenz beträgt über 8 Monate. Danach bleiben dauerhafte Schäden zurück, in Form einer eingeschränkten Beweglichkeit seines rechten Knies, die ihn zeitlebens hinken lässt und die Ausübung der meisten seiner liebsten sportlichen Freizeitbeschäftigungen erschwert und schmerzhaft werden lässt.

Zusätzlich bleibt aufgrund der Tritte gegen seinen Kopf und der daraus resultierenden schweren Gehirnerschütterung eine teilweise Lähmung seiner linken Gesichtshälfte zurück, was vor allem beim Sprechen auffällt, da er die Lippen nur mehr asymmetrisch bewegen kann und die linke Unterlippe weitestgehend unbeweglich bleibt.

Sabrina Woferl kommt mit einem gebrochenen Arm und mehreren Quetschungen und Platzwunden, ohne dauerhafte Schäden davon.

Noch am Tag des Angriffs führt das Alien als Repräsentant der Assassins Community, aufgrund des Ausnahmezustands zum ersten Mal ohne demokratische Abstimmung folgende Aktionen durch:

Die Frau Außenminister erhält eine Level 6 Erinnerung „Don't be stupid" als Tatoo auf ihrer Stirn. Das Tattoo unterscheidet sich nur geringfügig von ihrer natürlichen Hautfarbe und lässt sich überschminken. Zusätzlich bekommt sie für ein Monat RNs Level4 (starkes Jucken).

Der durch sie aus ihrem Privatvermögen zu deckende Anteil der verursachten Schadenssumme wird ihr kommuniziert und mit einem Erinnerungs-Schandmal Level 4 auf den Handrücken der rechten Hand geschrieben (für die Berechnung der zu bezahlenden Reparationen kommt natürlich das Monatseinkommen sowie die generellen Vermögensverhältnisse zum Einsatz – damit fällt die Strafzahlung für die Karriere-Beamtin und Ministerin mit Mehrfachbezügen am höchsten aus).

Der Stabschef erhält RNs mit Level 7 für ein Jahr, sowie mit Level 2 (starkes Kitzeln bei jeder Berührung) lebenslänglich. Beide erhalten Level 7 Erinnerungen, Tattoos mit dem Wortlaut „Befehlsgewalttäter" auf ihren rechten Wangen ergänzt um Erinnerungen mit Level 4 (Permanentmarker) mit der durch sie zu bezahlenden Schadenssumme auf dem rechten Handrücken.

Der direkt verantwortliche Generalmajor erhält ein Level 7 Tattoo „Schläger" auf der Stirn und lebenslang wirksame RNs Level 4 (starkes Jucken bei jeder Berührung seiner Haut). Jene Beamten, welche sich freiwillig gemeldet hatten aber laut der Aufzeichnungen der Sicherheitskameras nur für Sachschäden verantwortlich waren, erhielten jeweils für 1 Monat Level 6 RNs („Wespenstich"), sowie Level 3 (leichtes Jucken) für ein weiteres Jahr.

Sachschäden sind im Wertekatalog der Community immer weniger schwer bewertet, als Personenschäden – daher die relativ milde Strafe.

Jene zwei brutalen Schläger der Eingreiftruppe, welche sich aktiv an der physischen Gewalt gegen Sabrina und Kajetan beteiligt hatten, bekamen eine Level 9 Erinnerung (Brandmal „Gewalttäter" auf die Stirn) und Level 7 („Zahnweh") RNs für ein Jahr – danach lebenslänglich Level 4 (starkes Jucken).

20x+4, 13.August
Am Tag nach dem Angriff besucht das Alien Frau Sarah Palin, Präsidentin der USA. Sie erhält eine schriftliche Ermahnung

sowie ihrer mittelalterlichen Geisteshaltung angemessen als dauerhafte Erinnerung ein Level 7 Laser-Branding auf der Handinnenseite der linken Hand „Think before you speak!".

Ein kleiner Nachsatz zu Frau Präsidentin Sarah Palin: sie war unter massivem Einsatz des Bush Clans nach einem uneindeutigen Wahlergebnis ohne echte Mehrheit (ähnlich G.W.Bush) zur Präsidentin der feudalistischen Pseudodemokratie USA gemacht worden. Man munkelt, die massive Unterstützung sollte primär dazu dienen, dass George W. Bush nicht noch länger als „schlechtester US Präsident aller Zeiten" in den Geschichtsbüchern steht. Sarah Palin war hierzu als Ablösung blendend geeignet.

Ihre Präsidentschaft wurde eine Hoch-Zeit für Stand-Up-Comedians und Cartoonisten! Die AS4NC Initiative verdankte Sarah Palin viel – ohne ihre Präsidentschaft hätten wahrscheinlich deutlich weniger US-Bürger mit so hohem Enthusiasmus zur Initiative gewechselt, um wieder freie Bürger zu werden und die Wirtschafts-Oligarchen der feudalistischen 2-Parteien-Lobby-Diktatur ihres Landes hinter sich zu lassen.

20x+4, 14.August
Das Alien bietet nach der harten, von ihm verantworteten und nicht vorher demokratisch autorisierten Reaktion auf den brutalen Angriff auf Sabrina und Kajetan umgehend seinen Rücktritt als Sprecher der Assassins Community an.

Das Angebot wird in einer ersten demokratischen Abstimmung der gesamten Community der Neophilen relativ knapp mit 51% der Stimmen gegen einen Rücktritt abgelehnt.

Nach Publikation der Videos der Überwachungskameras im Hause Woferl und nach Bekanntwerden der – mit hoher wahrscheinlich dauerhaften – Verletzungen und Schäden bei Kajetan, sowie der zu erwartenden langen Rekonvaleszenz, steigt die Unterstützung des Aliens auf über 66%.

Durch diese Aktion und deren Publikation wurde weltweit schlagartig allen Herrschern bewusst, dass sie nun plötzlich direkt für ihr Handeln verantwortlich gemacht werden konnten.

In etlichen G8 und G20 Treffen des internationalen Nutzmenschzüchtervereins, welche relativ kurzfristig daraufhin einberufen wurden, versuchten die Herrscher, eine Methode zu finden, die Community der Neophilen und im speziellen die Assassins auszuschalten und so die Bedrohung für sich selbst zu eliminieren. Die Herrscher bekamen nun selbst Angst – all ihre gepanzerten Fahrzeuge und Sicherheitskräfte, die sie weitestgehend vom Alltag und der Realität der Nutzmenschen abschirmten und sie einem direkten Kontakt mit diesen (außerhalb organisierter Wahl-Shows) entzogen, wirkten nicht, gegen die vom Alien trainierten und ausgerüsteten Assassins.

Die Community war allerdings, bis auf wenige individuelle Ausnahmen wie Kajetan, unangreifbar, und zwar durch die konsequente Vermeidung von hierarchischen Strukturen. Es gab keine „Mächtigen", es gab keine Befehlshaber. Alle Bürger hatten gleich viel Macht und waren daher nur als Ganzes, aber nicht individuell angreifbar – das Konzept des Internets mit verteilten „Nodes" angewendet auf eine Gesellschaft.

Das Alien (eines der Wunder, die wir benötigen, damit diese Utopie leichter funktioniert) war per se aufgrund seines Alienseins unangreifbar. Die restlichen Mitglieder der Assassins-Community waren anonym, wurden ständig wechselnd, projektbezogen, aus den Reihen der Community rekrutiert. Auch sie waren daher nicht direkt durch die Herrscher und ihre Exekutiven, Geheimdienste und Militärs terrorisierbar.

Leider braucht es auch in einer Gemeinschaft von neophilen Pionieren mit Gleichheitsprinzip fallweise den einen oder anderen, der besonders weit vorausgeht und sich so einem persönlichen Risiko aussetzt. In unserem Fall war das Kajetan Woferl – ausgerechnet er, der nichts mehr suchte, als die Ruhe und Abgeschiedenheit und der kein Interesse an Popularität und öffentlichem Interesse hatte. Das Ergebnis: ihm wurde durch patridiotisch motivierten Terroristen aus den Reihen wohlindoktrinierter Nutzmenschen persönliche Gewalt angetan.

Er wurde so zum Märtyrer, ohne dies zu wollen, und ermöglichter der Community zu demonstrieren, dass sie den Herrschern nicht schutzlos ausgeliefert war.

Rückblickend, viele Jahre später, knapp vor seinem Tod meinte Kajetan, in einem Anflug aufkeimender Alters-Weisheit: „In Summe war's das alles wert!", der Nachsatz war allerdings auch typisch Kajetan „… aber ich könnt' mich noch heute in den Hintern beißen – wenn ich noch ausreichend beweglich dazu wäre – dass ich die Aktion im April 2014 nicht vorhergesehen habe und besser darauf vorbereitet war!".

Kajetan blieb zeitlebens ein Mensch, der Probleme und Krisen lieber vorausschauend vermied, als sie zu lösen. Typisch für seine Form der Intelligenz ärgerte er sich meist über die eigene Unfähigkeit, etwas vorherzusehen und vorbereitet zu sein, anstatt sich über Unvermeidliches oder bereits passiertes den Kopf zu zerbrechen.

Die Schmerzen und die Einschränkung seiner Lebensqualität durch die dauerhaften Folgen des Angriffs hätten wir ihm alle gern erspart. Dennoch half dieses persönliche Opfer eines dedizierten Anti-Helden (ein von Kajetan oft zitierter Ausspruch: „ein Held ist ein Trottel") der Initiative – denn den Herrschern wurde bewusst, dass sie nunmehr angreifbar waren und ihre Aktivitäten persönlich zu verantworten hatten.

20x+5 (2015)
Nach den dramatischen Ereignissen anno 20x+4 bei dem die Herrscher bei ihren vielen G8 / G20 Treffen offen ihr Gesicht gezeigt hatten, und aufgrund des praktischen Nachweises, dass die AS4NC-Initiative in der Lage war, durch die Assassins ihre freien Bürger weitestgehend zu schützen und Übergriffe zu ahnden (der Übergriff auf Kajetan blieb der erste und letzte, aufgrund der Angst der Herrscher vor den Assassins), folgte ein noch regerer Zustrom von Menschen zur Community.
Die dort gemeinsam geformten Gesellschaften und Online-Staaten mit ihren Regelsystemen bekamen immer mehr Modellcharakter und wurden Vorreiter in Bezug auf modernes, effizientes und effektives, aber vor allem glücklich machendes und erfüllendes soziales und wirtschaftliches Zusammenleben von Menschen.

In vielen Bereichen modernen gesellschaftlichen Zusammenlebens übernahm die Online Community eindeutig die Themenführerschaft, ebenso wie bei Innovation und Kreativität.

20x+5-Jänner
Ein typisches Beispiel für so eine „Themenführerschaft" zeigt sich, am Beispiel eines trivialen, alltäglichen Systems wie der

persönlichen Mobilität: die europäische Community der „Bürger von Online-Nationen" entwickelt gemeinsam mit den wesentlichen europäischen Automobilclubs die „Online-Nations international drivers license" – den internationalen Führerschein der Online-Nationen.

So wird auch den eigenen Bürgern eine Teilnahme am Individualverkehr ermöglicht, ohne Notwendigkeit für eine Doppelstaatsbürgerschaft bei einem Territorialmonopolisten um sich bei diesem dazu legitimieren zu lassen (was im Allgemeinen mit hohen Kosten verbunden und ohne echten Nutzen war, weil man nicht erlernte, sich effizient und sicher im Straßenverkehr zu bewegen, sondern nur oft sinnlose Regeln büffeln musste).

Ziel des Konzeptes war die drastische Reduktion der Regeln und Verkehrszeichen in den Gebieten der Online-Nationen und die Förderung direkter Kommunikation und eines konstruktiven Miteinander im Verkehrsgeschehen.

Dass dies funktioniert, war zuvor mehrfach sehr erfolgreich bei diversen Verkehrs-Versuchen getestet worden (z.B. unfallträchtige Kreuzungen Innerorts, wo die Verkehrszeichen und Verkehrsleitanlagen demontiert wurden, zeigten danach eine drastisch geringere Unfallwahrscheinlichkeit und höhere „Durchsatzrate", als zuvor, als sie mit Ampeln und Verkehrszeichen zugepflastert waren – die Fußgänger, Fahrradfahrer, und Lenker motorisierter KFZ organisierten selbst, gemeinsam, die Kreuzungen effizienter, als es die ganzen Bevormundungs-Systeme geschafft hatten, und zwar durch Signale, Handzeichen und direkte Kommunikation).

Dediziertes, gemeinsames Ziel des Individualverkehrs und vor allem der daran teilnehmenden Menschen war es „Es allen Verkehrsteilnehmern zu ermöglichen, sicher und im Rahmen des Verkehrsaufkommens effizient (ohne vermeidbare, zusätzliche Behinderung durch andere Verkehrsteilnehmer) ihr Ziel zu erreichen".

Um nichts anderes ging es. Jeder einzelne Verkehrsteilnehmer wollte normalerweise nur sicher und effizient an sein Ziel kommen.

Gemeinsam mit den innovativeren Experten der Automobilclubs entwickeln einige kreative Geister der Community ein praxisorientiertes, Schulungs- Prüfungs- und Testsystem, welches, neben der Schulung der gesetzlichen Grundlagen der oft unsinnigen Straßenverkehrsordnungen, vor allem auf praktisches Fahrkönnen sowie fahr-relevante Skills und Kommunikation im Straßenverkehr abzielt.

Ziel war Fahrkönnen und Fahrsicherheit in allen Verkehrssituationen sowie die Motivation zum höflichen und konstruktiven Miteinander, statt starrer Regelwerke.
Für jeden Führerscheinbesitzer wird sein Fahrkönnen in fünf Stufen, plus einer Lernstufe, durch praktische und theoretische Tests ermittelt. Diese sogenannten „Levels" finden sich auch am Führerschein vermerkt wieder.

Ziel des Konzeptes war eine drastische Reduktion der Regeln und Verkehrszeichen und stattdessen die Förderung direkter Kommunikation der Teilnehmer am Verkehrsgeschehen untereinander – so, wie es auch in diversen Modellversuchen erfolgreich gewesen war.

Es ging um das gemeinsame Ziel, sicher und effizient Ziele zu erreichen – wie bei vielen Community-Projekten, nur dass die Ziele hier eben meist spezifische Orte waren.

Das Konzept sah folgende Levels vor:

Level 0 – Trainee: Fahranfänger oder Fahrschüler im ersten Jahr der Teilnahme am Straßenverkehr mit der jeweiligen Fahrzeugklasse. Das Fahrzeug ist entsprechend mit einem weißen „L" auf blauem Untergrund als „Learning" bzw. „Lernender" zu kennzeichnen. Fahrten nur in Begleitung eines erfahreneren Verkehrsteilnehmers mit mindestens Level 2.

Level 1 – bedingt fahrtauglich: Fahrer, die bei trockener Straße, Tageslicht und geringer Verkehrsdichte sicher unterwegs sind. (Fahrerlaubnis bei entsprechenden Verhältnissen auf lokalen Straßen, nur Ziel und Quellenverkehr)

Level 2 – grundsätzlich fahrtauglich: Fahrer, die bei normalen Wetterverhältnissen und normaler Verkehrsdichte sicher unterwegs sind. (uneingeschränkte Fahrerlaubnis bei entsprechenden Verhältnissen, erhöhte Haftungssumme bei extremen Verkehrs- und Wetterverhältnissen, bei durch sie verschuldeten Unfällen.)

Level 3 – voll fahrtauglich: Fahrer, die weitestgehend bei jeder in Europa typischen Wetterlage und Verkehrssituation sicher und im Rahmen der Verkehrsgeschehens unauffällig und dem Verkehrsfluss entsprechend unterwegs sind, aber Schwächen bei der Reaktion in Extremsituationen zeigen. Keine Einschränkungen. Geringfügig erhöhte Haftungssummen bei extremen Wetter- und Verkehrssituationen im Falle durch sie verschuldeter Unfälle.

Level 4 – voll fahrtauglich, auch in Extremsituationen: Fahrer mit guter Fahrzeugbeherrschung auch in Extremsituationen.

Level 5 – Experten: ausgezeichnete Fahrzeugbeherrschung in jeder zu erwartenden Fahrsituation. Freistellung von Tempolimits Außerorts, bei gleichzeitig drastisch erhöhten Haftungssumme im Falle von Fahrlässigkeit oder Gefährdung/Schädigung anderer Verkehrsteilnehmer.

Die einzelnen Levels wurden pro Fahrzeugklasse vergeben und enthielten auch eine Limitierung bezüglich der Erlaubnis, Fahrzeuge zu führen.
Freie Felder in der Matrix bedeuten „keine Einschränkungen", „X" bedeutet „nicht zulässig".

Fahrzeug- und Leistungsklassen:

Fahrzeugklasse	Level 0	Level 1	Level 2	Level 3	Level 4	Level 5
Zweispurige	<14 PS	<34 PS	<90 PS	<120 PS		
PKW leicht (bis 1,6t Eigengewicht)	<110 PS	<80 PS	<110 PS			
PKW schwer (1,6t – 3,5t Eigengewicht)	X	X	X			
Nutzfahrzeug leicht (3,5t – 5t)		X	X			
Nutzfahrzeug mittel (bis 7,5t)		X	X	X		
Nutzfahrzeug schwer		X	X	X		
Sonderfahrzeuge		X	X	X		

Ein Lenker mit Level 1 Berechtigung, der beim Fahren hochgradig unsicher war und vom normalen Verkehrsgeschehen überfordert wurde, durfte somit zum Beispiel keine PKW über 1,6 Tonnen Eigengewicht und mit mehr als 80PS Lenken und durfte nur lokal, bei guten Bedingungen unterwegs sein, um seine Überforderung mit dem Verkehrsgeschehen minimal zu halten.

Somit wurde zum Beispiel die Altersmobilität nicht unnötig eingeschränkt, senile, grenzwertig schlechtsichtige Personen mit Reaktionszeiten von geologischen Prozessen durften aber keine 2Tonnen-SUVs mit 300 PS mehr pilotieren.
Auch hier sieht man, dass Gesellschaften passende Kompromisse finden müssen. Man hätte auch das gesamte Verkehrsgeschehen an die schwächsten Glieder – die völlig überforderten Lenker – anpassen können.

Im Sinne der Gemeinschaft der Verkehrsteilnehmer als Ganzes und im Hinblick auf das Ziel, dass eine möglichst große Anzahl ihre Ziele sicher und effizient erreicht, waren von jenen, die dabei überfordert waren, Kompromisse gefordert – zum Wohle der Mehrheit, ebenso wie von jenen Profis, die vom normalen Verkehrsgeschehen völlig unterfordert waren und auf andere Rücksicht nehmen mussten.

Das Beispiel zeigt auch gut eines der Grundprobleme echter Demokratie: die Mehrheit bestimmt, manchmal zu Lasten der Minderheiten. Evolutionär sind aber durchaus jene Gesellschaften erfolgreicher, welche sich am Gros der Individuen orientieren und für etwaige Minderheiten ausreichend Raum vorsehen, aber sich diesen nicht auf Gedeih und Verderb anpassen.

Platz für Minderheiten war vorhanden, aber sie bestimmten nicht die Gesellschaft.

Das war im Endeffekt auch genauso Ziel, dieses Verkehrskonzeptes. Die Mehrheit der Verkehrsteilnehmer sollte sicher und effizient ans Ziel kommen. Jene Minderheit, die dies be- oder verhinderte, hatte sich anzupassen und gegebenenfalls Kompromisse zu akzeptieren.

Dabei wurde auch den „schwächeren" Fahrern das Recht auf Mobilität eingeräumt. Für überregionale Ziele gab es genug andere Möglichkeiten, als selbst zu fahren – es gab zum Beispiel jede Menge Online-Car-Pooling Börsen, wo Fahrer anboten, für weitere Strecken Passagiere mitzunehmen (bei Teilung der Kosten). Aber das ist eine andere Geschichte.

Zurück zu unserem beispielhaft gewählten Verkehrskonzept: Anstatt harter Verbote wurden die jeweils zu bezahlenden Versicherungssummen für die vorgeschriebene Haftpflichtversicherung, sowie die Haftung im Schadensfall, stark an die Levels angepasst. So war der Level 4 am günstigsten – viele potentielle Level 5 Fahrer verzichteten diesem Grund auf die Prüfung für Level 5 und behielten den Level 4, einfach weil dabei ihre Haftungssummen und Versicherungsgebühren günstiger waren, auch wenn sie so nicht legal ihr volles, fahrerisches Potential ausschöpfen durften (z.B. durch höhere Geschwindigkeiten).

Es war auch hier überraschend, wie viele Menschen sich intelligent, mit Hausverstand und Vernunft entscheiden, wenn sie ausreichend Informationen bekamen und die Freiheit hatten, sich zu entscheiden, auch wenn damit die Verpflichtung verbunden war, für ihr Verhalten Verantwortung zu übernehmen!

Für die Umsetzung des Konzeptes wurde die verpflichtende Kenntlichmachung des Levels durch eine farbliche Unterscheidung der jeweiligen Führerscheine beschlossen.

Eine typische amtsdeutsche Formulierung, wie man sie in den Bürokratien der Territorialmonopolisten wiederfand, war: *Die amtliche Lenkerberechtigung des fahrzeugführenden Lenkers ist deutlich sichtbar an der Innenseite der Frontscheibe des Kraftfahrzeuges anzubringen. Ausgenommen davon sind zweirädrigen KFZ oder KFZ ohne Frontscheibe. Bei diesen ist die Lenkerberechtigung mitzuführen.*

Im normalen Deutsch der Community: *der Führerschein hat je nach Level eine unterschiedliche Farbe und muss sichtbar hinter die Frontscheibe geklemmt werden, damit andere Verkehrsteilnehmer das Level des jeweiligen Fahrers erkennen können.*

Zusätzlich wurde, auf freiwilliger Basis, auch für die anderen Levels außer Level 0 eine für nachkommende Verkehrsteilnehmer sichtbare Kennzeichnung empfohlen (ein Schild an der Rückscheibe, in der Farbe des jeweiligen Levels). Dies war nicht vorgeschrieben, sondern im Sinne der guten Kommunikation zwischen den Verkehrsteilnehmern empfohlen – die Community legte Wert auf so viel Freiheit wie möglich. Empfehlungen waren erlaubt. Die meisten hielten sich freiwillig an diese gemeinsam erarbeiteten und demokratisch entschiedenen Empfehlungen und auch an die gemeinschaftlich beschlossenen Regeln.

Schließlich sind freie, nicht zu sehr domestizierte Homo Sapiens, an sich ja vernunftbegabt, wie schon die Bezeichnung der Spezies aussagt.

Für die ganz Neugierigen, hier die Farbkodierung der empfohlenen Fahrzeugmarkierung, beziehungsweise des Scheckkartengroßen „Führerscheins":

Level 0: blau mit weißem L

Level 1: Rot (Warnung!)

Level 2: Gelb (Achtung!)

Level 3: das in der EU gewohnte Rosa

Level 4: Grün

Level 5: Grau

Die antiquierten Systeme des staatlich kontrollierten Individualverkehrs, welche primär auf eine effiziente Schröpfung der Nutzmenschen durch Abgaben, Steuern, und Strafen optimiert waren, hatten diesem Konzepten wenig bis nichts entgegen zu setzten, zumal sie nachweislich zu langsamerem, ineffizienterem und unfallträchtigerem Verkehrsgeschehen führten.

Die grundsätzliche Inkompetenz von Bürokratien bei fast allen Themen wurde so wieder einmal bestätigt.

Kommen wir vom speziellen, aber typischen Beispiel des Individualverkehrs wieder zum Allgemeinen: viele ähnliche Erfolgsgeschichten für die gemeinsam entwickelten Konzepte der Community in unterschiedlichsten Lebensbereichen bewiesen, dass die Menschheit in Summe gar nicht so dumm war und durchaus vernunftbegabt, sofern sie nicht von machtgierigen Herrschern absichtlich dumm gehalten wurde.

Systeme die auf Kollaboration und Kommunikation statt starrer Regeln aufbauten waren erfolgreicher und funktionierten besser. Die Menschen nahmen an diesen

Systemen lieber teil, waren weniger frustriert und somit glücklicher.

Immer mehr Nutzmenschen begannen daher, an den Erfolg der Online-Nations zu glauben, weil die Individuen in den Communities dort einfach freier und glücklicher waren. So suchten sich viele ehemalige Nutzmenschen einen für sie individuell passenden Anbieter von staatlichen Services aus dem Portfolio aus. Sie fassten den Entschluss, oft als erste eigene, gesellschaftsrelevante Entscheidung seit Jahrzehnten, das System zu wechseln und wurden vom behüteten, kontrollierten, bewirtschafteten Nutzmenschen zum freien Bürger mit Eigenverantwortung.

Viele Menschen entkamen somit nun dem neophoben Macht-Monopol und kosteten zum ersten Mal im Leben echte Freiheit und Mitbestimmung – wenn auch oft in Online-Staaten, die noch ein relativ hohes Maß an Bevormundung, aber damit auch „Sicherheit", suggerierten.

Es war eine Zeit des Aufbruchs, eine Zeit, die unsere Protagonisten und andere Pioniere, Kreative und Vordenker extrem genossen.
  Eine neue Gesellschaft wurde geboren – und sie war im evolutionären Wettbewerb mit alten, feudalistischen Gesellschaften sogar überaus erfolgreich.

Stopp – Notbremsung. Zurück zum Beispiel Individualverkehr - wie konnte eine solche Regelung, welche offensichtliche „Klassen" oder „Levels" und damit eine Kategorisierung und Ungleichheit einführt, in einer Gesellschaft akzeptiert werden, in welcher die Basis der Verfassung das Prinzip „Gleichheit" vorsieht?

Nun, die Argumentation war schlüssig:

- Das gemeinsame Ziel des Individualverkehrs ist es, sicher und effizient an ein designiertes Ziel zu kommen
- Dieses Ziel ist nur zu erreichen, wenn man einen „Korridor" definiert, in welchem sich die signifikante Mehrheit der potentiellen Fahrer befindet und das Verkehrsgeschehen für diese Mehrheit optimiert
- Alle Extremisten in diesem auf die Mehrheit optimierten System des Individualverkehrs hatten sich anzupassen und Rücksicht zu nehmen – also jene, für die das normale Verkehrsgeschehen zu schnell und hektisch war und die dadurch überfordert waren und genauso jene, die dadurch unterfordert waren, sind nicht die Hauptzielgruppe und haben sich anzupassen!
- Allerdings wurde die Freiheit der Verkehrsteilnehmer nicht durch Zwänge beschränkt, sondern basierte auf „Empfehlungen" – jeder Verkehrsteilnehmer konnte sich frei entschließen, diese Empfehlungen zu ignorieren, musste dann aber die Konsequenzen tragen (z.B. dass seine Versicherung haftungsfrei gestellt war und er die Kosten aus Unfällen selbst tragen musste, wenn er als Raser oder unter Drogeneinfluss einen Unfall verursachte)

Das System war also durchaus kompatibel mit dem Verfassungsprinzip Gleichheit: alle Verkehrsteilnehmer hatten das gleiche Ziel (effizient und sicher ans Ziel zu kommen). Das gemeinsame System wurde auf dieses hin Ziel ausgerichtet und für die Mehrheit der Teilnehmer optimiert.

Für die Randgruppen und Minderheiten gab es ausreichend Freiräume und Alternativen, die ihrer Größe und damit ihrem gleichen Anteil am System entsprachen.

So ein System lässt sich natürlich nicht bürokratisch instrumentalisieren und regeln! In einer Gemeinschaft eigenverantwortlicher Individuen kann es aber durchaus funktionieren – miteinander, mit einem gemeinsamen, klar bekannten Ziel, das jedem Individuum nützt (ganz anders als in den feudalistischen Terriorial-Monopol-Staaten: hier nützt das System primär den Herrschern. Die Ziele der Bürger und des monopolistischen Staates sind oft komplett unterschiedlich. Die Bürger dienen hier dem Staat, nicht der Staat den Bürgern – in so einem System kann Freiheit natürlich nicht funktionieren, da die Ziele nicht synchronisiert sind).

Und wieder sind wir auf Basis unseres spezifischen Beispiels zu einer allgemeinen Erkenntnis gelangt:

- Communities mit gemeinsamen Zielen funktionieren am besten. Daher sollten sich jene zusammenfinden, die gemeinsame Ziele teilen.
- Bei gemeinsamen Zielen kann die Anzahl der Regeln minimiert werden und somit die individuelle Freiheit maximiert werden.
- Bei unterschiedlichen Zielen (zwischen unterschiedlichen Communities) braucht es Regeln, die eine Abgrenzung der individuellen Freiräume der Communities zueinander regeln – im Fall der AS4NC-Initiative auf Basis der Prinzipien Freiheit, Gleichheit, und Nachhaltigkeit, welche alle Sub-Communities und alle Individuen miteinander teilen, als kleinstem gemeinsamem Nenner.

Die Optimierung von maximaler Freiheit, maximaler Gleichheit und unbedingter Nachhaltigkeit war ein ständiger Prozess. Es gab keine eindeutig „beste Lösung", es gab nur ein ständiges

Optimieren, Verändern und Anpassen, eine stetige Weiterentwicklung – was für eine neophile Gesellschaft freier Bürger kein großes Problem darstellte.

20x+5-Februar

Eines der Highlights anno 20x+5 war die erfolgreiche Entwicklung hin zu einem nachhaltigen und voll biologischen/organischen Systems der Nahrungserzeugung für alle Individuen der Community. Nahrung (inklusive Wasser) ist neben Schutz (vor Witterung, Gefahren, etc.) der essentiellste Überlebensbaustein für biologische Organismen, also auch für Menschen. Gute (qualitativ hochwertige) Nahrung ist aber auch ein wesentlicher Bestandteil der gefühlten Lebensqualität und einer der wichtigsten Beiträge zur Gesundheit. Man ist, was man isst.

Das Ziel, bezüglich Nahrung innerhalb der Community autark zu sein und damit unabhängig von industriell durch intensive, nicht nachhaltige Bewirtschaftung erzeugten Produkten, unabhängig auch von multinationalen Konzernen und deren Monopolen und Patenten, war also wesentliche für alle freien Bürger. Um dieses Ziel zu erreichen, wurden einige bereits existierende Initiativen, die automatisch ein Naheverhältnis zur alternativen Community der freien Bürger entwickelt hatten, vernetzt und global – in der gesamten Community – eingesetzt.

Zum Beispiel wird das in einigen Teilen Indiens bereits seit einigen Jahren etablierte System der monopolfreien Saatwirtschaft für Bauern von seiner charismatischen Front-Frau Vandana Shiva als nachhaltiges Saatwirtschafts- und

Arterhaltungsprojekt für Kulturpflanzen in die Neophilen-Community eingebracht.

Analog zum Modell der „Creative Commons" Lizenz für die Werke von Künstlern und Kreativen, etablierten engagierte Pioniere rund um Vandana Shiva die „Agricultural Commons License" für frei verwendbares, nicht im Labor genetisch verändertes Saatgut.

Über die folgenden Jahre etabliert sich so ein globales Netzwerk von Landwirten, welche tausende Sorten von Kulturpflanzen für unterschiedlichste Anbaugebiete als Saatgut kultivieren. Gemeinsam züchten sie diese Kulturpflanzen selektiv weiter, das Saatgut wird frei getauscht, ohne Monopole oder Patente.

Ein Bauer, der Saatgut aus dem Projekt erhält, verpflichtet sich, dieses innerhalb von zwei Vegetationsperioden in doppelter Menge zu retournieren – so ist die Vermehrung des Saatguts sichergestellt und damit die Verfügbarkeit für alle daran interessierten Landwirte.

Das Projekt wird nach und nach auch auf die Viehwirtschaft erweitert.

Zusätzlich etabliert sich auf Basis dieser starken, freien Landwirts-Community auch ein „direkt Markt Modell", um die Lebensmittel und anderen landwirtschaftlichen Produkte zu den Kunden zu bringen.

In diese lokalen Erzeuger-Verbraucher Netzwerken wird sichergestellt, dass die landwirtschaftlichen Betriebe direkt und bedarfsgesteuert für die Endverbraucher produzieren und die Endverbraucher jeweils saisonal unterschiedliche Produkte direkt von den lokalen Erzeugern beziehen können. Beispiele für solche Initiativen lokaler Bio-Gemüse/Obstbauern und

Viehzüchter mit Direktvertriebsmodellen zu ihren Kunden gab es in Europa und den USA anno 2010 genug – durch die Vernetzung dieser Initiativen entstand ein für alle Bürger der Online-Nations nutzbares System, das beste Nahrungsqualität aus nachhaltiger, biologischer Erzeugung für alle Menschen in der Community sicherstellte.

Bis zum Jahr 20x+15 (2025) konnte so über 98% des Bedarfs an Nahrungsmitteln in der Neophilen-Community lokal durch nachhaltig und biologisch erzeugte Produkte gedeckt werden. Die Verfügbarkeit von exotischen Früchten in den lokalen Gemeinschaften ging zwar zurück, die Qualität der angebotenen, lokal angebauten Produkte überzeugte aber.

Das Verhalten sowohl von Erzeugern als auch Konsumenten ändert sich drastisch, durch den ständigen persönlichen Kontakt innerhalb der Community. Die meisten Menschen kennen in so einem Systeme jene Bauern wieder persönlich, von denen sie die Produkte kaufen. Sie wissen, wie der Betrieb geführt wird beziehungsweise, um es besonders plakativ zu formulieren, sie kennen die Hühner, die Eier für sie legen und haben ihnen beim Rumrennen, Scharren und Körner-Picken zugesehen. Ein neues Qualitätsbewusstsein im Hinblick auf Nahrung entwickelt sich.

Ein fallweiser Ausflug zum lokalen Nahrungsproduzenten erlaubt nicht nur, die Qualität der Produktion vor Ort selbst zu erfahren, sondern vor allem auch für Kinder sind diese Exkursionen sowohl lehrreiche, als auch spannende Erlebnisse.

Das Essverhalten von vielen Menschen in der Community ändert sich drastisch – hin zu deutlich bewussterer Ernährung. Die Lebenserwartung der Menschen innerhalb der Netzwerke steigt auch durch die Versorgung mit qualitativ hochwertiger, organischer Nahrung im Vergleich zu den Nutzmenschen außerhalb der Community, die weiterhin primär auf Produkte aus intensiver industrieller Landwirtschaft mit Massentierhaltung, Monokulturen und massivem Chemie-Einsatz angewiesen sind.

Die teils extrem an der Grenze der Legalität befindlichen Versuche der Monopolisten (Firmen wie Monsanto, etc.), ihre Monopole in den feien Netzwerken durchzusetzen, können durch einige freundliche Besuchen der Assassins-Community bei den Managern dieser Konzerne gestoppt werden.

Innerhalb der Community werden Patente auf organische Produkte (Tiere, Pflanzen) nicht anerkannt.

Die neophilen, grundsätzlich neugierigen Bürger der freien Communities haben auch weniger Berührungsängste mit ungewohnten Nahrungsmitteln. So kann anno 20x+15 der tägliche Bedarf an hochwertigem, tierischem Eiweiß zu 80% durch alternative Eiweißquellen zur Schweine und Rinderzucht gedeckt werden. Sehr oft handelt es sich dabei um Insekten, Krill und andere schnellregenerierende tierische Lebensformen. Es gibt eigene Insekten-Kochbücher und das gesunde Eiweiß und der besondere Geschmack speziell zum menschlichen Verzehr gezüchteter Insekten ist bei Feinschmeckern überaus beliebt.

Auch für die Ökobilanz ist diese Veränderung der kulinarischen Palette wesentlich: für die Produktion eines Kilos Rind- oder Schweinefleisch benötigt man 10 Kilogramm Futter. Aus den 10 Kilogramm Futter kann man aber statt 1kg Rinder- oder Schweinefleisch auch 8 Kilogramm Insektenfleisch erzeugen. Die Insektenzucht liefert so um 700% bessere Erträge, als die

Rinder- oder Schweinezucht. Insekten kosten nur ein Achtel in der Herstellung – damit wird hochwertiges, tierisches Eiweiß global für alle Menschen erschwinglich und trägt somit zu einer ausgewogenen Ernährung bei.

Ein Nebeneffekt war außerdem, dass aufgrund der höheren genetischen Verschiedenheit mit Insekten kaum Probleme mit Krankheiten, Keimen oder Allergien beim Verzehr von Insekten auftraten. Während die Krankheiten von Schweinen auch für Menschen gefährlich sein konnte, war eine Ansteckung von Heuschrecke zu Mensch nicht bekannt.

Und unter uns: auch Genoveva und Kajetan hatten anfänglich mit Ekel zu kämpfen, wenn es um den Verzehr von Insekten ging. Sobald man aber diesen anerzogenen, grundlosen Ekel mal überwunden hat, schmeckt ein Mehlwurm-Bürger im Vollkorn-Weckerl (Anmerkung der Redaktion für deutsche Leser: Weckerl = Brötchen) mit frischem Salat und Gemüse viel besser, als herkömmliche Produkte oft zweifelhafter Qualität. Sogar einige globale Franchise Ketten begannen, solche Alternativen anzubieten. Der Erfolg dieser Produkte gab ihnen langfristig recht.

In den Neophilen-Communities aß man also gesünder, ausgewogener und vielfältiger als in den von Monopolisten kontrollierten, industriell abgespeisten Nutzmensch-Haltungs-Anlagen, wo es ausschließlich um Profimaximierung bei der Fütterung der Nutzmenschen ging.

Kein Wunder, dass sich bald signifikante Unterschiede bei Fitness, Gesundheit und Lebenserwartung zwischen Nutzmenschen und freien Bürgern entwickelten.

20x+5-Mai

Die gesellschaftlichen Auswirkungen der Existenz und des Erfolgs der Community blieben nicht auf die AS4NC beschränkt. Immer mehr Ideen und Konzepte der Initiative haben direkte Auswirkungen auf die etablierten Territorial-Monopolisten.

In vielen Ländern formieren sich Bürgerinitiativen und neue Reformparteien, die an den pseudo-demokratischen Prozessen der jeweiligen Staaten teilnehmen, mit dem Ziel, den Bürgern die freie Wahl zwischen den bestehenden und den alternativen Systemen zu ermöglichen oder, als weniger radikalen Schritt, einen den Feudalismus in Richtung echter Demokratie, mehr Freiheit und Gleichheit und Nachhaltigkeit zu verändern.

Positiv für einige der etablierten Systeme ist zu vermerken, dass sie es diesen Initiativen auf massiven Druck der Öffentlichkeit hin erlauben, tatsächlich die Systeme von innen zu reformieren zu beginnen. Die existierenden politischen Prozesse in einigen der territorialmonopolistischen Staaten scheinen also doch, zumindest bedingt, offen für eine aktive Teilnahme der Bürger zu sein, auch wenn sie diese nicht aktiv fördern.

Durch die Vernetzung mit der immer stärker werdenden, freien Community kann auch eine Assimilierung der Reform-Initiativen durch die Systeme weitestgehend vermieden werden. Dies war den in den 1980er Jahren vielerorts gegründeten Grünparteien in Europa oft wiederfahren. Diese starteten als motivierte, engagierte, reformorientierte Parteien. Nach meist schleichender Anpassung an die herrschenden Polit-Kulturen und nach Ersetzen der oft charismatischen Reformer der ersten Stunden durch dem

System angepasste Partei-Politiker, konvergierten sie aber meist zu links-sozialistische Gutmenschenparteien, die zwischen Opposition und Minderheitsbeteiligung an Koalitionsregierungen ein Schattendasein fristen, ohne noch einen Konnex zur ursprünglichen Öko-Agenda und dafür zwingende Konzepte wie Nachhaltigkeit zu haben. Übrig blieb meist eine Agenda, die mehr soziale Gerechtigkeit durch noch mehr Schulden finanzieren wollte und voll auf Familie und Bevölkerungswachstum ausgerichtet war. Zusätzlich typisch für die Programme der Grünparteien war ein Hang zur vollständigen Bevormundung der Bürger und der Wirtschaftstreibenden durch noch mehr Regeln und Gesetze.

Die Grünparteien waren ein perfektes Beispiel dafür, wie das System dafür sorgte, Reformparteien zu assimilieren und kalt zu stellen.

Dieses Schicksal blieb den neuen Reformparteien im Fahrwasser der AS4NC erspart, da sie aufgrund der extra-territorialen und somit globalen Initiative außerhalb der monopolistischen Systeme, eine neutrale inhaltliche Erdung hatten. Jede Anbiederung an die auf Machterhalt ausgelegten Systeme und jede Abkehr von Reformen im Sinne der Prinzipien Freiheit, Gleichheit, und Nachhaltigkeit wurden sofort bemerkt und öffentlich proklamiert.

Trotzdem, oder gerade deswegen, behielten diese neuen Reformparteien ihre Glaubwürdigkeit und wurden von jenen Bürgern gewählt, die vor dem radikalen Schritt in die völlige Freiheit der neuen, non-territorialen Communities zu viel Angst hatten, aber in den Nutzmenschhaltungssystemen in denen sie lebten, massives Reformpotential sahen. So hielten echte Reformen auch Einzug in den territorial-monopolistischen Staaten. Auch in diesen über Jahrzehnte

perfektionierten Bürokratien begann somit langsam
Veränderung statt zu finden.

Unterstützt werden diese Reformparteien im
deutschsprachigen Raum zum Beispiel durch Internet-
Initiativen, wie „www.gesetzesvorschlag.org". Diese
unabhängigen Plattformen dienten dazu, Input hinsichtlich
echter, mehrheitlicher Bürgerwünsche zu liefern und boten
somit eine ideale Basis, um die Diskrepanz zwischen den
monopolistischen Bürokratien und ihrer lobby-gesteuerten
Gesetzgebung und dem tatsächlichen Bürgerwillen hinsichtlich
gemeinsamer Gesellschaftsregeln aufzuzeigen.

„www.gesetzesvorschlag.org" als typisches Beispiel, erlaubte
jedem registrierten User, Gesetzesvorschläge zu formulieren.
Diese Vorschläge konnten gemeinsam mit anderen Usern auf
einer Collaboration-Plattform optimieren werden – die
eingesetzte Technologie entsprach dabei den Wikis.

Andere User konnten diese Vorschläge mit ihrer
demokratischen Stimme unterstützen (via d-cide-net). Bei
einer ausreichenden Anzahl von Unterstützungserklärungen
kam der Vorschlag via d-cide.org zur Abstimmung und diente
so, bei mehrheitlicher Zustimmung, als Input für die
Reformparteien. Diese erhielten so einen direkt
demokratischen Auftrag der Bürger, den sie im Rahmen ihrer
parlamentarischen Arbeit umzusetzen hatten.

Die mehrheitlich durch die Gemeinschaft geschaffenen und
akzeptierten Regeln dienten so nicht nur als Basis für die
Parteiprogramme, mit welchen die Reformparteien im
Rahmen der bestehenden, monopolistischen Systeme
antraten, sondern lieferten diesen auch den Input für ihre
Arbeit im Parlament. Dies war eine Form von repräsentativer
Demokratie, die eine direkte, aktive Beteiligung der Bürger am

politischen Prozess förderte, anstatt sie zu ver- oder behindern.

Aufgrund der Masse der Nutzmenschen und dem hohen Grad an bereits vollständiger Domestizierung, kam es allerdings doch zu so etwas wie einer Zwei-Klassen-Gesellschaft in den reformierten, repräsentativen Demokratien. Ein signifikanter Prozentsatz der Bürger entschloss sich, nicht aktiv an der Gestaltung der Gesellschaften teilzunehmen.

Die Politikverdrossenen hatten nun zwar ein Forum, um Mitzuarbeiten und Mitzugestalten, aber die vollständig domestizierten Nutzmenschen unter den Bürgern, hatten auch weiterhin kein Interesse an der Teilnahme an Politik und damit am gemeinsamen Treffen von Entscheidungen. Sie waren meist zufrieden, sofern sie genug zu essen und zu trinken (und zu rauchen) hatten und das Fernsehprogramm 24h am Tag mediale Dauerberieselung sicherstellte und sie sich Autos, Fernseher, Mobiltelephone und fallweise einen Urlaub leisten konnten.

Dies erklärt, warum die von den Herrschern etablierte Monopol-Parteien oft dennoch die Mehrheiten stellten und somit der Prozess der Reform nur langsam passierte und oft auch zum Stillstand kam.

Die territorialmonopolistisch geführten Nutzmensch-Züchtungs-Anstalten waren daher immer zumindest zwei Schritte hinter den freien Initiativen, wenn es um die Umsetzung von Reformen ging. Dennoch – besser ein wenig Bewegung und langsamer Fortschritt, als totale Stagnation! Parlamentarische Demokratie funktionierte also auch einigermaßen – zwar nicht gut, nicht rasch, nicht effizient, aber immerhin erlaubte sie langsame Veränderungen.

Die Plattformen wie „www.gesetzesvorschlag.org"
entwickelten sich rasch zu einem wesentlichen Gegenpol zu
diversen etablierten Herrscher-Lobbies und
Interessenvertretungen der Wirtschaft und der
monopolistischen Feudal-Politik. Dort gab es
Gesetzesentwürfe von Bürgern für Bürger und die Diskrepanz
zur angeblich von der Mehrheit gewünschten Politik war nun
zumindest offensichtlich und dokumentiert.

Sehr oft lag der Fokus der durch die Bürger selbst erarbeiteten
Gesetzesvorschläge auf grundlegend für Bürger relevanten
Themen. Spezielles Ziel vieler Vorschlage waren jene Bereiche,
wo massive, tägliche Ausbeutung durch Monopolisten passiert,
also Wohnen, Energie, Lebensmittel, Mobilität, Steuern,
bürokratische Hürden und andere Dinge, welche die Bürger im
täglichen Leben ärgerten.

Hier einige typische Beispiele für „Gesetzesvorschläge"
unterschiedlichster „User":

(Blog-Notiz des Autors, von der Redaktion übernommen:
warum ich schon wieder beim Thema Nahrung lande und
Beispiele aus dem Bereich „Lebensmittelhandel" zitiere, kann
ich mir nur dadurch erklären, dass ich aufgrund der
konzentrierten Tipperei ganz auf's Essen vergessen habe und
doch schon deutlichen Hunger verspüre)

**Regelvorschlag Beispiel 1: Verpflichtende, standardisierte
Ausspreisung von Lebensmitteln, für alle vorverpackten
Lebensmittel:**
Ziele der Regel:
*Klare, übersichtliche und durch Standardisierung effiziente
Informations-Vermittlung für die Kunden, mit kauf-relevanten*

Daten. Dies soll dem Kunden eine informierte Wahl zwischen unterschiedlichen Produkten erleichtern.

Reduktion des Verpackungsmaterials durch getrennte Auspreisung und Auflistung der Verpackungsmaterialmenge und der damit verbundenen Kosten.

Formulierung der Regel:
Auf jedem vorverpackten Lebensmittel-Produkt oder im Regal unmittelbar bei diesem Produkt muss folgende Tabelle abgeduckt sein (hier bereits ausgefüllt, am Beispiel einer Viererpackung Bio-Müsliriegel):

Lebensmittel			Verpackung	
Preis pro 100g oder 1l	0,75	2,98	Preis Verpackung	
Preis Lebensmittel + Verpackung	5,98	50%	Anteil Verpackung am Gesamtpreis	
Gesamtinhalt Lebensmittel in g oder l	300g	200g	Gewicht der Verpackung	
Anteil nachhaltig produzierter, organischer Bestandteile	50%	50%	Anteil Recyclingmaterial	
Anteil Zucker	35%	0%	Anteil kompostierbar	
Anteil ungesättigter Fette	10%	25%	Nicht genutztes Verpackungsvolumen / Überverpackung	
Anteil Aromen, Konservierungsmittel, Geschmacksverstärker	10%	127 l 1.250 g	Öko Footprint: bei der Herstellung und Distribution verbrauchtes Trinkwasser und produziertes CO_2	

Folgende Angaben sind bei der Auspreisung von Lebensmitteln verpflichtend:
Ausschließlich für das Lebensmittel:
- *Preis pro Einheit (100g oder 1 l)*
- *Mindestfüllmenge (in Gramm oder Litern)*

- *Typisches Füllvolumen in l (wie viel Volumen benötigt das Lebensmittels bei der Füllmenge)*
- *Anteil organischer Bestandteile aus nachhaltiger, biologischer Erzeugung (in Prozent, farbkodiert, >=75% grün, zw. 75% und 50% gelb, <50% rot)*
- *Anteil Zucker (in Prozent, farbkodiert, <5% grün, zw. 5% und 15% gelb, >15% rot)*
- *Anteil ungesättigter Fette (in Prozent, farbkodiert, <5% grün, zw. 5% und 15% gelb, >15% rot)*
- *Anteil Aromen, Konservierungsmittel, Geschmacksverstärker (in Prozent, farbkodiert, >=7% rot, zw. 2% und 7% gelb, <2% grün)*

Zusätzlich für die Verpackung:
- *Anteil der Verpackung am Gesamtpreis*
- *Gewicht der Verpackung*
  - o *Davon Recyclingmaterialien (in Prozent, farbkodiert, >=90% grün, zw. 90% und 75% gelb, <75% rot)*
  - o *Davon kompostierbar (in Prozent, farbkodiert, >=80% grün, zw. 80% und 60% gelb, <60% rot)*
- *Über-Volumen (in Prozent, farbkodiert, >=10% rot, zw. 10% und 5% gelb, <5% grün): um anzuzeigen, wie viel „Luft" mitverpackt ist; Indikator für Mogelpackungen und unnötiges Transportvolumen*
- *Öko-Footprint: bei der Herstellung und Distribution verbrauchtes Trinkwasser und produziertes CO_2*

Regelvorschlag Beispiel 2: Wegwerf-Verbot für genießbare Lebensmittel im Lebensmittelhandel:

Ziele der Regel:

Vermeidung von Müll und der Verschwendung von Lebensmitteln (pro Supermarkt wurden anno 2010 täglich Unmengen noch genießbarer Lebensmittel über den Müll „entsorgt", aufgrund kurzer Ablaufdaten oder optischer Mängel, obwohl diese Lebensmittel noch gefahrlos genießbar waren – diese Verschwendung sollte verhindert werden)

Formulierung der Regel:
Lebensmittelhändler sind verpflichtet, nicht eindeutig ungenießbare oder verdorbene Lebensmittel, welche aus dem Verkaufssortiment aussortiert werden, für zumindest 24 Stunden zur freien, kostenlosen Entnahme anzubieten.

Man sieht an diesen Gesetzesvorschlägen eindeutig das Bestreben der Konsumenten, die Hersteller und den Handel dazu zu zwingen, sie nicht andauernd für dumm zu verkaufen, durch Mogelpackungen, unnötige Umverpackungen um höhere Qualität des Inhalts zu suggerieren, oder durch nur mit Lupe auffindbare, relevante Angaben zum Inhalt.

Man sieht auch das wachsende Bestreben der Konsumenten, Verschwendung von Ressourcen zu vermeiden und nicht für Müll (Umverpackung) zusätzlich zu bezahlen, beim Kauf, bei der Entsorgung und durch dadurch aufgehäufte ökologische Schulden.

Das Bewusstsein für die Zusammenhänge von Ressourcen und deren Nutzung im Öko²System wuchs auch bei den Bürgern, die sich entschlossen, in den bestehenden politischen Systemen zu verbleiben. Man könnte für diese Bürger, die nicht wirklich neophil aber auch keinesfalls radikal neophob waren, eine eigene Klassifizierung finden. Vielleicht „neophin"? Neophine Bürger hatten eine gewisse Affinität zur

Veränderung und waren damit durchaus offen für Reformen, wenn diese nicht zu radikal waren und somit zu viel Unsicherheit verursachten.

Neophobe: Menschen mit Angst vor Veränderung und Hang zur Stagnation
Neophine: Menschen, die langsame Veränderung bevorzugen aber sich und ihre Gesellschaft stetig weiterentwickeln
Neophile: Pioniere, Innovatoren, Vorreiter, (R)Evolutionäre, die aktiv nach Veränderung und Weiterentwicklung strebten und für die Stagnation ein Horrorszenario war

Randbemerkung des Autors: wie üblich, bei Schubladisierungen – sie erleichtern kurzfristig das Leben, weil sie erlauben, Komplexität zu verstecken. Die Wirklichkeit ist aber vielschichtig und pluralistisch und Menschen lassen sich nicht in Schubladen einordnen.
In diesem Buch nutze ich als Autor Schubladen intensiv: Nutzmenschen, Neophile, Neophobe, freie Bürger, Nutzmenschen, Herrscher, und so weiter.
Ihnen als intelligentem Leser (trotz Verzicht auf das Binnen-i-sind damit alle Leser gemeint, Frauen, Männer und alles dazwischen) und mir als Autor ist bewusst, dass sich die Wirklichkeit nicht schubladisieren lässt. Im Sinne der Vermittlung der Ideen und Konzepten in diesem Buch ist sie aber eine durchaus zulässige Methode, um Kontraste schärfer herauszuarbeiten, als diese real vorhanden sind. Dies nur um Ihnen zu versichern: dass Schubladen Komplexität verstecken ist allen durchaus bewusst, die zu diesem Text beigetragen haben! Deren Einsatz erleichtert aber durch erhöhten Kontrast den Fokus auf die Themen, erübrigt aber nicht, im eigenen Denken kritisch und außerhalb der Schubladen zu bleiben! ;-)

20x+5-Juli

Das freie Bildungssystem in der Community ging in sein erstes Semester. Basierend auf Social Networking und Wissensdatenbanken wurde das Wissensmanagement- und Wissensweitergabe-Modell der Community „live" geschaltet. Das erste Semester von Schule 2.0 begann – und wie bei jedem neuen System, waren die Ergebnisse durchwachsen. Jene Schüler, die mental noch weniger offen für Neues waren, fühlten sich von dem System überfordert.

Neophobe Schüler, die an roboterhafte Vermittlung von vorgefertigtem Wissen und das Auswendiglernen prüfungsrelevanter Stoffe gewohnt waren, versagten im neuen System.

Neophile Schüler mit ausgeprägter Neugier blühten auf – endlich hatten sie freien Zugang zu allen Informationen und durften Fragen stellen, so viele sie wollten. Sie durften und sollten selbst Forschen, ohne von beamteten oder institutionalisierten Lehrern zu hören „das gehört nicht zu Lehrplan" oder „das ist nicht Prüfungsstoff, damit solltest du dich nicht aufhalten".

Über die kommenden Jahre wurde das System aber dahingehend optimiert, dass die Angebote an Wissensvermittlung auch für weniger selbständig neugierige Schüler funktionierten.

Die Neugierigen hatten offenen Zugang zu Information und, bei Bedarf, zu Mentoren, die ihnen beim Erfassen der Information halfen. Das reichte aus, um ihren Wissensdurst zu befriedigen.

Die weniger Neugierigen konnten sich an vorgefertigte „best practice"-Modelle halten, und so Schritt für Schritt, nach einem bewährten System, Wissen erwerben.

Rückblickend betrachtet etablierte sich durch evolutionäre Selektion und permanente Optimierung ein Bildungs-System, das an die ursprüngliche Ausrichtung von Universitäten erinnerte – eine synergetische Vernetzung von Forschung, Entwicklung und Ausbildung.

Neophile Forscher und Wissenschaftler fanden das eigentlich als Ausbildungssystem gedachte Wissensmanagement-Netzwerk durch das integrierte Social-Networking ideal, um gemeinsame Forschungsprojekte kollaborativ zu realisieren.

Forschung und Ausbildung wuchsen synergetisch zu einem gemeinsamen Community-Projekt zusammen. Der kreative Output dieses Systems war enorm.

Die Projekte wurden von motivierten, interessierten Individuen vorangetrieben, welche durch die Gleichverteilung von Ressourcen meist selbst ausreichend über die Mittel für ihre Forschungen verfügten. Es gab kaum Abhängigkeit von Geldgebern und Sponsoren, da die Menschen selbst die Ressourcen kontrollierten, die sie für ihre Arbeit benötigten. Zusätzlich „investierten" viele interessierte Individuen der Community Teile ihrer Ressourcen, in für sie interessante oder spannende oder potentiell nutzbringende Projekte.

Zukünftige „Kunden" sorgten also selbst durch ihre selektive Unterstützung mit Ressourcen dafür, dass die Projekte, und daraus entwickelten Produkte, Methoden und Technologien, dem entsprachen, was sie persönlich benötigten.

Das kreative Potential der gesamten, neuen, wachsenden Community wurde vernetzt und gemeinsam genutzt – und es war nicht mehr abhängig von der Finanzierung und Steuerung durch Konzerne mit wirtschaftlichen Interessen.

Die Individuen der Gemeinschaft wählten durch ihre Unterstützung mit Ressourcen die Projekte aus und investierten direkt in das Wissen und die Technologien, welche für die Gemeinschaft nützlich waren.

Wissen und Technologie wurden public domain – öffentliche Sache. Ausbildung und Lernen fanden unmittelbar in diesem Umfeld statt.

Aufgrund der individuell für jeden Bürger verfügbaren, ausreichenden Ressourcen blieb so auch Platz für radikale, skurrile und abstruse Projekte. Gerade diese, lieferten viele Outputs, welche die technologische und gesellschaftliche Überlegenheit der Community der Neophilen vorantrieb.

Das System lockte auch viele neugierige Schüler aus konventionellen, neophoben Bildungssystemen an. Nach der Schule mit antiquierten Lehrplänen und bürokratisch organisierten Lehrkörpern loggten sich viele Kinder und Jugendlichen im freien System der Community ein, um das zu lernen, was sie interessierte.

Viele wurden zu „Schulabbrechern", die nie den offiziellen Schulabschluss im Schul-System jenes Territoriums machten, in dem sie und ihre Eltern als Nutzmenschen gehalten wurden. Dennoch hatten sie ein meist größeres, tieferes und praxisrelevanteres Wissen, als manche Akademiker aus traditionellen Universitäten.

Diese Schüler des freien Wissenssystems wurden später oft auch gerne Teil der neuen Community, weil sie sich zeitlebens von diesem System besser gefördert und unterstützt gefühlt hatten und immer zu freier Entscheidung auf der Basis kritischem Denkens motiviert und ausreichend informiert worden waren.

Die ersten Generationen wuchsen nun von Kindheit an in das System freier Menschen hinein. Dennoch war die Vermittlung des Status Quo anno 2010 verpflichtender Teil jeder Ausbildung – als Immunisierung gegen Diktaturen sollte jedes Individuum der Community in der Lage sein, Manipulation und Beherrschung durch Autoritäten sofort zu erkennen und ebenso zu wissen, was echte Freiheit und echte Gleichheit ist und wie Nachhaltigkeit funktioniert.

Dieses Buch ist mein Beitrag für dieses Wissens-System, die Zustände anno 2010 nicht zu vergessen, auch in einer besseren, freien, nachhaltigen Welt ohne Schulden.

20x+7-März

Im März 2017 publizierte der japanische Evolutions-Soziologe Li-Chau Doquwin sein Konzept „Organic Politics" – organische Politik. Ebenso wie in der Biologie schlug er vor, bei Gesellschaftsregeln (Politik: das gemeinsame Treffen von Entscheidungen durch Gesellschaften von Menschen) jene Mechanismen zu etablieren, die in natürlichen Ökosystemen seit Jahrmillionen ausgezeichnet funktionieren: Evolution und Selektion.

Angewandt auf politische Systeme bedeutet dies nicht nur, dass es für jede etablierte Regel (zum Beispiel auch jene drei Prinzipien der Verfassung) einen evolutionären Score – eine Maßzahl für evolutionären Erfolg im Öko^{2}System - gab, sondern auch, dass diese Regeln auf Basis dieses evolutionären Score selektiert wurden.

Der evolutionäre Score setzt, ähnlich wie in der Evolutionstheorie auf „Fitness-Kriterien", wie „Häufigkeit der Anwendung", „Zufriedenheit der Betroffenen mit dem Ergebnis der Anwendung", „Netto-Kosten (an Ressourcen) für die Anwendung der Regel (also Kosten an Ressourcen im Verhältnis zum Nutzen)" et cetera.

Die Community war nach einigen Diskussionen von der Idee so begeistert, dass diese demokratisch mehrheitlich akzeptiert und übernommen wurde. Das Ergebnis war über die nächsten Monate und Jahre offensichtlich: eine weitere Vereinfachung der Regeln folgte, ebenso eine Reduzierung unnötiger Regeln. In einigen der freien Communities hatten die Regelwerke doch ein wenig zu wuchern begonnen. Das war ganz logisch, in einer Gesellschaft von kreativen Menschen, die viele guten Ideen hatten.

Auch einige Herrschern hatten versucht, die Initiative durch aktives Betreiben von Zuregulierung „zum Besten der Bürger" zu usurpieren (potentielle Angst-Szenarien um viele Leute zu manipulieren und dadurch Regeln zu etablieren, waren schnell gefunden gewesen, vor allem „die Community wird im Chaos versinken" und „wir müssen uns gegen die Bedrohung von außen schützen" waren populär – der selbe Blödsinn wie immer, wenn eine Elite nach Kontrolle strebt: man verkaufe der dummen Mehrheit „Sicherheit" und „Schutz" vor meist erfundenen oder selbst gemachten Bedrohungen. Die Mafia-Methode.).

Fakt war, in den bisher entstandenen Regelwerken der unterschiedlichen Online-Nations gab es durchaus bereits Optimierungsbedarf auf Grund zu vieler, unnötiger, unverständlicher, umständlich anzuwendender, oder anderweitig unpraktischer Regeln.

Es ist eben immer die gleiche Geschichte: in jedem (Gesellschafts-)System ausreichender Größe gibt es eine gewisse Anzahl von Individuen, die alles unternehmen, um innerhalb des Systems für sich selbst dauerhafte Vorteile zu lukrieren – meist indem sie versuchen, die Regeln des Systems zu dominieren. Und um das Leben anscheinend sicherer und einfacher zu machen, wünschen sich viele Menschen für alles und jedes immer detailliertere Regeln (anstatt wenige, substantielle Regeln einfach konsequent anzuwenden).

Dies soll hier nicht verteufelt werden! Es ist ein ganz normales, natürliches Verhalten – aber eben nicht unbedingt für die Gemeinschaft von Vorteil, sondern nur für jene Individuen, denen es so gelingt ein Ungleichgewicht zu erzeugen.

Die einfachste Methode um die Bereitschaft für die Einschränkung von Freiheit durch Regeln zu erhöhen, ist die Verbreitung von Angst, Schrecken und die Etablierung von Feindbildern.

Auch die Community der Neophilen war dagegen nicht gefeit – dieses Verhalten war für eine organische Spezies aus evolutionärer Sicht ganz normal (fast jeder Wolf wäre gern Alphatier und Rudelführer und wird versuchen, dies im Rudel durchzusetzen).

Die Gegenstrategie der Community mittels „organic politics" war simpel: Regeln, die selten gebraucht wurden oder für die Bürger nicht ausreichend gut funktionierten, wurden eliminiert. Evolutionäre Selektion in einem sich organisch entwickelnden System echter Demokratie.

Eine weitere Strategie gegen die Verbürokratisierung war aber ebenso einfach, wie genial (wenn auch nicht neu): es gab eine ständige, schnelle Fluktuation der Systeme. Es gab nie einen ausreichend lange stabilen, unveränderten Zustand, wo die Methode der Usurpation durch schleichende Einführung von Autoritäten und Regeln, und damit die Instrumentalisierung von Macht und Verbürokratisierung, greifen konnte.

Verbürokratisierung ist ein langsamer Prozess, der Stabilität des Systems benötigt. Systeme, die sich rasch verändern und die Freiheit erlauben, zwischen Systemen zu wechseln, sind weitestgehend immun, gegen Bürokratie. Bis diese wirksam wird, ist das System schon veraltet und evolutionär aussortiert.

Der Evolutions-Score für Regeln half dabei. Durch ihn wurde ein Mechanismus etabliert, der Regeln rasch eliminiert, wenn sie nicht genutzt/gebraucht werden oder ineffizient oder zu kompliziert sind.

Dies stand natürlich in krassem Gegensatz zu bürokratischen Systemen anno 2010, wo teilweise in den Gesetzbüchern noch Artefakte der Gesetzgebung vergangener Jahrhunderte zu finden sind, die nie hinterfragt oder angepasst wurden und wo Regeln, selbst nicht verwendete, ewig lebten, bis irgendwer auf die Idee kam, sie aktiv zu ändern.

Im organischen, evolutionären System starben diese Regeln ganz natürlich und automatisch aus.

Das unkontrollierte Wachstum der Regelsysteme und damit der Gesetzbücher wurde durch evolutionäre Selektion der Regeln gestoppt.

Zusätzlich gab es im Online-Nations Network immer alternative Anbieter von staatlichen Services. Wenn also ein Online-Staat zu verbürokratisieren drohte, gab es genug andere, die auf der Basis von Freiheit, Gleichheit, Nachhaltigkeit und einfacher Regelsysteme bürokratiefrei funktionierten.

Es gab die Wahlfreiheit, welche Neophilen ermöglichte, rasch und unbürokratisch die Community, den Staats-Provider, zu wechseln.

Praktisches Beispiel gefällig? Kajetan Woferl wechselte im Laufe seines Lebens 15 mal den Staat. Die Online-Republik Tuvalu war als erster Online-Staat zuerst hochgradig erfolgreich, verbürokratisierte aber zusehends und stagnierte. Natürlich wuchs dabei das Service-Angebot dieses Staates. Es wurde um Sozialsysteme, Krankenkassen, Pensionssysteme und vieles mehr erweitert. Multinationale Konzerne beteiligten sich um die Community als Konsumenten (und Nutzmenschen) zu erschließen. Das alles kostete mehr und mehr „Steuern" und mehr und mehr bürokratische Stellen verdienten bei der Verwaltung dieser Steuern mit.

Kajetan wollte zeitlebens nur zwei Services von seinem Staat: Verwaltung der Identität und internationale, juristische Repräsentanz. Zusätzlich wollte er keine zu der Verfassung zusätzliche Regeln, bestenfalls Präzisierungen der Verfassungsprinzipien durch praktische Anwendungsbeispiele. Kajetan wollte ein Maximum an Freiheit und Eigenverantwortung. Er wechselte daher immer in jenen, meist neuen Staat, der genau dies anbot, bevor er zu groß wurde und Mehrheiten mit einem hohen Anteil von Neophinen und Neophoben diese Freiheit einzuschränken begann.

Zweimal gründete Kajetan sogar selbst einen neuen Staat, da zum Zeitpunkt, an dem ihm die Verbürokratisierung seines derzeitigen Service-Providers zu groß wurde, gerade kein passendes Angebot am Markt war.

Gemeinsam mit einigen Mitstreitern aus der Community kreierte er daher den „Instant basic freedom republic kit" – ein Starterpaket für neue Staaten auf Basis der Verfassungs-Grundprinzipien und dem Angebot der zwei Basis-Services. Mit diesem Bausatz konnte fast jede kleine Gruppe sofort die zwei notwendigen Services bereitstellen und ein demokratisches System für seine Bürger auf Basis von d-cide.org schaffen.

Rückblickend betrachtet kann man sagen, dass der Zeitraum der Verbürokratisierung einer erfolgreichen Gesellschaft im Bereich von 5 bis 10 Jahren lag. Die echten Neophilen wie Genoveva und Li-Chau wechselten recht rasch, im Bereich von drei bis vier Jahren, ihren Anbieter staatlicher Services und suchten sich jeweils jenen, der den größten Freiheitsgrad bot. Da sie die Ressourcenansprüche ihrer Generationenlinien mitnehmen konnten, gab es für einen Wechsel keine wirtschaftlichen Pönale – ein Vorteil konsequenter Vermeidung von Monopolen durch einen echten freien Markt.

Der „Wettkampf" der Systeme beziehungsweise Staats-Provider um mehr Bürger wäre sicherlich wieder zu einem Wachstums-Wettrennen eskaliert, wenn es nicht als Basis das Prinzip der Nachhaltigkeit gegeben hätte.

Natürlich entwickelte sich hier auch eine Parallel-Community, welche auf Nachhaltigkeit verzichtete – getrieben meist von Online-Repräsentanzen bestehender Territorialmonopolisten oder von Online-Nations, welche durch große, multinationale Konzerne gesponsert und kontrolliert wurden.

Die Unterscheidung zwischen „Territorialmonopolisten" und „Non-Territorialen, freien Staaten" war damit nicht weiter zielführend, da ja auch Territorialstaaten nun oft „non territorial citizenships" anboten, so wie sie Kajetan sehr früh von Tuvalu erhalten hatte.

Als wesentlichstes Unterscheidungskriterium für Staaten ab 20x+7 etablierten sich primär Tests, welche den Grad der Freiheit, Gleichheit, und Nachhaltigkeit maßen.

Es gab kein Schwarz-Weiß mehr, sondern eine graduelle Abstufung für Einschränkungen von Freiheit und Gleichheit oder Verletzung der Nachhaltigkeit. Eine wesentliche Maßzahl für „Freiheit" und die Abwesenheit von Monopolen war zum Beispiel auch, wie leicht es für einen Bürger oder eine Generationenlinie war, zu einem anderen Provider zu wechseln.

Der Unterschied zu früheren Systemen lag vor Allem in einem gesteigerten Bewusstsein der Menschen für die Eigenschaften von Systemen in Bezug auf Freiheit, Gleichheit und Nachhaltigkeit. Durch einen höheren Grad an Information und das dadurch geänderte Bewusstsein vieler, hatten es Herrscher viel schwerer, Mechanismen zur Unterdrückung zu etablieren.

Die Menschheit als Ganzes begann trotz des graduellen Übergangs zwischen den Systemen immer mehr wirklich freie, gleiche, und nachhaltige Systeme zu etablieren.

Erkennbar waren Gesellschaften auf Basis dieser Prinzipien vor allem an der Gleichverteilung der Kontrolle über die Ressourcen und die Abwesenheit von Privilegien und Monopolen für einzelne Gruppen.

Ein weiterer Punkt zeichnete die egalitären Gesellschaften aus: die Abwesenheit charismatischer Leitfiguren und „Helden". Natürlich preschten einzelne Personen kurzzeitig als Pioniere voran und wurden von anderen als Leitfiguren gesehen - so wie unsere Protagonisten, oder Li-Chau Dowquin oder viele andere. Sie alle machten ihre Ideen aber umgehend zur „public domain", zum Allgemeingut und die Gemeinschaft als Ganzes konnte diese dann verwenden, verändern und weiterentwickeln.

Natürlich hatten Individuen, die oft Besonderes zur Gesellschaft beitrugen einen gewissen „Status" und wurden als Mentoren und Vordenker geschätzt und besonders respektiert. Dennoch bekamen sie dadurch nicht mehr, als den gleichen Anteil von Ressourcen. Es fiel ihnen bestenfalls leichter, für ihre Projekte Sponsoren zu finden, also andere Menschen, ihre Ressourcen oder ihre Zeit dazu verwendeten, diese Projekte zu unterstützen.

Es war das Zeitalter der freien Evolution von Ideen und Wissen. In den freien Gesellschaften war Wissen frei und nicht mehr proprietär, als Instrument von Macht eingesetzt.

Jene, die nach persönlichem Ruhm strebten, wurden gesellschaftlich eher mit Argwohn betrachtet, als mit Bewunderung.

In einer Gesellschaft, wo Wissen frei ist, gab es natürlich auch keine Patente – jedes Individuum (zumindest in den intelligenteren Generationenlinien, die auf unkontrollierte Vervielfachung verzichteten) hatte aufgrund seines Anteils am gemeinsamen Öko^{2}System ausreichend Ressourcen für ein komfortables Überleben. Es gab keinen Grund für den Schutz

„geistigen Eigentums" um damit einen wirtschaftlichen Vorteil für Individuen zu etablieren.

Es zählte mehr, ob man andere für eine Idee begeistern konnte, wodurch diese Teile ihrer Ressourcenansprüche zeitweilig ein Projekt auf Basis einer neuen Idee investierten, um so die Umsetzung der Idee zu ermöglichen.

Produkte und Technologien wurden so zielgerichtet von jenen Unterstützt, die sich davon einen Vorteil erwarteten, oder sie einfach nur cool fanden. Der Wettbewerb herrschender Monopolisten um einen Markt begann zu verschwinden.

20x+7 war ein Jahr des Umbruchs. Der auch wirtschaftliche Wettbewerb mit monopolistischen, unfreien Systemen begann, und die freien Systeme hatten den Vorteil, dass keine Monopole sie behinderten und keine Energien in Machterwerb und Machterhalt und Bürokratie und Verwaltung investiert wurde.

Es war das Paradies für Kreative, Erfinder, Pioniere und all jene, die gerne mit diesen die gemeinsame Gesellschaft gestalteten und Wissen und Technologien vorantrieben.

Jene Energie, die in monopolistischen Systemen für die Aufrechterhaltung der Monopole investiert wurde, floss in den freien Systemen in Forschung und Innovation. Natürlich waren damit die freien Systeme im Vorteil, da sie weniger Energie vergeudeten.

Die verbleibenden Herrscher investierten auch viele ihrer Ressourcen in Zensur und Desinformationskampagnen um zu verhindern, dass ihren Nutzmenschen klar wurde, dass es den Menschen in den freien Communities deutlich besser ging, als den eingepferchten Nutzmenschen in Käfig- oder

Freilandhaltung. Die Aufrechterhaltung des Feudalismus kostete zusätzliche Ressourcen. Eine Nutzmensch-Farm braucht nun mal Zäune und diese Zäune kosten mehr Ressourcen, als freies Land.

Es war ein wenig wie zur Zeit der Aufklärung, als die Dogmen der Kirche in Frage gestellt wurden und kritische Geister in einem Ausbruch an Kreativität und Neugier sich von diesen befreiten - nur eben diesmal auf gesamtgesellschaftlichem und politischem Niveau und nicht nur in der Domäne des Wissens und der Erklärung der Funktion der Welt.

Eine Minderheit, im Jahr 20x+7 waren es gerade mal 2,8% der Weltbevölkerung, hatte sich von ihren Herrschern effektiv befreit und sich der Dogmen von Macht, Monopolen und ewigem Wachstum entledigt.

Es waren erst knapp über 100 Millionen Menschen, die im Jahr 20x+7 frei von Herrschaft und Teil der neuen Communities waren. Und diese Gemeinschaft von über 100 Millionen Anarchisten in vielen Online-Staaten aufgeteilt, funktionierte auf Basis einer ganz einfachen gemeinsamen Verfassung und von gemeinsam erstellten Regeln. Und sie funktionierte blendend – ganz ohne Herrscher.

20x+8 (2018)
In der kleinen, europäischen Pseudo-Demokratie (Bürokratie und Lobby Diktatur), in der Genoveva lebte formte sich eine Gruppe freier Bürger, welche sich durch ihre noch vorhandenen Doppel-Staatsbürgerschaften (Online, als freie Bürger und beim Territorialmonopolisten) auch mal als Partei

innerhalb des pseudo-demokratischen Systems versuchen wollten.

Aufgrund ihrer Popularität durch die Aktivitäten und Mediale Präsenz in den Anfängen der Bewegung, wurde Genoveva zur Partei-Sprecherin gewählt.

Das Parteiprogramm war ein simples Reformprogramm – etwas, das sich bei keiner der etablierten Parteien fand:

- Verfassungsreform mit dem Ziel der Etablierung der drei Kernprinzipien „Freiheit", „Gleichheit" und „Nachhaltigkeit"
- Verwaltungsreform „weniger Staat": Reduzierung der Verwaltungskosten von über 4% des BNP (brutto National-Produktes) auf weniger als 2% BNP innerhalb einer Legislaturperiode (mittelfristiges Ziel danach: kleiner 1% BNP)
- Reform des Rechtsstaates: Regeln und Gesetzte müssen für jene, für die sie gelten, ohne Interpretation durch Dritte (Juristen-Eliten) verständlich sein
- Reform der Gesellschafts-Kern-Systeme weg vom Prinzip „Schuldenmachen", hin zum Prinzip Nachhaltigkeit. Kernsysteme der Gesellschaft waren:
  - Sozialsystem (Ziel war eine Grundsicherung für alle Bürger auf Basis gerechterer Ressourcenverteilung)
  - Generationensystem (Pensionen, Familienförderung, Bildung – nicht auf Schulden finanziert, sondern nachhaltig)
  - Gesundheitssystem (medizinische Versorgung für alle, ohne Zwei-Klassen-Medizin)
  - Öko^{2}System (keine ökologischen oder ökonomischen Schulden)

- Förderung von Mechanismen direkter, echter Demokratie und Republik: der Staat muss wieder Sache der Bürger werden, nicht Sache einer Elite und ihrer Bürokratie
- Die Bürger sollen freie Auswahl des Anbieters staatlicher Services haben. Ein territoriales Monopol diesbezüglich ist zu eliminieren.

Auf die Frage hinsichtlich der Positionierung zu anderen Parteien, wurde folgendes offizielle Statement verfasst:

Positionierung des „Forums Reform – echte Demokratie" im Hinblick auf etablierte politische Gruppen

Das „Forum Reform – echte Demokratie" versteht sich als echte demokratische Gruppe und steht für die demokratischen Grundprinzipien „Freiheit" und „Gleichheit", sowie im Sinne der „Gleichheit" über Generationen hinweg für eine nachhaltige Nutzung des Öko²Systems.

Hinsichtlich bestehender politischer Gruppen positionieren wir uns wie folgt:

Demokraten & Republikaner:
Im Gegensatz zu diesen bedeutet für uns Republik, dass der Staat Sache der Bürger ist (eigentlicher Wortsinn) und Demokratie, dass das Volk mehrheitlich diesen Staat steuert und lenkt.

Repräsentative Pseudo-Demokratien, Mehrparteiendiktaturen und Lobby- und Bürokratie-Monopole sind nicht unser Ziel. Vielmehr ist unser Ziel, diese zu verhindern.

Der Staat als Sache der Bürger, als Dienstleister für die Bürger und im direkten, demokratischen Auftrag der Bürger ist unser Ziel. Wir stehen daher für echte Demokratie und Republik, aber gegen etablierte Parteien, die diese Begriffe fälschlich im Namen tragen.

Sozialisten:
Die Anwendung des Prinzips „Gleichheit" in der Verfassung auf die Ansprüche auf vorhandene Ressourcen, führt automatisch zu einem sozialen Gesellschaftssystem mit gerechter Verteilung und gleichen Chancen. Wir verstehen uns daher als sozialistisch im ursprünglichen Wortsinn.

Die bestehende Partei dieses Namens hat aber mit den Prinzipien einer sozialen Gesellschaft wenig bis nichts zu tun. Sie kümmert sich primär um eine völlige Kontrolle aller Aspekte des Lebens der Bürger zum Nutzen der eigenen Partei und der ihr nahestehenden Organisationen (z.B. Gewerkschaften, Arbeiterkammern, etc.). Diese Partei arbeitet zum eigenen Vorteil, nicht zum Vorteil der Bürger.

Wir stehen für das Prinzip einer sozialen Gesellschaft, aber gegen die sozialistische Partei.

Konservative:
„Konservativ" bedeutet bewahrend, erhaltend. Das Prinzip „Konservativ" bedeutet nachhaltig. Es gilt den Lebensraum, unser gemeinsames Öko²System, zu bewahren. Es gilt Wissen, Technologie, Intelligenz und Kultur zu bewahren und weiterzuentwickeln.

Die Konservative Partei steht allerdings nur für überkommene, sinnentleerte Traditionen und den Erhalt etablierter Machtverhältnisse. Diese Partei arbeitet zum Wohl ihrer selbst und ihr nahestehender Organisationen (Wirtschaftsverbände, Bauerbünde, etc.). Sie arbeitet nicht zum Wohl der Bürger.

Wir stehen für das konservative Prinzip im Sinne des Erhaltens und Bewahrens unseres Lebensraumes und der erreichten Zivilisation (Wissen, Technologie, Kultur), aber wir stehen gegen den Fokus auf Machterhalt und Verweigerung von Veränderung zum Nutzen derer, die sich als „Konservative" bezeichnen. Wir sind konservativ im eigentlichen Wortsinn.

Freiheitliche:
Größtmögliche Freiheit (auch Freiheit von einer Bevormundung durch den Staat) für alle Bürger ist eines der Grundprinzipien, der Verfassung für die wir stehen.
Das bedeutet, wir wollen Privilegien und Monopole verhindern.
   Der Staat als Dienstleister der Bürger darf ausschließlich die gerechte (gleiche) Verteilung von Freiheiten regeln und die Abgrenzung der individuellen Freiräume zueinander.
Der Staat hat nicht in die individuellen Freiheiten und Freiräume einzugreifen.

Der populistische Nationalismus oder auch der Machester-Wirtschafts-Liberalismus für den die sogenannten freiheitlichen oder liberalen Parteien hierzulande stehen, hat mit dem Prinzip größtmöglicher und gleicher Freiheit für alle Bürger nichts zu tun – mit Nationalismus und Wirtschaftsliberalismus zum Nutzen Weniger auf Kosten der Mehrheit haben wir nichts am Hut.

Wir stehen für größtmögliche und gleiche Freiheit für alle Bürger in unserer Gesellschaft.

Grüne / Ökoparteien:
Wir stehen für eine nachhaltige Nutzung des Öko²Systems. Wir distanzieren uns von dem wachstumsorientierten, nicht nachhaltigen Sozial-Utopismus auf Kosten des Öko²Systems, für den die Grünen Partei leider mittlerweile stehen.

Wir wollen unser Öko²System intakt und nachhaltig lebenswert erhalten.

Überaschender Weise erhielt diese Initiative bei der folgenden Wahl eine ausreichende Anzahl von Stimmen, um durchaus als starke Opposition wahrgenommen zu werden.
Die Initiative formierte ein Schattenkabinett und kommunizierte klar bei jeder staatlichen Aktion, ob sie diese unterstützt, oder falls nicht, was sie konkret anders gemacht hätte.

Aufgrund dieser Aktionen gab es in der folgenden Legislaturperiode bei allen etablierten Parteien im Parlament eine Abspaltung der Parteibasis, welche für die ursprünglichen Prinzipien stehen wollte die sie eher im Programm des „Forum Reform – echte Demokratie" wiederfand.

Vertreter der Basis aller etablierten Parteien unterstützten bei der nächsten Wahl das Forum, welches sie und ihre Werte besser repräsentierte, als die alten Parteien.

Dies führte zur Notwendigkeit von vorzeitigen Neuwahlen und dabei zu einem signifikanten Stimmengewinn für die Partei

„Forum Reform – echte Demokratie". Das Wahlergebnis war eine einfache Mehrheit von 51,3% der Stimmen für das Forum. Es war ein historischer Erdrutsch-Sieg.

Für die Bürger des Landes wurde umgehend die freie Wahlmöglichkeit ihres Staats-Providers ermöglicht. Aufgrund der Reformen durch die neue Regierung gab es aber für die Meisten wenig Notwendigkeit zu wechseln.

Nach der bundesweiten Etablierung eines freien Marktes für staatliche Services ging langsam die Ära des Territoriums als monopolistischer Staat zu Ende und der gesamte kleine Staat fand sich als Teil der wachsenden Familie freier, non-territorialer Staaten der Online-Nations wieder.

Die wenigen Nationalisten und Hard-Core Territorialisten bildeten im Süden des Landes, in einem kleinen Teil eines kleinen Bundesland eine eigene Enklave, welche zunehmend der Ghettoisierung anheim viel, aber touristisch durchaus interessant war.

Berühmt war diese Enklave für die dort herrschende Kultur von flammendem Bierzelt-Populismus und antiker Gesinnung. Durch die kontinuierliche Abwanderung der intelligenteren jüngeren Bürger aus dem Nationalisten-Territorium schrumpfte dieses innerhalb weniger Generationen auf einen Bereich aus wenigen Dörfern in einem kleinen alpinen Tal. Dort blieb Deutschtümelei und Nationalismus als Touristenattraktion in einem bescheidenen Freilicht-Museum für die Nachwelt erhalten.

20x+15 (2025)
Viele ehemalige Territorialstaaten waren in der Zwischenzeit in relativer Bedeutungslosigkeit versunken. In ihnen hatten sich

„Parteien" etabliert, welche für die freie Wahl eines Staats-Providers für alle Bürger des Territoriums standen und die alten, feudalistischen Parteien abgelöst hatten. Diese Parteien hatten trotz gegen sie gerichtete Zensur, Desinformation und Propaganda teilweise signifikante Erfolge bei Wahlen. Die Monopolstellung des Staates begann dadurch von innen heraus zu zerbröckeln und die althergebrachten Staatsapparate versanken in Bedeutungslosigkeit.

Nur wenige Staaten konnten sich dagegen erfolgreich wehren. Es waren dies vor allem jene totalitären Systeme, welche ihre Nutzmenschen konsequent dumm gehalten hatten und deren Informationen vollständig kontrollierten, manipulierten und zensierten. Vor allem religiös fundamentalistischen Staaten waren hierbei im Vorteil.

Wenig verwunderlich war, dass der Größte dieser totalitären Machtblöcke China war. Auch in den fundamentalistischen, arabischen Gottesstaaten, wo statt Wissen der Koran gelehrt wurde, bleiben die Mullahs erfolgreich an der Macht. Ebenso dominant blieb die Identifikation mit der Religion als Monopol-Motivator in Israel.

Und natürlich auch in der Wirtschaftsdiktatur der vereinigten Staaten von Amerika konnte sich gegen die Mehrheit der Konservativen aus dem Bible-Belt und die riesige Anzahl der Patridioten die Idee echter Freiheit nicht durchsetzen. Gegen das perfekt inszenierte System der Pseudo-Demokratie mitsamt der sinnlosen Wahl-Shows war selbst die freie Information im Internet machtlos – rechtzeitig griff hier die Zensur der USA, welche den Zugriff auf diese Inhalte am Staatsgebiet der USA verhinderte.

Das Internet 4.0, welches in der neophilen Community entwickelt und aufgebaut wurde (schneller, sicherer und flexibler, ein echtes, freies Community System mit lauter gleichberechtigten Nodes) war in den USA natürlich verboten. Es gab nur einige Zellen von offiziell als Terroristen und Vaterlandsverräter gebrandmarkten Amerikanern, welche illegal via Satelliten-Signal an der freien Welt teilnahmen. Die meisten flohen früher oder später aus den USA in ein freieres Land oder direkt in ein Gebiet im Territorium der USA, das zur Community der Neophilen gehörte.

Da die Assassins-Community auch gegenüber den USA den Anspruch dieser geflohenen Ex-Bürger auf ihren gleichen Anteil der USA-territorialen Ressourcen durchsetzte, kam es zu dem interessanten Effekt, dass die Feds, die Regierung der USA begann, unter fadenscheinigen Vorwänden verbreitet durch mediale Desinformation (Umweltkatastrophen, Gefahr von ABC-Angriffen durch Nachbarstaaten, etc.) ihre Bürger umzusiedeln, weg aus jenen Gebieten, welche durch die Ex-Bürger aufgrund des Gleichheitsprinzips beansprucht wurden. Die Landkarten der USA blieben allerdings bei dem offiziellen Bild des Territoriums aus der Zeit vor 20x.

Landkarten aus dem Rest der Welt, welche die realen Zustände abbildeten, zeigten ein von Jahr zu Jahr erodierendes Territorium namens USA.

Ähnlich war es natürlich beim Territorium von China und den arabischen Staaten.

Es spricht für die doch eher rebellischen, freieren Aspekte der jüdischen Kultur, dass hier das Religionsmonopol als erstes bröckelte und die Identifikation mit dem Judentum in den jüngeren Generationen nachließ.

Der Dualismus aus Religion und Territorialmonopolist verschwand. Die jungen Generation geistig offener Menschen jüdischer Abstammung wurde ein natürlicher Teil der großen, globalen Community und damit ein integraler Teil der Gesellschaft. Die Diaspora war zu Ende. Man war als jahrhundertelang verfolgte Gruppe endlich frei und wirklich angekommen. Die jungen Menschen mit jüdischen Wurzeln waren damit endlich auch ihren eigenen zionistischen Pharaos entkommen – zumindest jene neophile Minderheit der Homo VereSapiens unter ihnen.

(Ein interessantes Faktum am Rande: die USA argumentierte offiziell ihren verbleibenden Bürgern gegenüber betreffend „Nationalheiligtümern", wie zum Beispiel dem Yellowstone Nationalpark die bereits der freien Welt zugehörig waren, dass es dort gefährliche geologische Aktivitäten gab mit toxischen Gasen und imminenter Gefahr von Vulkanausbrüchen und Erdbeben. Auch hier: Angst und Schrecken als Manipulations- und Verschleierungs-Werkzeug. Die Wahrheit, das Gebiet wurde von Ex-US-Bürgern beansprucht, welche in die Freiheit geflohen waren, kam den Führern dieses Regimes nie über die Lippen.

Spannend wurde es, als es Gebiete ausreichender Fläche auf dem Gebiet der USA gab, welche von expatriierten Amerikanern der freien Communities und anderen Menschen wieder besiedelt wurden – Gebiete, welche die Regierung der USA als „unbewohnbares Katastrophengebiet" tituliert hatten, um die eigene Bevölkerung umzusiedeln.

Besonders beliebt waren in diesem Zusammenhang die „US-Katastrophen-News-Shows", welche im amerikanischen TV gesendet die Bürger zum Verlassen eines nicht mehr der USA gehörenden, nun freien Territoriums , motivieren sollten.

Diese Shows genossen international höchstes Ansehen und wurden von Comedy-Kanälen im Free-Net der freien, neophilen Communities zur Unterhaltung gestreamed. Die ganze Welt lachte über die USA und die dortige Propaganda-Maschinerie. Es war fast wie zu Zeiten von G.W.Bush und Sarah Palin – die USA als Witz!)

20x+30

Die ersten Generation von Menschen, die vollständig in einer neophilen Gesellschaft aufgewachsen sind und die einen freien, aber betreuten Zugang zu Information genossen hatten, werden erwachsen und produktiv.

Die Innovationsrate in allen relevanten Kernbereichen – Gesellschaft, Wissen, Technologie, Öko^{2}System-Nutzung – innerhalb der Online-Nations übersteigt um einen Faktor 50 die Innovationsrate der feudalistischen Territorialmonopolisten.

Forscher, Entwickler, Pioniere sind naturgemäß eher neophil. Daher kumuliert sich in dieser Community immer mehr all das, was die Menschheit über Jahrtausende so erfolgreich gemacht hat – unbändige Neugier, Kreativität und Innovationsdrang.

Signifikante Technologie-Meilensteine wurden über die Jahre implementiert. Die gesamte Energiewirtschaft der Community basiert auf nachhaltigen Energiequellen, der Wirtschaftraum funktioniert komplett autark und kann auch ohne Handel mit dem Rest der Menschheit nachhaltig funktionieren. Internet 4.0, innovative Individual- und Massentransportmittel, die fortschrittlichste medizinische Betreuung des Planeten, nachhaltig produzierte, rein organische Nahrung und anderen Schlüsseltechnologien der freien Communities zeigen sich wahrscheinlich am besten in einer Tabelle von demoskopischen Werten, die durchschnittliche Nutzmenschen in beherrschten Territorien mit freien Bürgern vergleicht.

Durchschnittswerte über die Gesamtbevölkerung	Nutzmenschen	Freie Bürger
Lebenserwartung	93 Jahre	107 Jahre
Frei verfügbare Zeit versus fremdbestimmte Arbeitszeit (ohne 8h Nachtruhe)	1:3	10:1
Anzahl der Bürger mit freiem Zugang zu Information	25%	99,99%
Anzahl direkt demokratischer Entscheidungen pro Individuum und Jahr	0,3	273
Krankheitstage pro Jahr	47	4
Eigene Zähne im Alter von 80 Jahren	3	29
Blutdruck im Alter von 60 Jahren	165/115	135 / 75
Anteil nachhaltig organischer Nahrung (im Gegensatz zu chemisch oder durch intensive Landwirtschaft erzeugter Nahrung)	7%	98%

Spannend war, dass die Vergleichszahlen in Bezug auf die Herrscher selbst, zwar eher auf dem Niveau der Zahlen der freien Bürger als denen ihrer Nutzmenschen lagen, aber dass diese langsam stagnierten. 20x+20 war das Jahr gewesen, in welchem man auch als Herrscher in der Community der Freien Bürger hinsichtlich Lebensqualität besser aufgehoben gewesen wäre, denn als Herrscher im Rest der unfreien Welt.

Als freier Bürger war man im Durchschnitt gesünder, fitter, wurde älter, hatte mehr Freizeit und Freiheit, und speiste viel gesünder und delikater, denn als Nutzmensch und sogar im Vergleich zu den Herrschern.

Es war also besser, freier Bürger der globalen Neophilen-Communities zu sein, als Herrscher im unfreien Rest der Welt.

Die Anzahl der freien Bürger war seit 20x+25 weitestgehend konstant bei 400 Millionen (dies entspricht 100 Millionen Generationenlinien). Die Summe entspricht auch ziemlich genau 5% der Weltbevölkerung anno 20x und damit dem typischen Anteil von Neophilen in einer Population aus neophoben Nutzmenschen zu jener Zeit.

Das negative Bevölkerungswachstum innerhalb der Community der freien Bürger selbst, bei durchschnittlich nur einem Kind pro Paar, wurde durch „Zuwanderung" von Neophilen aus den Reihen der Nutzmenschen kompensiert – was auch Ziel der Bevölkerungspolitik der Gemeinschaft war.

Die Weltbevölkerung der Nutzmenschen außerhalb der Online-Nations wuchs weiter, musste sich aber mit immer weniger Raum und Ressourcen begnügen und daher mit sinkender Lebensqualität.

Durch die von diesen Nutzmensch-Massen verursachte, nicht nachhaltige Nutzung des Öko²Systems und der Pönalen dafür beim Handel mit dem Commonwealth der freien Bürger – kurz gesagt aufgrund der negativen Handelsbilanz mit dem Technologieführer Commonwealth – konnte der Commonwealth auf Kosten der Herrscher zusätzliche Ressourcen-Anteile am Öko²System Erde erwirtschaften. Die Community der Neophilen gewann den evolutionären Wettbewerb gegen die antiken Gesellschaftssysteme der

Herrscher. Die freie Community war Sieger im freien Wettbewerb mit den monopolistischen Feudalsystemen.

Zusätzlich brachten die Zuwanderer aus den Reihen der Nutzmenschen ihre Ressourcenanteile mit, wodurch die 400 Millionen freien Bürger, respektive die 100 Millionen Generationenlinien sich die Ressourcen von 25% des Planeten nach dem Gleichheitsprinzip teilten und nachhaltig bewirtschafteten. Die 5% Neophilen hatten also 25% der globalen Ressourcen zur Verfügung. Dies passte auch ausgezeichnet zu der für eine „full earth economy" berechneten maximalen Kapazität des Planeten. Diese betrug bei exzellenter Lebensqualität ca. 1,2 Milliarden Menschen (400 Millionen Generationenlinien).

Unter dieser Prämisse hatte jedes Individuum der freien Bürger mehr als genug Ressourcen zur Verfügung und sogar für Natur und echte Wildnis und damit Biodiversität blieb ausreichend Platz. Der Anteil der aktiv genutzten Ressourcen am gesamten verfügbaren Ressourcen-Pool war 27%. Das Bedeutet, 73% des gesamten Territoriums der freien Bürger waren Wildnis oder naturnahe Erholungsgebiete.

Zum Vergleich: 95% der Flächen außerhalb des Online Commonwealth wurden intensiv wirtschaftlich genutzt. Die „Wildnis"-Anteile bestanden primär aus inhospitablen Gegenden, also aus lebensfeindlichen Wüsten aus Eis, Stein, Wasser, oder Sand.

Naturkatastrophen durch steigenden Meeresspiegel, Stürme, Überschwemmungen und Erdrutsche kosteten viele Menschenleben unter den Nutzmenschen – die Neophilen hatten sich, da sie genug Platz hatten, in wenig gefährdeten Gebieten angesiedelt. Die Lebenserwartung der Nutzmenschen sank, durch Umweltgifte und minderwertige, industriell erzeugte Nahrung und die steigende Gefährdung durch Naturkatastrophen in den überbevölkerten Gebieten.

Und weil diese Geschichte eine totale Utopie ist, darf noch ein Wunder geschehen: am Ende setzte sich bei der Spezies Homo QuasiSapiens global die Vernunft durch und die Homo VereSapiens übernahmen als dominante Spezies den obersten Platz in der Nahrungskette. Die Herrscher wurden von unzufriedenen Nutzmenschen in blutigen Revolutionen gestürzt, das System der Freiheit, Gleichheit, und Nachhaltigkeit wurde auf 99,9% des Planeten ausgerollt. Die abgewirtschafteten Gebiete des Planeten konnten sich über die folgenden Jahrzehnte langsam regenerieren, mit aktiver Unterstützung durch Aufforstung, Renaturierung und Nachzucht von lokal ausgestorbenen Spezies aus dem Genpool, den die Neophilen-Communities in ihren Wildnissen konserviert und gerettet hatten.

Nach einem über Generationen gehenden Gesund-Schrumpfen der Menschheit lebten die verbleibenden 400 Millionen Generationenlinien, die der Planet nachhaltig verkraftete, für viele Jahrhunderte glücklich und die Menschheit entwickelte ihr Wissen, ihre Technologien und ihre Kultur in einer Weise, von der niemand zu träumen gewagt hatte.

Kein Ende der Utopie.

Teil VII: Nachwort

Selbstverständlich haben die hier zitierten Konzepte durchaus realistische Hintergründe und auch die beschriebene Situation anno 20x entspricht einem Blick auf die Realität mittels leichter Kontrastverstärkung.

Fakt ist aber, dass sich auf biologischer Ebene in einer Population organischer Lebewesen, egal welcher Spezies, nie zuvor in der uns bekannten Historie ein „vernunftgesteuertes" Regulativ durchgesetzt hatte.

Die einzigen tatsächlichen Bremsen für endloses Bevölkerungs-Wachstum bei dominanten Spezies in der Geschichte des Lebens am Planeten Erde, war ein Mangel an ausreichender Nahrung und damit eine Bevölkerungsreduktion durch verhungern.

In der Urzeit des Lebens gab es genau so viele einfache Organismen (Einzeller, Bakterien, ...), wie im Lebensraum ausreichend Energie (Nahrung) finden konnten.

Als zusätzlich höhere Lebensformen hinzukamen, galt für deren Spezies der identische Mechanismus – das Wachstum hielt an, bis eine natürliche Grenze der Verfügbarkeit von Nahrung dem Wachstum ein Ende setzte.

Am Ende der Wachstumsphase einer dominanten Spezies stand immer das Verhungern (oder eine neue dominante Spezies).

Massive, kollektive Artensterben (durch zu wenige Energie/Nahrung oder geänderte chemische Randbedingungen für den Stoffwechsel) wurde entweder durch eine Zerstörung des Öko²Systems durch die Spezies selbst, oder durch externe Einflüsse wie Naturkatastrophen ausgelöst.

Da Menschen an sich auch nur biologische Organismen sind, welche auf Basis trivialer biologischer Mechanismen und Motivationen agieren, ist auch bei der Menschheit der unvermutete Ausbruch globaler Vernunftbegabung unwahrscheinlich.

Damit ist ein globaler, mehrheitlicher Fokus auf Nachhaltigkeit und den Erhalt unseres Öko²Systems reine Utopie.

Nachhaltigkeit kostet Energie, im Sinne der Beschränkung des Verbrauchs derselben – damit sind evolutionär auf Nachhaltigkeit fokussierende Organismen (oder Gesellschaften) immer im Nachteil gegenüber jenen gierigen Individuen und Gesellschaften, die alles an Energie raffen, was zu bekommen ist und sich kurzfristige Vorteile dadurch verschaffen – auch auf Schulden, die ihre Nachkommen langfristig belasten.

Viel wahrscheinlicher ist es daher, dass weiterhin dem – evolutionär ganz natürlichen – Wachstumsdogma und einer „empty earth economy" auf einem längst schon vollen Planeten gehuldigt wird und Individuen nur nach dem persönlichen Vorteil streben, ohne Rücksicht auf kommende Generationen.

Das wahrscheinlichste Szenario ist also eines, wo durch massiven Nahrungsmangel aufgrund eines zerstörten, nicht nachhaltig bewirtschafteten Öko²Systems, im Laufe der Jahrzehnte nach 20x ein großes Sterben der Spezies Mensch einsetzen wird.

Bis dahin wird mit höchster Wahrscheinlichkeit die Lebensqualität von Jahr zu Jahr sinken, allerdings nicht in

Bezug auf die Verfügbarkeit von Konsumgütern, sondern in Bezug auf:

- die Verfügbarkeit von reinem Trinkwasser und chemisch unbelasteter, natürlicher Nahrung
- die Verfügbarkeit von ausreichend Lebensraum und Platz für Individuen und Individualität
- das Vorhandensein naturbelassener Lebensräume mit hoher Bio-Diversität
- das Vorhandensein eines artgerechten, natürlichen und lebenswerten Lebensraum für die Spezies Mensch

Die hier geschilderten „Wunder", die ein alternatives Zukunftsszenario denkbar erscheinen lassen, sind zwar theoretisch möglich, aber leider unwahrscheinlich.
Die Prämisse, dass sich eine Gesellschaft von Neophilen aufgrund des dort herrschenden größeren Innovationspotentials technologisch durchsetzen wird, ist zwar plausibel, aber ohne ein Alien, welches die Randbedingungen dafür gegenüber den primären Nutznießern des heutigen Systems durchsetzt, unrealistisch.

Aber egal! In Depressionen zu verfallen hat noch niemandem geholfen. Man darf noch träumen und hoffen – und auch ohne die Chance, die ganze Welt doch noch zu retten, macht allein schon der Versuch des Ausbruchs aus der Nutzmenschhaltung viel Spaß.

Zumindest kann man den kommenden Generationen, den eigenen Enkelkindern, antworten: „Ich war bei der (R)Evolution dabei! Ich hab's versucht! Ich war im Widerstand gegen die Herrscher und ihr absurdes Wachstumsdogma! Ich war kein angepasster Nutzmensch der blind und egoistisch stur ins Verderben mitgelaufen ist! Ich habe mich gewehrt, aber leider hat es nichts genutzt!".

Auch das ist ein egoistischer Ansatz. Er wird den Enkelkindern nicht helfen, wenn sie einen abgewirtschafteten, verschuldeten Planeten erben. Aber dennoch sollte jeder halbwegs vernunftbegabte Mensch bewusst entscheiden, ob er in einem grausamen, zerstörerischen Feudal-System mitmacht, welches am Ende langsam und qualvoll mehr Menschen töten wird, als jede historische Diktatur davor, oder ob er sich selbst befreit und sich mit anderen freien Menschen vernetzt, um in kleinen Initiativen etwas anders zu machen – nachhaltig und schuldenfrei.

Es wäre extrem peinlich, für eine Spezies, die von sich selbst behauptet, vernunftbegabt zu sein, wenn diese wissentlich den eigenen Untergang verschuldet – weil die individuelle Gier und Dummheit größer waren, als die Begabung zur Vernunft.

Aber vor allem: es macht riesigen Spaß, sich gegen das Nutzmenschdasein zu wehren! Im Herzen unserer Vorfahren lag Innovation und Neugier, sie waren nicht domestizierte, freie Hominiden. Veränderungsfähigkeit, Kreativität bei Problemlösungsstrategien und die Anpassung an neue Situationen lag uns in der Natur – bevor diese Natur durch Domestizierung und die Züchtung von Nutzmenschen pervertiert wurde.

Daher freuen wir uns darauf, andere Neophile in den Online-Communities zu treffen und uns zu vernetzen - bevor das Internet völlig zensiert wird.

Finden wir gemeinsam raus, wie viele Homo Sapiens noch versteckt zwischen den Homo Domesticus, den Nutzmenschen, leben – und ob diese nicht vielleicht doch was gemeinsam bewegen können!

Genug der Wort – wir treffen uns online um gemeinsam etwas zu bewegen!

Nothing is true.

Everything is permitted.

Zum Author:

 Burnhard Honé wurde in den späten 60er Jahren des 19. Jahrhunderts als neophiler Sohn einer deutschstämmigen Evolutions-Forscherin aus Siebenbürgen und eines kameruanischen Wildhüters mit französischen Vorfahren in der Rangerstation des Virunga Nationalparks in Zentralafrika geboren. Sein Vorname war ein Schreibfehler der lokalen Bürokratie, der ihm lebenslang erhalten blieb – bezeichnend für einen Neophilen, der jede Form der Bürokratie an sich mit Argwohn betrachtet. Schon früh wurde Burnhard in den Forschungsbetrieb des Nationalparks integriert, primär aufgrund seiner extrem ausgeprägten Beobachtungsgabe, welche ihn für die Dokumentation des Verhaltens scheuer Wildtiere prädestinierte.

Er dokumentierte in vielen Notizen die Konzepte und Geschichte der Neophilen Community und fasste diese, als Alterswerk und Beitrag für das freie Wissens-, Bildungs- und Forschungssystem der Community zu diesem Buch zusammen.

Coverart und Graphic Design © 2010 by Gregor Nemann